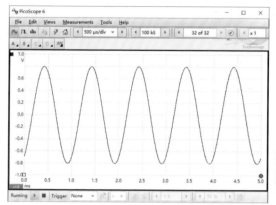

图1-33　演示模式下的界面效果

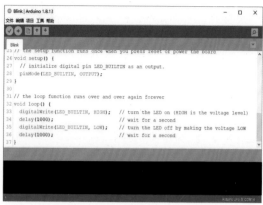

图1-34　显示出程序的主体部分

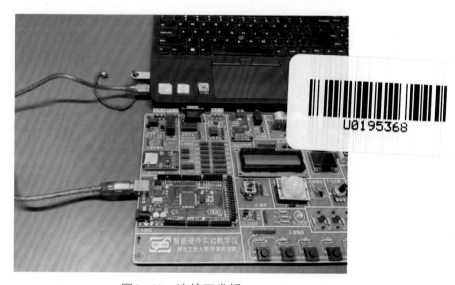

图1-41　连接开发板

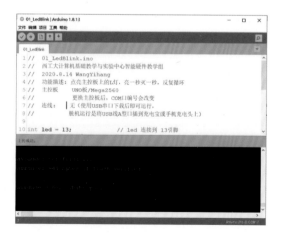

图2-6　源程序有错提示栏会给出提示信息

图2-7　下载成功后IDE提示栏显示信息

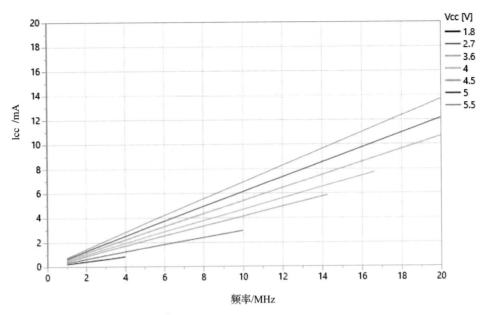

图2-9　328P芯片耗电量与频率、供电电压关系曲线

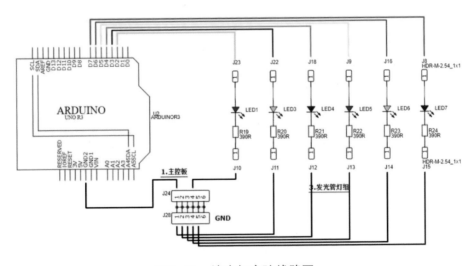

图2-11　流水灯实验线路图

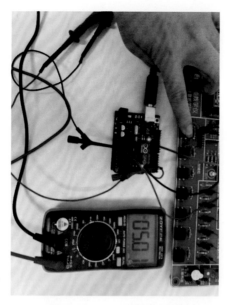

图2-15　电压测试示例

图2-17　内部上拉电阻方式按键电压测量
示例

图2-18　电流测量示例

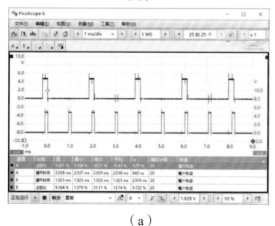

（a）

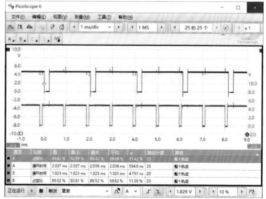

（b）

图2-27　两路PWM波形截图

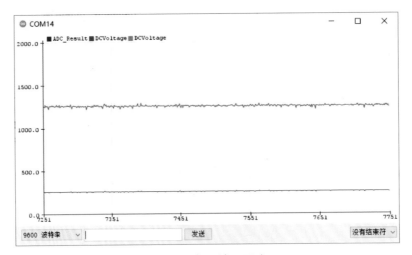

图2-33　串口绘图器窗口

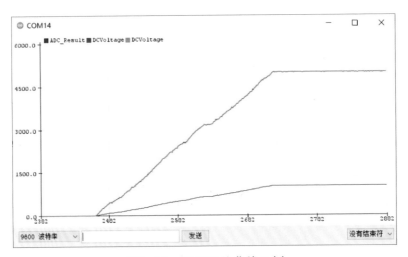

图2-34　所得到的曲线示例

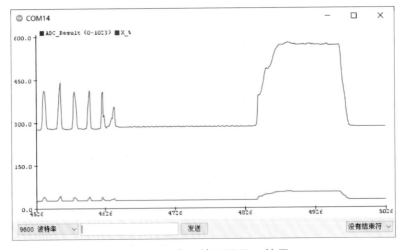

图2-41　串口绘图器显示效果

高等学校规划教材

智能硬件实验

王毅航　毛　强　编著

西北工业大学出版社

西　安

【内容简介】 本书是在"智能硬件应用编程基础实验"和"智能硬件进阶实验"课程的基础上编写而成的。全书收录了这两门课程中的大部分实验内容,给出了实验方案设计、实验难点的解决思路、实验过程及记录的数据,并给出了思考题和客观测验题。

本书可供高等院校航空航天大类、智能制造、化工类、海洋工程类、电子信息大类、计算机类、软件工程类、材料类专业的学生阅读,也可用作电子信息、计算机、软件工程等相关专业实验课程的教材,对工业设计类专业的学生,可降低难度使用。

图书在版编目(CIP)数据

智能硬件实验 / 王毅航,毛强编著. — 西安 : 西北工业大学出版社,2023.5
ISBN 978 - 7 - 5612 - 8738 - 5

Ⅰ. ①智… Ⅱ. ①王… ②毛… Ⅲ. ①智能技术-硬件-实验 Ⅳ. ①TP18 - 33

中国国家版本馆 CIP 数据核字(2023)第 097835 号

ZHINENG YINGJIAN SHIYAN

智 能 硬 件 实 验

王毅航　毛强　编著

责任编辑:曹　江		策划编辑:杨　军	
责任校对:朱晓娟		装帧设计:李　飞	

出版发行:西北工业大学出版社
通信地址:西安市友谊西路 127 号　　邮编:710072
电　　话:(029)88491757,88493844
网　　址:www.nwpup.com
印 刷 者:兴平市博闻印务有限公司
开　　本:787 mm×1 092 mm　　1/16
印　　张:19.375　　　　彩插:2　　　　插页:4
字　　数:508 千字
版　　次:2023 年 5 月第 1 版　　2023 年 5 月第 1 次印刷
书　　号:ISBN 978 - 7 - 5612 - 8738 - 5
定　　价:79.00 元

前　言

　　西北工业大学计算机基础教学与实验中心向理工科本科生开设计算机硬件基础课程已有20余年。其间,计算机硬件几年更新一次,已经发生了翻天覆地的变化。从Z80单板机,8051单片机,到后来的80386微机,再到ARM嵌入式,本中心一致没有停止跟上技术发展的脚步。在智能时代,在新的一轮技术浪潮下,硬件课程讲授什么内容? 讲到什么程度? 选择什么内容作为实验实训? 这是课程组成员一直考虑的问题。当前,计算机行业从业者更多的是从事应用类软件开发,做硬件、做系统的相对很少,在高校中也不例外。硬件的关键核心芯片,尤其是高端芯片一直被美国几个大型半导体公司垄断,底层资料闭源是客观因素,这或多或少地造成了我国高校里"微机原理"和"单片机技术"20多年间一直维持"8086"和"8051"基本不变的局面,这也或多或少地使高校教材内容和社会需求脱节,落后于社会发展现状。

　　计算机硬件实验与其他学科或专业相比有其特殊的情况。大多数情况,计算机只是用作基本的信息化办公,写文档、读文档、上网课的工具。在硬件实验中,计算机可以安装开发软件,此时作为设计工具。计算机是程序运行的载体,这时计算机作为实验的器材。程序运行的结果和过程中形成的数据可以以界面展示或文件的形式存储记录,此时,计算机又是测试测量工具。计算机都有接口,如VGA、HDMI、音频输入输出、USB,这些接口可以是研究的对象,是课程重要的内容或实验的研究对象。

　　随着半导体技术的发展,计算机的算力不断提升,硬件集成度越来越高,系统体积越来越小。在这样的条件下,"口袋式实验室"自然而然地出现,让硬件类实验突破固定实验室的时间和空间限制成为可能。

　　西北工业大学计算机基础教学与实验中心硬件教学组在这样的技术基础条件和社会发展背景下,推出了用于智能硬件课程的"口袋式实验室"实验实训设计方案。基于"智能硬件应用编程基础实验""智能硬件进阶实验"课程,本书收集了课程自2020年开课以来的典型实验项目。

　　在设计该(实验)课程时,需要面对的数个问题:

　　(1)传统的课堂注重对学生的"输入",对学生的"输出"的考核形式是试卷考试,形式单一,缺少过程性,考试内容是知识点,而无对技能和系统分析的考查。

　　(2)学生实验时,在有限的固定课时内赶着完成进度,多数人实际上无法完成。

　　(3)限于课时压缩,传统的课程设计中,"做"的比例很小。本书所讨论的课程基本上是在做,讲占比时间大幅降低,且已建立了MOOC课程,在"学堂在线"学习平台上有课件、视频和测试题,希望读者在课前用好这些资源,把课堂环节建立成一个讨论、答疑、分享的环节。

　　(4)实验注重定性研究和定量研究间的关系,硬件课程传统做法是定性完成得多,获得某个实验现象后就算结束。测试是"按按键、看看灯",过程考核和仪表工具使用的训练几乎没有。本书所述实验结合了院所里对测试方法、测试工具和实验记录(习惯养成)的要求,从定性到定量,数据可溯源。

(5)如何做到专业结合。计算机作为一种基础性的工具已经渗透到各行各业,一直改变不了的现状是,讲计算机硬件课程的老师只能从硬件本身入手,别的学科专业怎么应用的? 有哪些特殊的要求? 不太好讲。本书所述实验指导内容,将数个项目做了和专业结合的尝试,虽开了个头,但笔者水平有限,希望读者后续能回馈更多的结合案例。

本书主要有以下特点:①单独设课,自成体系。讲课和实验齐头并进,穿插进行,精讲多练多试错;②注重实验记录规范性训练,从定性到定量,用软硬件工具去复现问题和记录现象,为解决复杂工程问题做支撑,为后续成长做铺垫;③和技术发展接轨,引入新工具、新内容,近年来,数字示波器、逻辑分析仪价格亲民,将这些科研、开发中必须的工具引入课程中并始终贯穿整个实验指导,这在以往是不可能做到的。④有配套的便携式实验仪器,实验仪器连同测试测量的附件可以整个放在学生的背包里,这对延伸实验的时空属性,扩大受益面,为开展跨校授课、网上授课提供了硬件支持。

本书由王毅航编写,同组的毛强参与了课程建设的调研、讨论和案例设计工作,并在课程中做试验、收集学生的反馈。

感谢课程组同组的毛强、薛菲菲、陈江和王雪老师,能在这样一个大环境下坚持硬件教学确实不易;感谢姜学峰主任筹措资源。

在编写本书的过程中,笔者参考了相关文献资料,在此对其作者表示感谢。

由于笔者水平有限,书中难免存在不足,恳请读者批评指正。笔者的邮箱为:wangyihang@nwpu.edu.cn。

编 者

2022 年 10 月

目　录

第1章 实验准备

1.1 实验前的准备

在进行实验之前,需要做以下准备。

(1)笔记本电脑。在线下实验中,实验室不提供台式计算机,要求学生自带笔记本电脑。电脑的用途有:查看芯片的 pdf 格式规格书,编辑电路原理图,设计简单的印刷电路板,运行串口调试软件,运行逻辑分析仪软件,运行示波器软件,部分学生会设计一部分三维模型,还需利用 Office 工具完成实验报告、处理实验数据。

实验过程中用到的软件大部分是开源软件,个别软件工具可以在 Web 端运行。

实验对笔记本电脑的配置要求不高,硬盘有 2 GB 的安装空间就足够,内存建议 8 GB。可以是 Window 操作系统也可以是 MacOS 操作系统,没有测试过 Ubuntu 系统,本书建议用 Windows 操作系统。

(2)智能手机。智能手机用于记录实验现象。根据实验项目的不同,需拍照记录或者拍视频记录,偶尔用智能手机采集音频。还会用到手机的 GPS(全球定位系统)和加速度传感器功能。

(3)实验套件。在网上有很多的 Arduino 实验套件,大约能完成本实验指导手册 50% 的内容,其余 50% 额外再配独立模块,虽然也能完成,但没有合适的固定和防护措施反倒对电路不安全。

(4)实验仪。实验仪是本书的标准平台。在线下实验中统一使用教学仪,教学仪分为两款——基础版和进阶版。基础版能够完成第 2 章和第 3 章的实验项目,进阶版可以完成本书中全部内容。基础版配的主控板为 UNO R3,进阶版标配 MEGA2560,搭了一块 UNO R3。校内实验室提供了 Leonado 主控板,利用该主控板,可以完成鼠标、快速键盘实验内容。

(5)便携式数字三用表。数字三用表在实验中用来测量直流电压、直流电流和电阻,在制作线缆时会使用数字三用表的"通断测试"测试功能。其型号为 ZT-82,最大显示读数为 3 999,体积比手掌略微小一些,方便携带。

(6)USB 扩展器。实验仪、逻辑分析仪、虚拟示波器的 USB 接口为 A 型口,需要通过扩展器才能转到 Type C 接口上。如果读者的笔记本只有 Type C 接口,那么需要自配一条 Type C 接口的 USB 扩展器,最好能扩展出 3~4 个标准的 USB 接口。建议买具备 3~4 个 USB 扩展口、1 个 HDMI 扩展口的扩展器,除了做实验外,在作品展示、答辩汇报环节还可以用来连接投影仪。

（7）下载逻辑分析仪软件。本书使用的逻辑分析仪是 16 通道的便携式逻辑分析仪,有两路 PWM 信号输出,波形、协议解析结果显示在电脑主机上。可以从官网下载安装软件,软件的下载地址为 http://www.qdkingst.com/cn。本书所用软件版本号为:3.3.4。

（8）下载虚拟示波器软件。本书所用便携式示波器型号为 2204A,模拟带宽为 10 MHz,双通道,体积和手掌大小相当。软件的下载地址为 https://www.picotech.com/downloads。本书所用软件版本号为 6.14.44。

在大学的实验室里,如果是近几年配置的台式数字示波器一般都可以插 U 盘,可以方便地对屏幕内容进行硬拷贝,以图片形式存在 U 盘中,这在写实验报告时非常有用。如果型号老一些,可以用手机拍照记录。示波管式的示波器不适用于该课程的内容,这类示波器只能用来观察重复周期波形,而计算机接口实验中的波形基本上不具有周期性。

（9）下载 ArduinoIDE 软件。可以从 Arddunio 的官网上下载这个软件。笔者使用的版本为 1.8.13。

软件的下载地址为 https://www.arduino.cc/en/software。

（10）下载力创 EDA 软件。本书中的原理图是用力创 EDA 软件绘制的,实验仪的 PCB 也是由这款软件设计的。在完成实验报告的原理图绘制时,教师会给出基本的模板文件。这款软件分为 Web 版和离线版,可以从其官网下载。软件的下载地址为 https://lceda.cn。

（11）公开课教学资源。课程组开发了一门公开课"智能硬件应用编程基础实验",在网络平台"学堂在线"中上线。作为一门公开课,教师会定期在网络上回答学生的提问。该公开课覆盖了本书大约 60% 的内容。

需要准备的硬件资源和软件资源见表 1-1。请读者在型号列中填入实际使用的型号。

表 1-1 需要准备的软硬件资源

序 号	类 别	项 目	型 号	备 注
1	硬件	笔记本电脑		个人物品
2	硬件	智能手机		个人物品
3	硬件	实验套件		二选一
4	硬件	实验仪		
5	硬件	便携式数字三用表		教学标配
6	硬件	USB 扩展器		个人选配
7	硬件＋软件	逻辑分析仪		线下实验室标配
8	硬件＋软件	示波器		价格比较贵,根据实验室条件变通选择
9	软件	ArduinoIDE		
10	软件	力创 EDA		
11	软件	学堂在线		

当前,软、硬件更新都很快,大品牌厂家的软件产品每半年发布一个新版本已是商业惯例。保持最新的版本虽然不是必须的,但会出现当读者拿到本书时书中的版本在原链接位置不再提供下载的情况,读者安装最新版本。理想情况下版本更新不会带来根本性的问题,但界面位置调整经常发生,此类问题需要读者自行摸索解决。

1.2　软　件　安　装

本书给出 ArduinoIDE、逻辑分析仪,虚拟示波器软件的安装过程。ArduinoIDE 是必须安装的,逻辑分析仪配套的是实验仪搭配的版本。示波器价格本身较高,可根据自身实验条件选择是否安装虚拟示波器软件。

1.2.1　ArduinoIDE 的安装

选中安装包,安装包文件名为"arduino - 1. 8. 13 - windows",如图 1 - 1 所示。

图 1 - 1　选中安装包

点击右键,在弹出的快捷菜单中(见图 1 - 2)选择"以管理员身份运行(A)",单击左键运行。对需要访问硬件的开发类软件或者工具类软件,建议按"以管理员身份运行(A)"方式安装。

屏幕会进入全屏显示状态,如图 1 - 3 所示,点击"是"按钮。

图 1 - 2　选择"以管理员身份运行(A)"

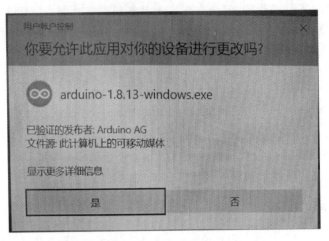

图 1-3 点击"是"按钮

弹出许可协议对话框，点击"I Agree"按钮，如图 1-4 所示。

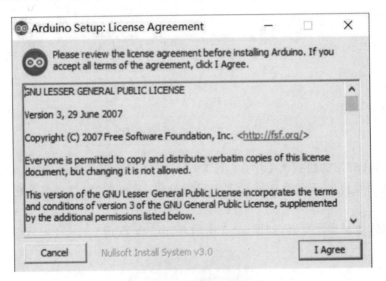

图 1-4 点击"I Agree"按钮

弹出安装选项对话框，点击"Next"按钮（见图 1-5）。弹出安装路径对话框（见图 1-6），在"Destination Foder"组合框中单击"Browser…"按钮可以选择非默认路径。这里使用默认路径，安装到"C:\Program Files(x86)\Arduino\"目录下。

点击"Install"按钮，开始安装，弹出安装进度对话框，如图 1-7 所示。等待安装结束，这个过程需要 5 min 左右。安装结束后，进度条上方会显示"Completed"，"Close"按钮不再是灰色的，如图 1-8 所示。

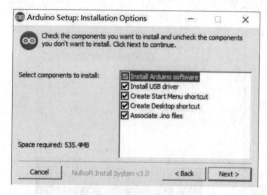

图 1 - 5　点击"Next"按钮

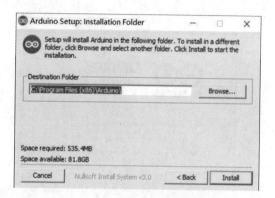

图 1 - 6　弹出安装路径对话框

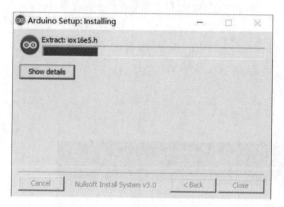

图 1 - 7　弹出安装进度对话框

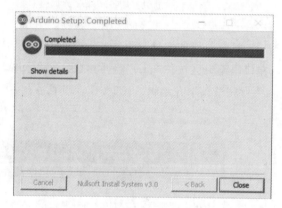

图 1 - 8　进度条上方显示"Completed"

点击"Close"按钮,结束安装。

安装结束后,电脑桌面会出现"Arduino"图标,如图 1 - 9 所示。

图 1 - 9　出现"Arduino"图标

1.2.2　验证安装效果

双击桌面上的"Arduino"图标,弹出图 1 - 10 所示的初始化界面。

稍等数秒后,弹出集成开发环境(Intergrated Development Environment,IDE)界面,如图 1 - 11 所示。此时,IDE 默认新建一个源文件,命名为"sketch_日期＋字母序号",IDE 的版本号显示在标题栏,本书为"1.8.13"。

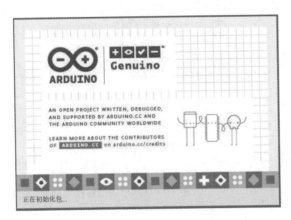

图 1-10 初始化界面

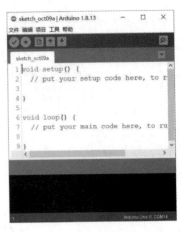

图 1-11 集成开发环境界面

从菜单栏依次选择"文件"→"示例"→"01. Basics"→"Blink",调整 IDE 的宽度和高度。在代码编辑区按住"Ctrl"键,同时滚动鼠标滚轮,可以调节编辑区字体大小。将第 26 行～第 37 行完整显示在编辑区,如图 1-12 所示。

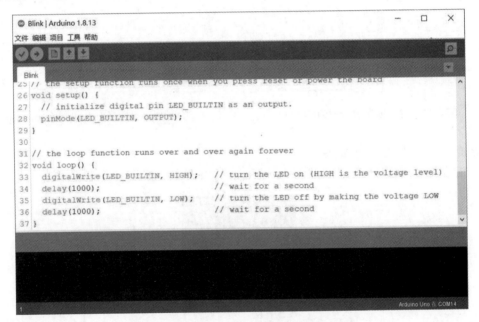

图 1-12 调整 IDE 的宽度、高度和字体大小

按"Ctrl+R"键对程序进行"验证/编译",此时在 IDE 下侧的消息栏会打印编译的进度。编译完成后,显示效果如图 1-13 所示。还有两种方式可以启动"验证/编译",第 1 种方式为从菜单栏逐级选择,启动"编译并验证",顺序为"项目"→"验证/编译";第 2 种方式为从快捷菜单栏选取最左边打"√"的圆形图标。

消息栏的信息解释如下:

(1)"项目使用了 924 字节,占用了(2%)程序存储空间。最大为 32 256 字节",表示当前的 Blink 程序生成的二进制代码占用了 924 个字节,安装环境默认使用的是 UNO 开发板,主控芯片为 ATMEGA328P,程序存储空间为 32 KB,即 32 256 字节,924 个字节占用 32 256 字节的 2%。

(2)"全局变量使用了 9 字节,(0%)的动态内存,预留 2 039 字节局部变量,最大 2 048 字节",意思是 ATMEGA328P 芯片的 SRAM 大小总共为 2 048 字节,即 2 KB,程序使用了 9 个字节,还剩余 2 039 字节。

说明:对 ATMEG A328P 芯片,所设计的程序占用程序存储空间和动态内存空间必须小于 32 KB 和 2 KB 的上限。对 ATMEG2560 芯片,这两个限制条件为 256 KB 和 8 KB。

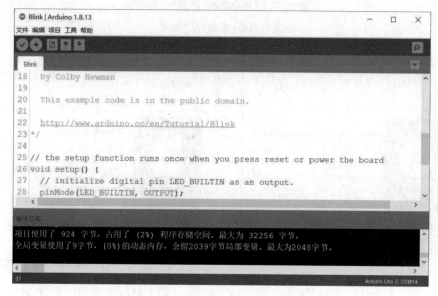

图 1 - 13　"验证/编绎"显示效果

1.2.3　逻辑分析仪软件安装

选择逻辑分析仪的安装文件,如图 1 - 14 所示,选中"kinsgstVIS_v3.3.4_Windows"。

图 1 - 14　选中逻辑分析仪的安装软件

双击应用程序"kinsgstVIS_v3.3.4_Windows",单击右键,在弹出的快捷菜单选中"以管理员身份运行 A",单击鼠标左键。屏幕背景将全部变黑,只显示确认安装对话框,如图 1 - 15

所示,点击"是"按钮。

图 1-15 点击"是"按钮

在弹出的安装向导对话框,根据需要在语言栏下拉列表选择读者需要的语言,本书选择
"中文(简体)(中国)"(见图 1-16),单击"下一步"按钮,如图 1-17 所示。

图 1-16 选择语言

图 1-17 单击"下一步"按钮

在"选择安装文件"对话框中可以点击"浏览"按钮选择安装路径,图 1-18 所示使用默认
路径,安装到"C:\Program Files\KingstVIS\"目录下。单击"下一步"按钮。接着单击"安装"
按钮,如图 1-19 所示。

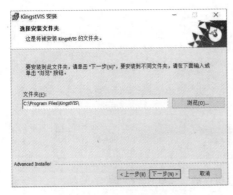

图 1-18 使用默认路径

图 1-19 单击"安装"按钮

此时,程序开始复制安装文件,逻辑分析仪程序体积小,安装快,几秒就安装完毕。安装完

成时的对话框如图1-20所示。

图1-20 安装完成对话框

确认图1-20所示对话框的复选框"启动KingstVIS"被选中,单击"完成"按钮,系统将启动逻辑分析仪程序界面,如图1-21所示。该程序在未连接逻辑分析仪硬件实物时,运行于演示模式。注意,该窗口左下角的状态栏显示"设备未连接"。

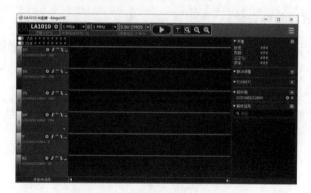

图1-21 逻辑分析仪程序界面

图1-21左边显示了5个通道,这是上次卸载不完全所致。此时可以点击快捷菜单栏的黄色"▶"按钮启动数据采集,采集完成后界面如图1-22所示。此时采集的数据并非真实数据,由于未连接硬件仅用于熟悉软件的使用。如果具备硬件,"▶"按钮应是绿色的,且左下角显示"硬件已连接"。

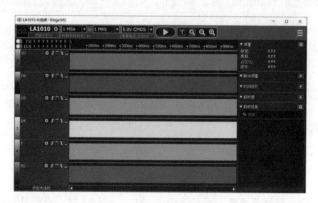

图1-22 采集完成后界面

使用鼠标滚轮对波形进行放大,放大后的效果如图 1-23 所示,此时可以看到各信号在不同时刻高低电平变化。

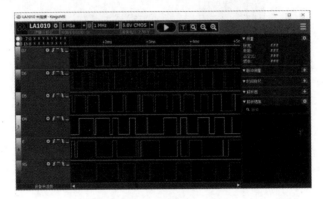

图 1-23 信号高低电平变化

进行到这一步,说明在电脑上成功安装了逻辑分析仪软件。

1.2.4 虚拟示波器软件安装

选中"PicoScope"安装程序(见图 1-24),单击右键,在弹出的快捷菜单中选择"安装"。

图 1-24 选中"PicoScope"安装程序

弹出图 1-25 所示的"协议许可"对话框。在图 1-25 中接 1-20 进行操作,选择"I accept the terms in the license agreement"前的单选框(见图 1-26),然后点击"Install"按钮。

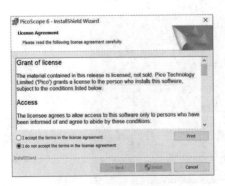

图 1-25 选择单选框

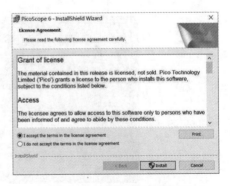

图 1-26 点击"Install"按钮

此时全屏背景为黑色,弹出图 1－27 所示的对话框,点击"是"按钮。

图 1－27　点击"是"按钮

此时会显示安装进度,如图 1－28 所示,等待安装完毕。图 1－29 所示为安装结束后的界面状态。

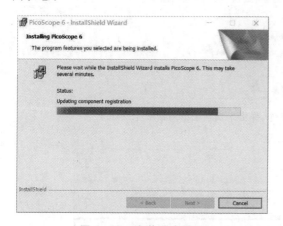

图 1－28　安装进度界面

图 1－29　安装结束后的界面

安装完毕后,电脑桌面上会出现图 1－30 所示的快捷图标。

图 1－30　虚拟示波器软件的快捷图标

双击快捷图标,弹出软件启动界面,如图 1－31 所示。

点击鼠标后,弹出图 1－32 所示对话框,原因是暂时没有连接示波器硬件。

选择"Yes",让软件在演示模式运行。此时界面上会显示一个正弦波形,波形的动态效果是不稳定的,左右来回在"晃",其原因后续会解释。演示模式下界面效果,如图 1－33 所示。

若出现显示波形,说明示波器软件安装正常。

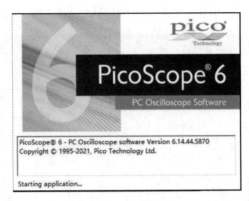

图 1 - 31　软件启动界面

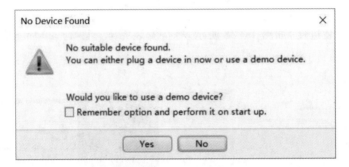

图 1 - 32　未连接示波器硬件,弹出未找到设备对话框

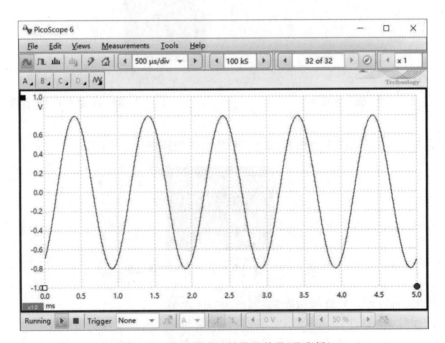

图 1 - 33　演示模式下的界面效果(见彩插)

1.3　安装效果确认

软件安装完毕后,要连接实验仪或者主控板确认是否安装有效。安装有效的判据为主板能够正常上传程序,并且能控制主控板上的指示灯做出闪灯效果。

1.3.1　基础版教学仪

从菜单栏依次选择"文件"→"示例"→"01. Basics"→"Blink",调整 IDE 的宽度和高度,在代码编辑区按住"Ctrl"键,同时滚动鼠标滚轮,可以调节编辑区字体大小。将程序的第 26~37 行完整显示在编辑区,如图 1-34 所示。

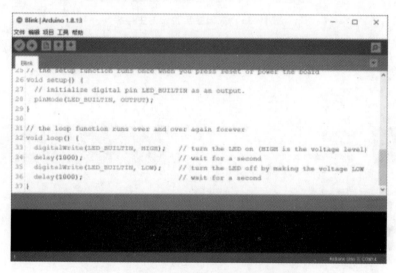

图 1-34　显示出程序的主体部分(见彩插)

连接开发板,将 USB 线的扁口(A 口)插到电脑的 USB 插孔上,方口(B 口)插到 Uno 板上。实验套件的 Uno 中控板是单独的,图 1-35 就是这种情况。

图 1-35　实验套件的 Uno 主控板是单独的

对基础版实验仪,主控板被固定在母板上,图1-36就是这种情况。

图1-36　基础版实验仪的主控板

设置端口,如图1-37所示,从菜单栏依次进行操作,选择"工具"→"端口"→"COM3(Ar-duino Uno)"。

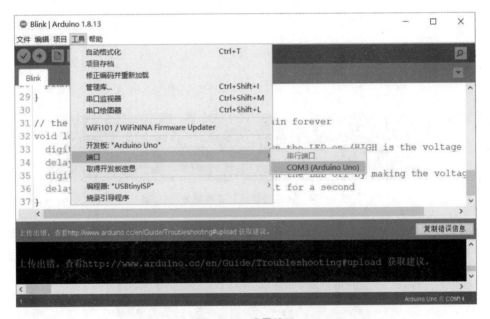

图1-37　设置端口

说明:在笔者电脑上显示的是"Com3(Aroduino Uno),在读者电脑上数字3可能会是其他数值。不必追求与书完全一致。"

按"Ctrl+U键",或选择快捷菜单栏从左往右的第2个右箭头图标,进行"上传"。

上传成功后,消息栏会显示"上传成功""avrdude done. Thank you"。在Uno主板上,黄色的灯会按照亮1 s灭1 s的规律闪烁。

1.3.2 进阶版教学仪

进阶版教学仪对应的主控板为MEGA2560。在IDE菜单栏依次选择"工具"→"开发板"→"Arduino AVR Boards"→"Arduino Mega or Mega2560",此时"工具"→"开发板"显示"开发板："Arduino Mega or Mega2560"，进行上述选择之前，其内容是"开发板：Arduino Uno"。

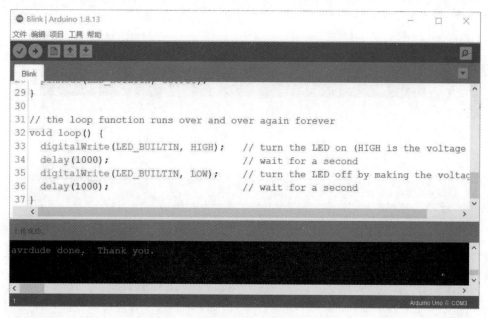

图 1 - 38　上传

从 IDE 菜单栏依次选择"工具"→"处理器"→"Atmega2560（Mega2560）"，确保选中的是"Atmega2560（Mega2560）"而非"Atmega1280"，如图 1 - 39 所示。

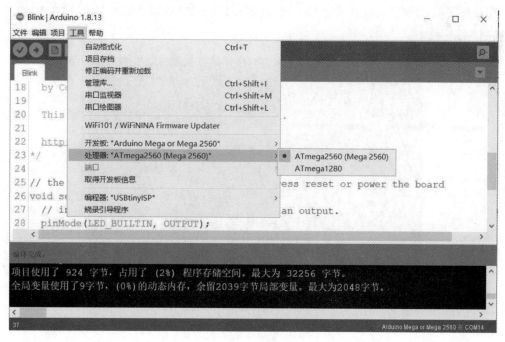

图 1 - 39　选择处理器

按"Ctrl+R"对程序键进行"验证/编译",此时在 IDE 下侧的消息栏会显示编译的进度。编译完成后,显示效果如图 1-40 所示。

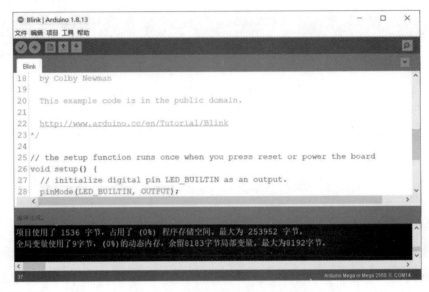

图 1-40　对程序进行"验证/编译"

请读者留意提示信息的变化。Atmega2560 芯片的程序存储器容量为 256 KB,SRAM 为 8 KB。

连接开发板,如图 1-41 所示。将 USB 线的扁口(A 口)插到电脑的 USB 插孔上,方口(B 口)插到 Mega 板上。

图 1-41　连接开发板(见彩插)

设置端口,如图 1-42 所示,从菜单栏依次进行操作,选择"工具"→"端口"→"COM41 (Arduino Mega or Mega2560)"。

从菜单栏依次选择，"项目"→"上传"。上传过程的界面显示和选择 Uno 板时没有差异。上传后，Mega 板上标记为 L 的灯会按照亮 1 s 灭 1 s 的规律闪烁。

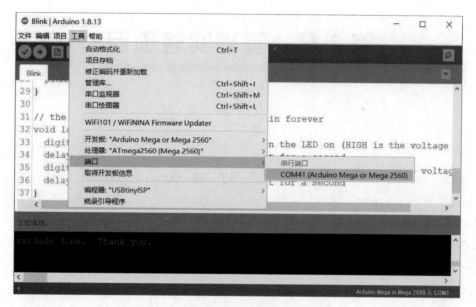

图 1 - 42　设置端口

第2章 基础实验项目

2.1 点灯实验

本次实验为课程的第一次实验,要求学生达到认识 Arduino 开发环境、实验板,并能够在开发环境下输入代码,下载到开发板上运行的水平。

读者可以体验嵌入式软件的运行方式与传统程序设计课程程序运行的不同。

1. 实验目的

(1)在自己的电脑上构建开发环境(实验环境)。

(2)体验"另类"的程序运行方式。

(3)知悉"另类"的"输入输出"方式。

(4)从键盘显示器变为按键/传感器+LED,体验程序信息输入方式的变化。

(5)了解用改变时长的办法来实现信息的"编码"。

2. 设计方案

用程序去操控点灯需要解决以下几个技术问题。

(1) 信号电气特征匹配。

可以用"发光二极管"显示特征的两种状态去表征二进制数字逻辑的两种状态。这两种状态可以选"亮"和"灭",闪烁的"快"与"慢","高亮"与"一般亮度",或者其他方式。用得最多同时也是最简单的形式是"亮"和"灭"。本节用"亮"表示"1","灭"表示"0"。

在 5 V 供电的 CMOS 数字系统中,5 V 电压的 30% 以下表示低电平,70% 以上表示高电平。微控制器的数字输出引脚一般具有 ± 24 mA 的源电流输出能力或灌电流吸收能力。也就是说,在安全使用的前提下,要限制每个 IO 的输出电流在 24 mA 以内。本节用源电流输出接法,这样能确保引脚输出高电平也就是"1"为"亮",输出低电平也就是"0"为"灭"。

发光二极管在电气上有两个典型特征。第一,有"门槛电压";第二,动态内阻比较小。对红色的发光二极管,"门槛电压"为 2.0 V 左右,低于这个电压二极管发不出来光,意味着驱动它的高电平必须大于 2.0 V。在系统中,高电平为 5.0 V,后面的系统中还会有 3.3 V,2.5 V,1.8 V 和 1.5 V,对于 1.8 V 和 1.5 V 系统,用二极管去指示引脚高低电平显然是不适用的。动态内阻较小意味着电压略微变化一点电流变化就会较大,这一点导致技术上需要在二极管回路里串联一只"限流电阻"。通常情况下,用 10 mA 的驱动电流点亮一只 $\Phi 5$ 的发光二极管,电流是足够的,照此计算,所需的限流电阻的阻值为 $(5.0 \text{ V} - 2.0 \text{ V}) \div 10 \text{ mA} = 300 \ \Omega$;实验仪在设计时为了考虑读者辨认色环电阻的需要选用了 390 Ω 的电阻。那么,此规格对应的电流值为$(5.0\ V-2.0\ V)\div390\ \Omega\approx7.7\ mA$。在此电阻上耗散的热功率为 $P=U\times I=(5.0\ V-2.0\ V)\times7.7\ mA=23.1\ mW$,选用 1/8 W 或 1/4 W 的电阻均可,考虑到 1/4 W 色环电阻比 1/8 W 容易辨认,故教学仪设计时,选用 1/4 W 色环电阻。点灯效果真值表见表 2-1。

表 2-1　点灯效果真值表

序　号	IO 引脚电平	二极管状态	二极管电压/V
1	高电平	亮	2.0
2	低电平	灭	0.0

最终确定的点灯的电路连接关系见图 2-1。读者应注意到,U17 的 19 号引脚连接到 LED1 的阳极,LED1 的阴极通过 R19 连接到 GND 上。

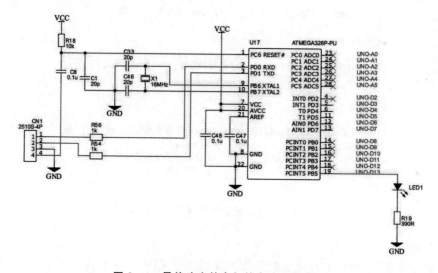

图 2-1　最终确定的点灯的电路连接关系

(2)用程序控制引脚电平。

这个问题的解决要借助两个函数[pinMode()和 digitalWrite()]来实现。这两个函数是 Arduino 软件中特有的函数,pinMode()用于设置某个具体的 IO 引脚在以后的一段时间内工作在"输入"或者"输出"(注意是"或"的关系,不是同时)状态;digitalWrite()用于设置某个具体的 IO 输出引脚输出高电平还是低电平(二选一)。

在系统设计中对 IO 引脚分配完成后,某个具体 IO 引脚的 IO 方向是已知的,不再变更。编制程序时,在 setup()函数中调用 pinMode()函数,设置好某具体输出引脚的 IO 方向,在 loop()函数中反复调用 digitalWrite(),就可以达到"亮灯""灭灯"的设计意图。

可以在"wiring.c"文件中找到 pinMode()函数和 digitalWrite()函数的具体实现。pinMode()函数在底层关联的是一个方向控制寄存器,digitalWrite()函数关联的是输出寄存器。这些底层寄存器的解释和位定义在 MCU 的芯片手册中可以找到,在此不展开讨论。

(3)让程序运行的速度降到人可以接受的程度。

Arduino 的调试手段没有单步跟踪功能，程序只能全速运行。在 setup( )函数中反复调用 digitalWrite(13,HIGH)和 digitalWrite(13,LOW)，以此在 D13 上输出矩形波信号，用示波器测量该矩形波的频率，为 140 kHz 左右，由此估计 digitalWrite( )函数执行完毕需要约 3.6 μs。这么高的频率，人眼无法分辨出亮和灭的状态切换，看到的效果是灯一直亮着。

为让人眼能够观察到 LED 的亮和灭的状态切换，需要对程序作出调整。一种方法是让电平设置完毕后在下一次改变前保持尽可能长的时间。delay( )函数具备该功能。该函数底层关联的是硬件计时器，参数单位为 ms。保持时间定为 1 s 时需设置参数为 1 000，图 2-2 为实验仪提供的示例清单-闪灯程序。

```
1 //  01_LedBlink.ino
2 // 西工大计算机基础教学与实验中心智能硬件教学组
3 // 2020.8.14 WangYihang
4 // 功能描述：点亮主控板上的L灯，亮一秒灭一秒，反复循环
5 // 主控板      UNO板
6 // 连线：      无（使用USB串口下载后即可运行，脱机运行是将USB线A型
7
8 int led = 13;              // led 连接到 13引脚
9
10 void setup()
11 {
12   pinMode(led, OUTPUT);  // 初始化数字端口为输出模式
13 }
14
15 void loop()
16 {
17   digitalWrite(led, HIGH); // led引脚置高电平，L灯高电平点亮
18   delay(1000);             // 等待1秒
19   digitalWrite(led, LOW);  // led引脚变为低电平
20   delay(1000);             // 等待1秒
21 }
```

图 2-2   实验仪提供的示例清单-闪灯程序

(4)连线图。

结合教学实验仪，设计的点灯实验连线图和连线表见图 2-3 和表 2-2。

如果使用的是网上的开发板，需要根据实际情况对连线进行调整。

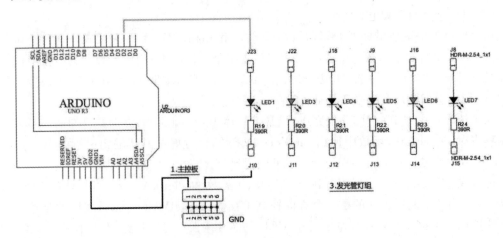

图 2-3   点灯实验连线

工程中,合理分配线色,对安装、调试、检修很有帮助。本课程中,规定与 GND 相连的导线线色一律为黑色,与 VCC 相连的导线线色一律为红色,其他信号线的线色暂不做要求。

表 2 - 2　点灯实验连线表

序　号	连接点 1	连接点 2	线　色
1	U2. GND2	GND	黑色
2	GND	J10	黑色
3	U2. D2	J23	绿色

(5)需测量信号的设计。

第一次实验时,要对系统供电电压、高电平、低电平在物理量上有一个相对直观的、将形成经验的认知,这个目标通过对信号的测量设计在过程中完成。

设计的测量对象有 VCC 电压、主控板引脚驱动一只 LED 时的引脚高电平电压、LED 上的实际电压、流过 LED 的电流。VCC 电压测量点选取 UNO 主板左下角插排上的"5.0"连接点。

测量完成后,需要填写对应的数据记录表格。

3. 实验过程

(1)准备软件代码。

实验代码是纯文本格式文件,可以在 UltraEdit,notepad＋＋等通用的文本编辑器录入。刚开始学习时,不要从 WORD、PPT、PDF 中直接拷贝过来。通常这种拷贝内隐含了很多的不可见字符,一编译就报错,一时半会找不到原因,造成时间的浪费。

代码录入后就可以编译。

(2)编译、下载。

编译和下载是两个不同的概念,"编译"指将程序的 C/C＋＋源代码变为二进制可执行文件的过程,"下载"指将该二进制文件转移到开发板的过程,只是对于使用者来说,这两个过程是按先后顺序进行的。因此,Arduion IDE 中专门设置了"上传"按钮,将编译、下载合并到一起。

编译前,建议重新设置"首选项"话框内的选项。依次进行菜单操作,点击"文件"→"首选项",打开"首选项"对话框(见图 2 - 4),将"编译""上传""显示行号"和"上传后验证代码"四个选项前面的复选框选中。

下载前,先确认串口号。打开 Windows 的"设备管理器"界面,若 USB 下载线连接正常,并且 UNO 主控板工作正常,那么"设备管理器"中的"端口(COM 和 CPT)"下会有"Arduino Uno (COMn)"字样(n 是一个数字序号),图 2 - 5 中,n 为 17。

编译下载过程中,IDE 下部的状态栏会输出很多编译信息,暂时可不必理会。如果代码中有录入过程造成的语法错误,编译过程会中止。可根据状态栏中的提示信息找到错误所在的行位置。图2-6给出了第10行行尾缺分号的情形,但是仔细查看提示信息,给出错误却在第12行,对于这种情况,主要是靠长期的经验积累进行判断。

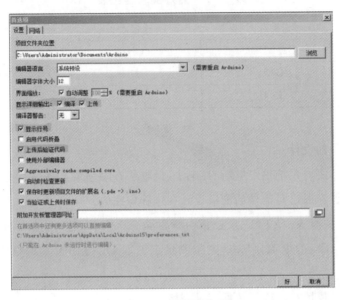

图2-4 设置"首选项"

图2-5 确认下载串口

修改程序,再"编译、下载",如此反复,直到提示成功下载为止。图2-7为成功下载程序后的提示信息。

严格地讲,程序烧写需要好几个步骤,依次为擦除(Erase)、烧写(Program)、校验(Verify)。图中提示语"avrdude:verifying…"表示一种叫"avrdude"的烧写软件工具正在进行校验;提示语"avrdude:944bytes of flash verified"表示对944字节进行了校验;提示语"avrdude:done. Thank you."表示完成操作。烧写完成后,在编辑窗口底部相邻的状态栏会显示中文

"上传成功"。

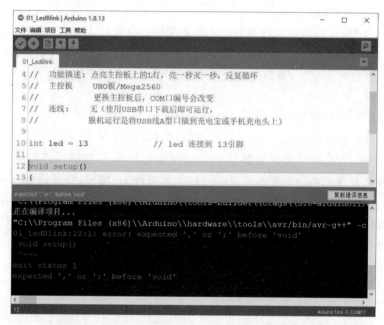

图 2-6　源程序有错提示栏会给出提示信息(见彩插)

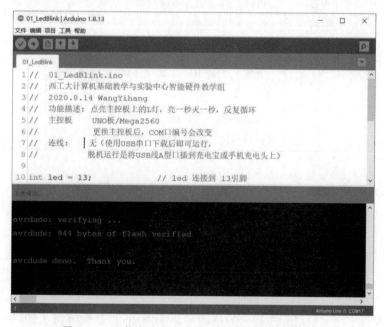

图 2-7　下载成功后 IDE 提示栏显示信息(见彩插)

(3)观察成效与调试。

Arduino IDE 中的调试环境不同于程序设计课的 C 程序调试环境,主要有两点。其一,没有单步跟踪、设置断点、查看变量等经典的方式。其二,多出了硬件的内容,连线错位,元器件极性搞反、电阻认错,没有插 USB 连线等。这些小问题都会影响到实验的成效。

对该实验,可以改变 loop()函数中两次 delay()调用中的数值,重新编译、下载后观察实验效果的变化作为一种变相的调试。

delay()函数的作用是完成一段延时,内部靠读取主控芯片内部硬件的一个定时器实现。当定时器的计数达到参数中的差值时,delay()函数返回,CPU 接着执行后面的语句。将参数改大后,相应的延时时间变长,参数的单位是 ms。

(4)脱机运行。

对该实验,得到正确实验现象后可以尝试脱机运行。

将 USB 下载线连电脑的那一头(长方形、俗称"扁口")拔下来插到一个 5 V 手机充电插头或者充电宝上,看闪灯的效果是否能够复现。正常情况下,L 灯能够保持闪烁,和刚下载后的情形一样,这种离开开发电脑后能够自主运行的效果被称为"脱机运行"。

细心的读者会观察到,L 灯在进入程序设置的闪烁前还有几秒是点亮的,并且会闪 3 下,这是 Bootloader 运行产生的副作用。这段时间内,loop()函数还没有"接管"L 灯。

(5)完成测量内容。

使用数字三用表的直流电压档和直流电流档测量,测量记录见表 2-3。

表 2-3 测量记录表

序号	项目	测试条件	记录值
1	供电电压	测量 Uno 主板上 5 V 引脚对 GND 电压	
2	高电平电压	测量 Uno 主板上 D13 引脚对 GND 电压	
3	R19 压降	测量 R19 上的电压	
4	LED 压降	测量 J23 对 R19 与 LED1 的连接点	
5	LED 电流	方法 1,测量 R19 上的电压,限流电阻阻值为 390Ω 计算得到	
		方法 2,断开 J10 到 GND 的连线,用万用表电流档直接测量	

4. 实验记录和报告要求

(1)完成实验报告。

程序源代码作为实验报告的附件单独提供。

(2)对难以用文字和照片描述的动态效果,可以拍短视频。拍摄短视频时,注意清晰度不低于 720 P,25 fps;配上解说时,短视频时常不要超过 30 s。短视频以 mp4 文件格式单独存储。

(3)实验报告中对实验过程中碰到的问题要详细阐述,自己能够解决的,阐述解决的思路和方法;不能够单独解决的,综合利用文字、图片、视频的形式如实记录问题以及自己所做的尝试。

(4)记录自己的实验感受,提出改进意见。

5. 思考题

回顾本次实验,通过以下问题的自查,评估自己是否达到课程预期的成效。

（1）能否在自己的笔记本电脑上成功安装 Arduino 开发环境。

（2）在笔记本电脑上换一个 USB 插口，在设备管理器里查看 COMn 中的 n 是否发生变化。

（3）不借助 Uno 板原理图，用示波器从 328P 芯片上找出 16M 晶振所连的两个管脚。

（4）在 Uno 板实物上找到 13 号数字引脚对应的插孔，从 Uno 板原理图中找到 328P 芯片与之相连的芯片管脚。

（5）用三用表通断档确认第（4）项中图纸和实物是否符合。

（6）目前的最新款笔记本电脑大多是 Type-C 接口，而实验仪提供的为 USB – A 接口，怎么解决这个矛盾。

6．客观测验题

1．实验仪上，串接在 LED 中的电阻标称值是（　　）Ω。
A. 300　　　　　B. 390　　　　　C. 330　　　　　D. 470

2．下列电压中，选项（　　）更接近测量到的 LED 压降值。
A. 0.7 V　　　　B. 1.5 V　　　　C. 2.0 V　　　　D. 3.3 V

3．下列电压中，选项（　　）更接近测量到的 LED 电流值。
A. 7.7 mA　　　B. 10 mA　　　C. 20 mA　　　D. 33 mA

4．对本次实验，闪灯程序编译后所占用的程序存储器大小最接近选项（　　）。
A. 1 KB　　　　B. 4 KB　　　　C. 16 KB　　　　D. 32 KB

5．对 328P 芯片，程序存储器配置大小为（　　）。
A. 1 KB　　　　B. 4 KB　　　　C. 16 KB　　　　D. 32 KB

6．程序每次上电运行时，Uno 板上的"L13"灯会闪烁（　　）次。
A. 1　　　　　　B. 2　　　　　　C. 3　　　　　　D. 4

7．对本实验，灯是（　　）点亮。
A. 高电平　　　　B. 低电平

8．对本实验指导中，Arduino IDE 的版本号为（　　）。
A. 1.0　　　　　B. 2.0　　　　　C. 1.8.13

9．实验中，Uno 板输出高电平电压最接近选项（　　）。
A. 0.8 V　　　　B. 3.3 V　　　　C. 4.9 V　　　　D. 1.5 V

10．实验仪所配 USB 连线，俗称为打印机 USB 线，插 Uno 主板一侧的是（　　）。
A. A 型口　　　　B. B 型口　　　　C. mini-B 型口　　　　D. micro-B 型口

2.2　流水灯实验

本实验为课程的第二次实验，要求学生能够在 2.1 节点亮一个灯的基础上实现点亮一组灯。处理过程中出现的软硬件问题。

巩固嵌入式软件的运行方式与传统程序设计课程的不同，尽快适应这种差异性。

1．实验目的

（1）能够用程序控制更多的灯。

（2）掌握"控制码"与一组灯亮灭状态之间的关系。

（3）掌握"控制码"的表格存储方法。

（4）体会通过一定的程序设计方法来实现灵活分配 IO 口线的目的。

2.设计方案

通过程序去点多只灯需要解决以下几个技术问题。

(1)有多少数字引脚可用。

流水灯是一种显示效果,指按顺序排列的一组灯,一次只点亮一只,顺序被点亮的效果。

流水灯在硬件需求方面比点亮一只灯需要更多的灯,当然,控制板相应地需要提供更多的IO。ArduinoUno 提供了 D0～D13 共 14 个数字 IO,但是 D0,D1 用于程序下载(与上位机串口通信),剩下的都可以用来驱动 LED 灯。那么理论上最多可以支持 12 只灯。

(2)最大点亮灯数对器件参数的限制。

图 2-8(引用自主控芯片 ATMEGA 328P 的数据手册)为主控芯片的"极限参数",流入VCC 或流出 GND 的管脚最大电流不能超过 100 mA,否则可能会让芯片产生永久性损坏,也即通常说的"烧芯片"。在 2.1 节曾计算过,在串联 390 Ω 限流电阻条件下驱动一只 LED 需消耗 7.7 mA 的电流,那么驱动 12 只需要 7.7 mA×12= 92.4 mA。

Operating Temperature	-55°C to +125°C
Storage Temperature	-65°C to +150°C
Voltage on any Pin except RESET with respect to Ground	-0.5V to V_{CC}+0.5V
Voltage on RESET with respect to Ground	-0.5V to +13.0V
Maximum Operating Voltage	6.0V
DC Current per I/O Pin	40.0 mA
DC Current VCC and GND Pins	100.0 mA

图 2-8 328P 芯片的绝对使用条件(截图)

图 2-9 为主控芯片手册中给出的动态功耗与供电电压、工作频率的关系曲线,从图 2-9中可知,在 16 MHz 时钟频率和 5 V 供电条件下,芯片自身的耗电接近 10 mA。

在不考虑其他引脚条件下,驱动 12 只 LED 将有 92.4 mA+10 mA=102.4 mA 的电流流入 VCC 引脚。显然,该值大于芯片的极限参数 100 mA,驱动 12 只 LED 刚好"压线"。工程设计往往比较保守,一般至少留 30% 的余量,取 70% 的极限参数取值,由此计算最多能驱动的LED 个数,得(70 mA-10 mA)/7.7 mA=7.79。

可以得出结论:驱动 8 只 LED 时,主控芯片安全。

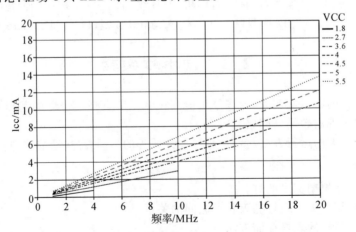

图 2-9 328P 芯片耗电量与频率、供电电压关系曲线(见彩插)

由图 2－10 可知，7.7 mA 电流流出 IO 管脚时，在 5.0 V 供电，＋25℃环境温度条件下，实际得到的高电平输出电压为 4.8 V 左右。对每个 IO，芯片手册给出的上限参数为限制在 20 mA 以内，绝对参数要求在 40 mA 以内，本例中点灯使用 7.9 mA 是安全的。

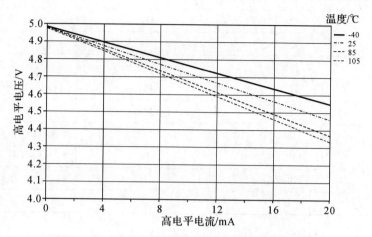

图 2－10　328P 芯片数字 I/O 输出源电流特性曲线

（3）实验线路设计。

实验板提供了 6 只 LED 灯，结合实验板实际情况，设计图 2－11 所示的实验线路图。

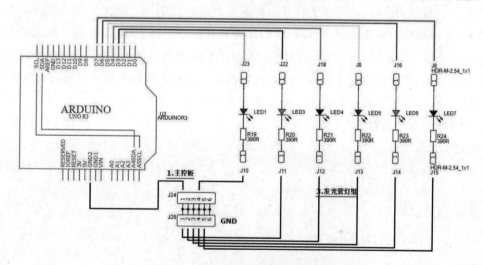

图 2－11　流水灯实验线路图（见彩插）

对图 2－11 进行整理，形成表 2－4，留意线色的分配以及每种颜色的杜邦线所需的数量。

表 2－4　流水灯实验连线

序　号	连接点 1	连接点 2	线　色
1	U2.GND2	J24.1	黑色
2	J24.4	J10	黑色
3	J28.1	J11	黑色

序 号	连接点 1	连接点 2	线 色
4	J28.2	J12	黑色
5	J28.3	J13	黑色
6	J28.4	J14	黑色
7	J28.5	J15	黑色
8	U2.D2	J23	绿色
9	U2.D3	J22	棕色
10	U2.D4	J18	橙色
11	U2.D5	J9	黄色
12	U2.D6	J16	蓝色
13	U2.D7	J8	紫色

说明:图中的 J24、J28 应理解为印有 GND 丝印的转接区插座,并非是在教学仪上找 J24、J28 插座。

(4)实验核心代码。

制作一个数组,数组内的元素为待显示的流水灯效果控制码。对于一次点亮一只灯的情况,可以计算出相应的码字特征,具体码字特征为只有 1 个比特为 1,其他全为 0(这种特征称为 One-Hot 编码)。如果需要左右来回往复移动的效果,则 6 只灯共需要 10 个码字。

在主循环中,依次输出这 10 个码字,两次输出状态更新之间插入足够的延时,让程序动作变得足够慢,确保人眼可观察到流水效果。延时参数设定为 200 ms。

示例程序见程序清单 1。

```
程序清单 1
1.const unsigned char style[10]
2.  = {0x01, 0x02, 0x04, 0x08, 0x10, 32, 16, 8, 4, 2};
3.void loop()
4.{
5.for (int i = 0; i < 10; i++) {
6.    updateLeds(style[i]);
7.    delay(200);                    // 等待 0.2 秒
8.  }
9.}
```

(5)实现 updateLeds() 函数。

对循环中每次调用的更新函数,见程序清单 2。对输入码字和 One-Hot 编码"按位与"。注意"按位与"不是"逻辑与","逻辑与"在 C 语言中的写法为"&&"。若对应的位(比特)为非零,则相对应的 LED 所在的 IO 脚输出高电平,否则输出低电平。可知,因发光二极管负极接地,故"高电平"是"点亮"的效果,"低电平"是"熄灭"的效果。这一点和表 2 - 4 一致。

程序清单 2

```
1.void    updateLeds( char style )
2.{
3.if ( style & 0x01)
4.      digitalWrite(PinLedNo1, HIGH);
5.else
6.      digitalWrite(PinLedNo1, LOW);
7.if ( style & 0x02 )
8.      digitalWrite(PinLedNo2, HIGH);
9.else
10.      digitalWrite(PinLedNo2, LOW);
11.if ( style & 0x04 )
12.      digitalWrite(PinLedNo3, HIGH);
13.else
14.      digitalWrite(PinLedNo3, LOW);
15.if ( style & 0x08 )
16.      digitalWrite(PinLedNo4, HIGH);
17.else
18.      digitalWrite(PinLedNo4, LOW);
19.if ( style & 0x10 )
20.      digitalWrite(PinLedNo5, HIGH);
21.else
22.      digitalWrite(PinLedNo5, LOW);
23.if ( style & 0x20 )
24.      digitalWrite(PinLedNo6, HIGH);
25.else
26.      digitalWrite(PinLedNo6, LOW);
27.}
```

3. 实验过程

(1)补齐实验程序。

根据前面的连线图和 updateLeds() 函数补齐宏定义 PinLEDNo1～PinLEDNo6。

在 setup() 函数中补齐对 PinLEDNo1～PinLEDNo6 对应的管脚工作方式的初始化。

(2)实验连线。

参考图 2-11 和表 2-4,准备足够数量的杜邦线,并进行连接。连线时 USB 供电须断开,避免带电连线。

说明:在安装和调试作业中,出于安全考虑,一般要求是"带电不接线,接线不带电"。

(3)编译,下载。

对实验源代码进行编译、下载。

下载前,确认 USB 口已连接电脑。

(4)实验记录。

观察实验现象是否与预期的一致。

预期的实验现象为,每节拍点亮一只 LED 灯,灯从左往右依次点亮,然后从右往左依次点亮,如此反复。

用短视频记录实验现象。

填写实验记录表 2-5,亮灯用"●"表示,灭灯用"○"表示。

表 2-5　实验记录表

序　号	LED1	LED3	LED4	LED5	LED6	LED7
1						
2						
3						
4						
5						
6						
7						
8						
9						
10						

(5)异常排查。

当观察的实验现象与预期有出入时,进行异常排查。

硬件方面可能的错误有连错线、主控板引脚到 LED 灯组间的多根线中个别顺序颠倒、主控芯片个别 IO 口损坏。实践中发现有 LED 灯正负引脚焊装时装反的情况,原因系 LED 出厂所致,并非工厂装反。

比如,曾发现 D2 口有损坏,对于这种情况,可更换 D2 与 J23 的连线,接到 D8 上,同时需要修改程序中的宏定义或常量定义。

修改程序后,重新编译、下载、观察实验现象、记录。

确认源程序文件、实物连线图、短视频和实验记录表的技术状态一致。

(6)实验改进。

修改程序,让每次点亮的 LED 左侧的灯不再熄灭,保持常亮状态。显示效果见表 2-6,●表示对应位置的灯点亮,○表示对应位置的灯熄灭。

表 2-6　改进的流水灯显示效果

序　号	LED1	LED3	LED4	LED5	LED6	LED7
1	●	○	○	○	○	○
2	●	●	○	○	○	○
3	●	●	●	○	○	○
4	●	●	●	●	○	○
5	●	●	●	●	●	○
6	●	●	●	●	●	●

序　号	LED1	LED3	LED4	LED5	LED6	LED7
7	●	●	●	●	●	○
8	●	●	●	●	○	○
9	●	●	○	○	○	○
10	●	●	○	○	○	○

(7)故障排查。

观察实验现象是否与预期的一致。预期的实验现象为,每节拍点亮一只 LED 灯,灯从左往右依次点亮,并且先前的灯保持点高,然后从右往左依次熄灭,且先前熄灭的灯仍保持熄灭,如此反复。

不一致时,进行故障排查。

在本步骤,硬件的问题已经完全解决,只能是软件部分出错。

(8)整理记录文件。

确认源程序文件,实物连线图,短视频和实验记录表的技术状态一致。

4.实验记录和报告要求

(1)完成实验报告。程序源代码作为实验报告的附件单独提供。

(2)对流水灯效果拍视频记录。

(3)对改进后的流水灯效果拍视频记录。

(4)在实验报告中,对实验过程中碰到的问题详细阐述,自己能够解决的,阐述解决的思路和方法;不能够单独解决的,综合利用文字、图片、视频的形式如实记录问题以及自己所做的尝试。

(5)记录自己的实验感受,提出改进意见。

5.思考题

回顾本次实验,通过以下问题自查是否达到课程预期的成效。

(1) One-Hot 编码的数组其元素有什么特征?

(2)在印刷电路板(Printed Circuit Board,PCB)版图设计过程中,为了减少过孔和交叉,需要交换两只 IO 连线而使得布线更顺。对这种需要交换 IO 引脚连接关系的情况,体会在程序设计中使用宏定义方式的便捷性。

(3)本实验中,所有的 LED 阴极都连到了地电位上,这种接法称为共阴极接法。与之相对应,若所有 LED 的阳极都接到 5 V,用主控板的 IO 驱动 LED 的阴极来实现点亮,称之为共阳极接法。修改连线和程序完成同样的显示效果。

(4)328P 芯片是高电平复位还是低电平复位? 通过仪器确认自己的想法。

6.客观测验题

(1)所给的范例程序,硬件接线采用的是(　　　　)。

　　A.共阳极接法　　　　　B.共阴极接法　　　　　C.不清楚

(2)(　　)操作符指的是"按位与"。

    A. || B. &   C. &&   D. !

(3)(　　)操作符指的是"按位或"。

    A. | B. &   C. &&   D. !

(4)delay()函数中参数的物理单位为(　　)。

    A. 秒   B. 毫秒   C. 微秒   D. 纳秒

(5)本实验中,采用第二种流水灯方案,流过地线上的最大电流值接近(　　)。

    A. 24 mA   B. 6.6 mA   C. 60 mA   D. 46.2 mA

(6)本实验中,需要测量流过所有流水灯的总电流时,需要修改表 2-4 中(　　)根连线。

    A. 1   B. 2   C. 3   D. 4

(7)关于程序片段,说法正确的是(　　)。

```
if ( style & 0x08 )
    digitalWrite(PinLedNo4, HIGH);
else
    digitalWrite(PinLedNo4, LOW);
```

A. 如果 style 的 D3 为高,则向 PinLedNo4 输出低电平

B. 如果 style 为非零值,则向 PinLedNo4 输出高电平

C. 如果 style 为非零值,则向 PinLedNo4 输出低电平

D. 只要 style 的 D3 为高,则向 PinLedNo4 输出高电平

(8)在"wiring_time.c"中找到 delay()的代码如下,说法不正确的是(　　)。

```
void delay(uint32_t ms)
{
if (ms != 0) {
uint32_t start = getCurrentMillis();
do {
    yield();
}while (getCurrentMillis() - start < ms);
  }
}
```

A. 该函数和 C++没有必然联系,是 C 的写法

B. 若传进来的参数为"0",那么函数将不执行 if 中的内容

C. 该函数有返回值

D. 参数 ms 的类型是 32 位无符号整型

(9)实验中,UNO 板输出高电平电压最接近(　　)。

    A. 0.8 V   B. 3.3 V   C. 4.8 V   D. 1.5 V

(10)实验中,对 LED 的驱动采用共阴极接法,UNO 板输出低电平电压最接近(　　)。

    A. 0.8 V   B. 0.2 V   C. 4.8 V   D. 1.5 V

7.参考资料

此处放两张曲线图,图 2-12(a)为 IO 输出灌电流能力曲线,图 2-12(b)为 IO 内部上拉

输入源电流特性曲线。

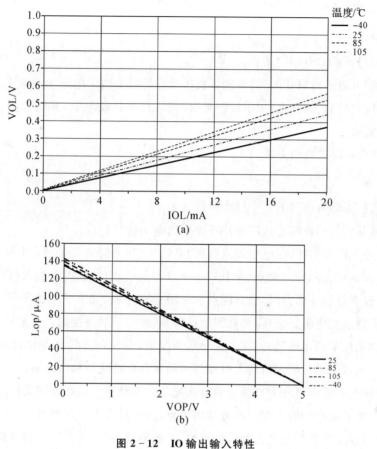

图 2 - 12　IO 输出输入特性

(a)IO 输出灌电流能力曲线;(b)片上输入上拉特性

2.3　按键实验

按键是人机交互设备中输入设备技术实现的重要方式之一。

按键实验中按键和电阻的接法有多种,早期的接口电路支持外部上拉电阻接法,对 UNO 和 MEGA 板有三种接法——外部上拉电阻接法、外部下拉电阻接法和内部上拉电阻接法。实验仪设计时,对按键单元保留了外部电阻,共提供 7 只独立按键。

在接口电路中,按键抖动是一种需要考虑的技术问题。

从程序设计角度来看,按键实验解决了如何获取外部数字量输入电平状态的问题,但多出来机械开关固有的“抖动”现象,不得不采取“消抖动”处理。

可以细分为两个小实验:

(1)按键输入-外部上拉电阻实验;

(2)按键“消抖动”实验。

在在线平台实验方式中①，用小型信号继电器代替按键。继电器的触点与按键有相同之处，存在机械抖动的平台。

1. 实验目的

(1)熟练使用 digitalRead()函数。

(2)掌握用"电阻＋机械开关"的方式将机械动作转换为数字电路中的电平。

(3)了解"按键抖动"的概念；用示波器观察、记录按键抖动现象，并结合实验，阐述按键抖动带来的负面效果。

(4)了解软件延时消抖动方法。

2. 设计方案

完成本实验，需要解决以下几个技术问题。

(1)把机械开关的动作转为数字芯片可识别的电平信号。

机械开关外观形式多样，在航空领域俗称"电门"。开关的最基本形式中包含 3 个触点，分别是常闭(Normal Close，NC)触点、常开(Normal Open，NO)触点和公共(Common，COM)触点。开关在没有施加外部力时，公共触点和常闭触点接通，和常开触点断开；当施加足够的外部力时，公共触点发生明显位移，和常闭触点断开，和常开触点接通。正常情况下，常开触点和常闭触点是"老死不相接通的"。在一些异常情况下，会发生公共触点和常开触点"断不开"的情形，原因是通过了超过额定值的大电流将内部触点烧融化焊接到一起。

机械开关按是否带锁可分为自锁型和自恢复型。自锁型开关在硬件实验中常用作开发板的电源开关，人机界面中的输入按键没有常闭触点，多为自恢复常开型开关。

在这里以自恢复常开型开关为例进行讨论，其他形式类似，读者可自行分析。

常开型开关(或按键)在没有按下时内部的常开触点和公共触点是分开的，按下后触点接通。触点的材料和簧片是特殊的合金，只有这样才有 10 万～100 万次的使用寿命。实践中发现，一些劣质的按键往往使用一两年就坏掉，达不到其使用寿命，原因多是内部触点材料不过关偷工减料。外观方面，对特别小的按键，通常只有两只引脚，实验仪中采用的按键体积相对大一些，为 12 mm×12 mm，有 4 个引脚，但是两两是导通的。实验仪所采用的按键内部只有一个常开触点。

对一些网上的学习板开发板，按键个头为 6 mm×6 mm，也是 4 个引脚，内部同样只有 1 个常开触点。在使用面包板连线时，要留意对 4 个引脚关系的判定，长期教学实践显示，初学者经常把一对线接到内部连通对同一只引脚上。

小型信号用继电器内部至少有 1 组触点，这组触点中有不出长期教学实践显示 1 个公共端、1 个常开触点和 1 对常闭触点，又称为单刀双掷结构。

如图 2-13(a)所示，把开关的 1 个引脚接地，另外 1 个引脚串联 1 个电阻接到 1 个正电压

上，按键和电阻的连接点作为信号输出。当按键没有按下时，由电路的基本知识可知，输出信号电压等于正电压；当按键按下时，输出信号电压等于地线电压，即 0 V。

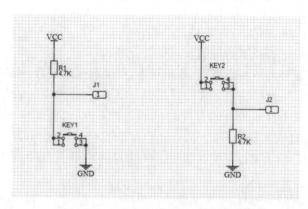

图 2-13　上拉电阻接法和下拉电阻接法

根据芯片输入电压范围的不同，正电压的选择有一定的限制。在这里，UNO 板上的 CPU 为 5 V 供电，正电压选择为 5 V 是合适的。

提示：UNO 板靠左下角的排插上有 3.3 V 插孔，用这个插孔作为"高电压"不合适，会导致出现一些莫名其妙的实验现象。在设计航模一类的锂电池供电时可能会碰到非稳压的情况，UNO 板圆形输入插座电源的电压支持 7～12 V 的宽范围，在 UNO 板靠左下角的排插上有 Vin 插孔，直接选用该电压也不合适。

（2）"上拉电阻"和"下拉电阻"。

在图 2-13 中，按照机械开关和电阻的位置划分，对上面的例子，电阻的一端连接到正电压，这种组合形式称为上拉电阻接法。与之对应，按键和电阻的位置颠倒过来也同样可以实现将按键的动作转换为芯片可识别电平信号的目的。颠倒过来这种接法电阻成为下拉电阻接法。

UNO 板上的 CPU 为 CMOS 工艺，采用上拉电阻的接法和下拉电阻的接法都可以。电阻取值一般为 4.7～50 kΩ，出于工程习惯和历史继承的原因，以 4.7 kΩ 和 10 kΩ 最常见。若所连接的芯片为 TTL 电平，则只能使用上拉电阻接法。

对下拉电阻接法，如图 2-13(b)所示，按键没有按下时输出 0 V，对应为低电平，按键按下时输出 5.0 V，输出高电平。

（3）软件层面如何获取输入引脚电平。

前面解决了硬件上的设计和连线问题。软件层面如何获取输入引脚的电平？访问引脚寄存器是最原始的办法，但目前理解起来难度太大。

在程序中获取引脚的高低电平通过 digitalRead() 函数实现。函数的入口参数为管脚号，注意：这里管脚号并非 CPU（这里特指 328P 芯片）的管脚号，而是 Arduino 板定义的管脚号。对 UNO 板，可用的管脚号范围为 0～13；对 Mega 板，这个范围要大得多，为 0～53。

函数的返回值为 0 或 1，通常用宏定义 LOW 和 HIGH 表示，对应于低电平和高电平。对 CMOS 类型的数字芯片，当供电电压为 5.0 V 时，低电平定义为供电电压的 30% 以下，也即 0～1.5 V，高电平定义为供电电压的 70% 以上，也即 3.5～5.0 V，而实际情况低电平往往在零点几伏接近地线电压水平,高电平在接近电源电压水平,这一点在后续的实验项目中会得到证实。

前文提到,Uno 板靠左下角的排插上有 3.3 V 插孔,用这个插孔作为"高电压"不合适的原因在于 3.3 V 比高电平阈值(3.5 V)略低一些。

(4)如何确认 CPU 已经读到按键的状态。

在专业的软件开发环境中有打断点、单步功能,可提供变量查看、寄存器查看、存储器和外设状态寄存器查看等方式获取主控芯片的详细运行状态。而 Arduino 环境不提供这些手段,无法通过查看寄存器或者变量的方式直接去求证是否 CPU 已经读取到按键的状态,而只能采取间接的方法。结合该实验任务:方法一,可以结合 digitalWrite() 函数把 digitalRead() 的返回值显示到 L 灯上;方法二,可以通过 Serial 口将电平值打印到 IDE 中的"串口监视器"中。

方法二在后续的实验会用到,本次实验采用方法一。

3. 实验过程

(1)准备软件代码。

实验仪提供的示例代码见程序清单 3。

程序清单 3

```
1./*
2.//   06_Button.ino
3.//   西工大计算机基础教学与实验中心智能硬件教学组
4.//   2021.11.1 WangYihang
5.//   功能描述：用程序检测单只按键状态,检测结果显示到主控板上的 L 灯
6.//          按键按下时,灯熄灭;按键不按时,灯点亮
7.//          实验的效果和 Aruino 给出的 Button 示例相反
8.//   主控板    UNO 板/Mega2560
9.//          更换主控板后,COM 口编号会改变
10.//  连线：   1. D2 - - - - J1.3（KEY1）按键按下为低电平
11.//          2. GND - - - J1.1
12.//          3. VCC - - - J1.2
13.* /
14.
15.
16.// constants won't change. They're used here to set pin numbers:
17.const int buttonPin =  2;     // the number of the pushbutton pin
18.const int ledPin =    13;     // the number of the LED pin
19.
20.// variables will change:
21.int buttonState = 0;          // variable for reading the pushbutton status
22.
23.void setup() {
24.// initialize the LED pin as an output:
25.   pinMode(ledPin, OUTPUT);
```

```
26.// initialize the pushbutton pin as an input:
27.   pinMode(buttonPin, INPUT);
28.}
29.
30.void loop() {
31.// read the state of the pushbutton value:
32.   buttonState = digitalRead(buttonPin);
33.
34.// check if the pushbutton is pressed. If it is, the buttonState is HIGH:
35.if (buttonState = = HIGH) {
36.// turn LED on:
37.   digitalWrite(ledPin, HIGH);
38.   }else {
39.// turn LED off:
40.   digitalWrite(ledPin, LOW);
41.   }
42.}
```

或者直接使用示例程序,依次进行菜单选择操作,点击"示例"→"02. Digital"→"Button"。

在初始化函数 setup()中,初始化与按键相连的引脚为输入方式。

在主循环 loop() 中,调用 digitalRead() 函数读取按键状态,返回值送给 buttonState 整形变量;采用上面讲到的方法一验证返回值,通过 digitalWrite()将电平值送出到 L 灯上,通过观察 L 灯的亮灭,间接得知 digitalRead()的返回值。

(2)线路设计与连线设计。

外部下拉电阻的线路如图 2－14 所示。

说明:图 2－14 中 VCC6 和 GND6 是按键区域的电源和地电气网络标号,但是按键组区域并没有使用极性元件,未在 VCC 和 GND 间加入保护二极管和电源滤波用的电解电容,所以 VCC6 和 GND6 只是个符号而已,并不是标记为 VCC 一定要接正电源、标记为 GND 一定要接地。图 2－14 初看是外部上拉电阻接法,还有一种接法,VCC6 接 GND,GND6 接 VCC,这时候该部分电路实际是外部下拉电阻接法。

在线下实验和 Arduino 提供的官方示例中,用的是外部下拉电阻接法,见表 2－7。

在连线前,准备好不同线色的连线。

连线时,严格按照连线表中的线色进行连接,不要随意更改。

连线完成后,要自己检查一遍。

自查完成后,邀请同组同学复查。

表 2－7　外部下拉电阻接法连线

序 号	连接点 1	连接点 2	线 色
1	U2. GND1	J1. 2	黑色
2	U2. D2	J1. 3	绿色
3	U2. 5V	J1. 1	红色

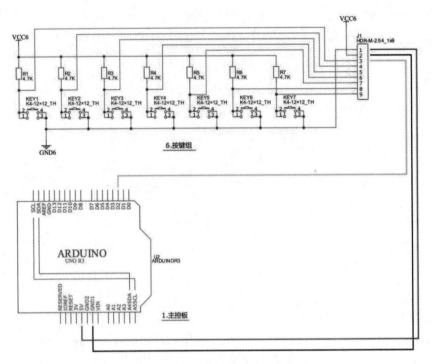

图 2-14　实验仪外部下拉电阻接法线路

（3）编译、下载。

将与 Uno 板相连的 USB 线与电脑主机连接好。在设备管理器中确认串口号。

对程序进行编译、下载，观察 IDE 中下部"消息栏"的打印信息，直到提示语"avrdude: done. Thank you."出现。

（4）观察实验现象。

程序下载完成后，按键没有按下时，L 灯应是灭的状态；按键按下并保持，L 灯应一直点亮；当按键释放后，L 灯熄灭。

反复测试多次，实验的规律应是稳定的，不应出现不稳定的情形。

（5）调试。

若不能复现应有的实验现象，请检查连线。

多期教学实践显示，个别主控板的 D2 有坏的情况，这时候就不是简单的连线错误或者程序软件编写错误，而应该将连接点 D2 换到其他数字 IO 上，并修改程序的相应部分。

（6）测量。

在两种情况下测试按键和电阻连接点处的电压，做记录，填入表 2-8 中。

表 2-8　外部下拉电阻接法测试记录

序　号	项　目	测试条件	电压值/V	灯状态
1	电压值	按键按下		
2	电压值	按键释放		

图 2-15 为按下按键时电压值测试的实景照片，读者根据自己数字万用表的实际读数填

写,照片中的实测数值仅供参考。

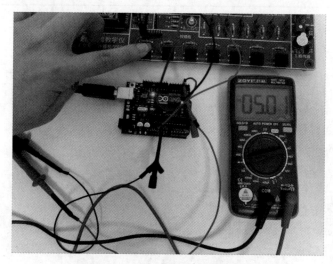

图 2-15 电压测试示例(见彩插)

(7)变更实验为内部上拉电阻方式,重复实验过程。

进行此项内容时,需要变更连线。相对于外部上拉电阻的实验,本实验去掉了 VCC 的连线。328P 芯片的数字 IO 引脚都集成有内部上拉电阻,可以通过软件让内部上拉电阻起作用或者不起作用,对应称为"使能"和"禁止"。使用内部上拉电阻的方式,减少了元器件的数量,对于很多个按键的情形,能够明显节约 PCB 的面积。

变更后的连线图和线路表见图 2-16 和表 2-9。

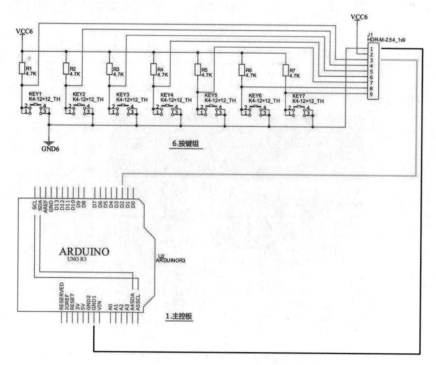

图 2-16 内部上拉电阻实验连线图

表 2 - 9　内部上拉电阻线路表

序　号	连接点 1	连接点 2	线　色
1	U2. GND1	J1.1	黑色
2	U2. D2	J1.3	绿色

进行该项实验时,程序需要变更。变更主要体现在 setup() 函数中,设置 2 号引脚为输入时,需要将参数"INPUT"修改为"INPUT_PULLUP",见程序清单 2。

程序清单 2

```
1.void setup() {
2.// initialize the LED pin as an output:
3.   pinMode(ledPin, OUTPUT);
4.// initialize the pushbutton pin as an input:
5.   pinMode(buttonPin, INPUT_PULLUP);
6.}
```

(8)确认实验现象。

确认变更连线。

程序更新后,重新编译、下载。

新的实验现象与外部下拉电阻情况相反。具体为按下按键时,L 灯熄灭;按键弹起时,L 灯点亮。内部上拉电阻接法测试记录见表 2 - 10。

表 2 - 10　内部上拉电阻接法测试记录

序　号	项目	测试条件	电压值/V	灯状态
1	电压值	按键按下		
2	电压值	按键释放		

测量按键上的电压值,图 2 - 17 为测量的示例照片。

图 2 - 17　内部上拉电阻方式按键电压测量示例照片(见彩插)

（9）测量。

得到实验现象后，用万用表的电流挡测量流过内部上拉电阻的值，然后估算出在 5 V 供电时等效的电阻值。

实验仪按键外接 4.7 kΩ 电阻，按外部上拉电阻的接法，记录测量得到的电流值。

测试时，先将万用表调整为电流档，对于 4 个插孔的数字万用表，要变更红色表笔到"mA"插孔位置。对只有 3 个插孔的数字万用表，"mA"档和"＋·V·Ω"公用，不用更换插孔位置。图 2-18 是内部上拉电阻接法测量电流的测量示例。读者根据自己数字万用表的实际读数填写，图中的测量值仅供参考。

注意图中的万用表"mA"挡和"＋·V·Ω"公用，挡位在"400 μA"量程。

图 2-18　电流测量示例（见彩插）

将红表笔接 KEY1 按键的 1 脚或 2 脚，黑色表笔接 KEY1 按键的 3 脚或 4 脚，调整万用表的挡位到合适的量程，记录测量的电流值。

（10）准备按键消抖动的实验代码。

实验代码参考 IDE 提供的例子，从菜单栏依次选取示例→02. Digtial→Debounce，见程序清单 4。

程序清单 4

```
1.//  06b_Debounce.ino
2.//  西工大计算机基础教学与实验中心智能硬件教学组
3.//  2021.11.1 WangYihang
4.//  功能描述：用程序检测单只按键状态，检测到按键按下时反转灯的状态
5.//
6.//          实验的效果和 Arduino 给出的 Button 示例相反
7.//  主控板    UNO 板/Mega2560
8.//          更换主控板后，COM 口编号会改变
9.//  连线：   1. D4 - - - J1.5（KEY4）按键按下为低电平
10.//         2. GND - - - J1.1
11.//         3. VCC - - - J1.2
12.// constants won't change. They're used here to set pin numbers:
```

```
13. const int buttonPin = 4;      // the number of the pushbutton pin
14. const int ledPin = 13;         // the number of the LED pin
15.
16. // Variables will change:
17. int ledState = HIGH;           // the current state of the output pin
18. int buttonState;               // the current reading from the input pin
19. int lastButtonState = LOW;     // the previous reading from the input pin
20.
21. // the following variables are unsigned longs because the time, measured in
22. // milliseconds, will quickly become a bigger number than can be stored in an int.
23. unsigned long lastDebounceTime = 0;   // the last time the output pin was toggled
24. unsigned long debounceDelay = 50;       // the debounce time; increase if the output
flickers
25.
26. void setup() {
27.   pinMode(buttonPin, INPUT);
28.   pinMode(ledPin, OUTPUT);
29.
30. // set initial LED state
31.   digitalWrite(ledPin, ledState);
32. }
33.
34. void loop() {
35. // read the state of the switch into a local variable:
36. int reading = digitalRead(buttonPin);
37.
38. // check to see if you just pressed the button
39. // (i.e. the input went from LOW to HIGH), and you've waited long enough
40. // since the last press to ignore any noise:
41.
42. // If the switch changed, due to noise or pressing:
43. if (reading != lastButtonState) {
44. // reset the debouncing timer
45.   lastDebounceTime = millis();
46.   }
47.
48. if ((millis() - lastDebounceTime) > debounceDelay) {
49. // whatever the reading is at, it's been there for longer than the debounce
50. // delay, so take it as the actual current state:
51.
52. // if the button state has changed:
53. if (reading != buttonState) {
```

```
54.        buttonState = reading;
55.
56.// only toggle the LED if the new button state is HIGH
57.// * 1* 注意这一行和官方示例不同,原因是实验仪设计是按键低有效
58.if (buttonState = = LOW) {
59.        ledState = ! ledState;
60.      }
61.    }
62.  }
63.
64.// set the LED:
65.  digitalWrite(ledPin, ledState);
66.
67.// save the reading. Next time through the loop, it'll be the lastButtonState:
68.  lastButtonState = reading;
69.}
```

(11)用示波器记录按键抖动现象。

多次测试,用示波器抓取按键抖动现象。

使用示波器观察按键抖动时,需要设置下降沿"正常"触发,调整水平时基大约为 $200\mu s$/格,垂直增益为 2 V/格。若设置为"自动"或"单次",则很难抓到抖动现象。

抓取 3 次有抖动的波形,截屏做记录。

图 2-19 为采用虚拟示波器采集的 4 组"按键抖动"实际现象。测试时,使用了外部 4.7k 上拉电阻接线方式。通道 A 的探头为 X10,触发电压设置在 1.8 V 上下,图 2-19(a)水平时基为 1 ms/div,剩下 3 幅图设置为 $200~\mu s$/div。

对图 2-19 分析可知,信号幅度低电平为 0 V,高电平为 5 V。在图 2-19(a)中,抖动现象维持了大约 0.3 ms,有 3 个尖脉冲;在图 2-19(b)中,抖动现象维持了 0.3 ms,有 1 个尖脉冲;在图 2-19(c)中,有两个宽度为 0.03~0.05 ms 的负脉冲;在图 2-19(d)中,有 7 个尖脉冲,散落发生在持续时间 1.4 ms 的时间段内。

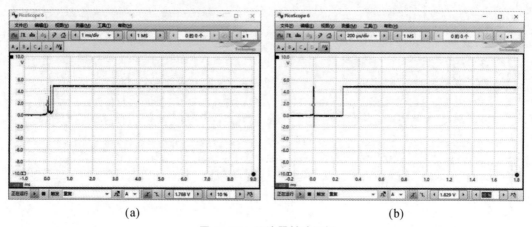

(a)　　　　　　　　　　　　　　　　(b)

图 2-19　示波器抖动示例

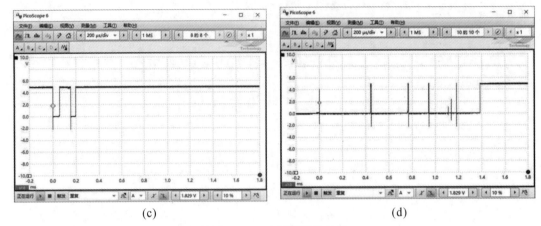

(c)   (d)

续图 2-19　示波器抖动示例

(12)对比没有按键消抖动代码时的实验现象。

将程序中的全局长整形变量 debounceDelay 从 50 修改为 0,编译、下载进行测试。

下载完成后进行测试,按动按键 10 次,观察是否每次 L 灯都能可靠反转。

实验结果显示即便是设置成 0 效果也可以,每次 LED 都能正常反转。

换成程序清单 5 的程序试一试。

程序清单5

```
1.//   06a_NoDebounce.ino
2.//   西工大计算机基础教学与实验中心智能硬件教学组
3.//   2021.11.1 WangYihang
4.//   功能描述:用程序检测单只按键状态,检测到按键按下时反转灯的状态
5.//        按键按下时,灯熄灭;按键不按时,灯点亮
6.//        实验的效果和 Aruino 给出的 Button 示例相反
7.//   主控板    UNO 板/Mega2560
8.//        更换主控板后,COM 口编号会改变
9.//   连线:   1. D3 - - - J1.4(KEY3)按键按下为低电平
10.//         2. GND - - - J1.1
11.//         3. VCC - - - J1.2
12.const int buttonPin = 3;     // the number of the pushbutton pin
13.const int ledPin = 13;       // the number of the LED pin
14.
15.int ledState = HIGH;          // the current state of the output pin
16.int buttonState;              // the current reading from the input pin
17.int lastButtonState = LOW;    // the previous reading from the input pin
18.
19.unsigned long lastDebounceTime = 0;   // the last time the output pin was toggled
20.unsigned long debounceDelay = 50;      // the debounce time; increase if the
output flickers
21.
22.void setup() {
23.  pinMode(buttonPin, INPUT);
```

```
24.  pinMode(ledPin, OUTPUT);
25.  digitalWrite(ledPin, ledState);
26.}
27.
28.void loop() {
29.
30.int reading = digitalRead(buttonPin);
31.
32.if (reading ! = lastButtonState && reading = = LOW ) {
33.    lastDebounceTime = millis();
34.    ledState = ! ledState;
35.  }
36.
37.// set the LED:
38.  digitalWrite(ledPin, ledState);
39.  lastButtonState = reading;
40.}
```

相比于前面的程序,以上程序删除了冗余的代码,让程序能足够快地进行按键状态检测。

记录 10 次中可靠亮灭的次数。

将该段测试以视频形式进行记录。

4.实验记录和报告要求

(1)用文字描述实验的过程,完成实验报告。

(2)用短视频方式记录按键消抖动现象测试实况。

(3)对实验过程中碰到的问题,尤其是个性化问题,最终有没有解决? 是如何解决的? 请尽量详细描述。

(4)分享实验感受,并讨论。

(5)测量记录表见表 2-11。

表 2-11　测量记录表

序 号	项 目	测试条件	记 录 值
1	按键电流测量	用万用表电流挡,红黑表笔跨接在按键的两个接线端上进行测量,实验仪上拉电阻 4.7 kΩ 标称值	_____ mA
2	内部上拉电阻阻值估计	使能内部上拉电阻功能,用万用表电流挡,红黑表笔跨接在按键的两个接线端上进行测量	_____ mA
		计算出内部上拉电阻等效值	_____ kΩ
3	不消抖动的错误率	假设在软件中不加消抖动处理,连按 30 次,统计错误率	_____ %

5.思考题

回顾本次实验,按以下问题自查是否达到课程预期的成效。

（1）若不加按键消抖动，能保证每次按下灯的状态可靠反转吗？

（2）延时多长比较合理？在 10 ms、1 ms、100 ms 哪个数量级？

（3）在 Arduino 官方提供的按键示例中，使用的是外部下拉电阻接法，如图 2-20（a）所示。有时，出于安全考虑，为了保护芯片的引脚在软件意外设置错误时不至于被烧掉，在按键和 VCC 的回路中串联一只几百欧姆的电阻，如图 2-20（b）所示。

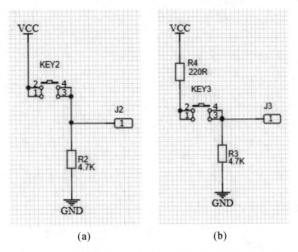

图 2-20　外部下拉电阻接法和带有保护电阻的接法

若用面包板进行线下实验，从实验室领取 220 Ω 电阻，按图 2-20 中有保护电阻的方式接线。

测试按键和电阻连接点处的电压，记录两个值：当按键按下时为_____V；当按键释放时为_____V。

若保护电阻过大，比如大到 3 kΩ，会怎么样？

6. 客观测验题

（1）实验仪按键部分每只按键所串联的电阻阻值为（　　　）。

　　A. 470 Ω　　　　　　B. 10 kΩ　　　　　　C. 4.7 kΩ　　　　　　D. 200 Ω

（2）外接电阻按上拉电阻接法，连接固定电平的一端连接到的电压为（　　　）。

　　A. GND　　　　　　B. 3.3 V　　　　　　C. 5.0 V　　　　　　D. 7.0 V

（3）上拉电阻接法，按键按下时，引脚上的电压为（　　　）。

　　A. 2.5 V　　　　　　B. 3.3 V　　　　　　C. 0 V　　　　　　D. 5.0 V

（4）实验仪用到的 4 只引脚按键，内部有（　　　）对触点。

　　A. 1　　　　　　　　B. 2　　　　　　　　C. 3　　　　　　　　D. 4

2.4　呼吸灯实验

呼吸灯指的是一种灯光效果，发光元件的发光强度随时间由强变弱，再由弱变强，变化周期接近人呼吸的节奏。

使用呼吸灯效果，显示效果变得不像闪烁效果那样单调，同时能够节能。

1．实验目的

(1)知道脉冲宽度调制(Pulse Width Modulation,PWM)工作方式。

(2)通过该实验达到熟练使用 analogWrite()函数的目的。

(3)会使用示波器测量 PWM 信号的特征。

(4)了解 DAC 工作方式和 PWM 方式的区别。

2．设计方案

截止到目前,用已经学习到的方法实现对灯光的控制,要么是亮,要么是灭。亮度是由串联在 LED 回路中的电阻决定的,所串联的电阻阻值小一些,LED 发出的光更亮,反之更暗。要实现对灯光亮度的分挡调节,只能采用改变串联电阻阻值的办法,但要实现很多个分挡或者连续可调,这种方法就很不经济。

(1)PWM 基础。

还有一种方式,让程序反复执行这么一段代码:①执行 digtialWrite(pin,HIGH)函数,将输出设置为高电平;②执行延时函数,假设参数为 x ms;③执行 digtialWrite(pin,LOW)函数,设置为低电平;④执行延时函数参数为 y ms;⑤跳转到①继续执行。如此反复就会在 pin 上形成图 2-21 所示的波形。

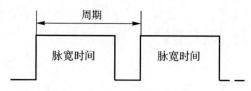

图 2-21　在 pin 上形成的波形

如果 x 和 y 的值相对较大,人眼会观察到闪烁现象,想办法尽可能地减小 x 值和 y 值,但是 x 与 y 的比例保持不变,当小到一定程度时,人眼是观察不到闪烁现象的。改变 x 与 y 的比值,就能够实现对输出电压平均值的调节,流经 LED 中的平均电流也得到了调节,就达到了调光的目的。

在具体实现时:如果 $x+y$ 的和不变,只变 x,称之为 PWM 技术;如果 x 的值不变,y 变化,称之为脉冲频率调制(Pulse frequency modulation,PFM)技术。

PWM 技术应用于开关电源、调光、直流电机调速等场合。高电平时间与整个周期的比值称为"占空比",高电平时间加低电平时间称为"PWM 信号周期"。

(2)PWM 的硬件实现。

上面用程序实现的方法仅仅是表达一种原理,实用性很差,实际上 PWM 更多是靠硬件实现。单片机中,一般都有定时器,配置定时器让其运行,让定时器和一个可预置的寄存器(比较寄存器)值进行比较:当定时器值小于寄存器预置值时,让某个引脚输出低电平;反之输出高电平。这样一来,改变寄存器的值也就改变了输出信号的 PWM 参数。

在 UNO 上,能够输出 PWM 功能的数字引脚在标记时多了"～"符号,查看主板照片,可知能够输出 PWM 功能的引脚有 D3,D5,D6,D9,D10 和 D11。

使用函数 analogWrite(Pin, value)可以达到控制这 6 个引脚输出占空比的效果。value 值的范围为 0～255。有两种极端情形:value 写 0 值时输出保持为常低,写 255 时输出保持为常高。图2-22展示了UNO上不同占空比时PWM波形的示意图。

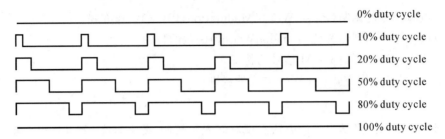

	0% duty cycle
	10% duty cycle
	20% duty cycle
	50% duty cycle
	80% duty cycle
	100% duty cycle

图2-22 UNO上不同占空比时PWM波形的示意图

关于PWM在UNO上的详细实现,需要查看328P芯片的手册,并阅读ananlogwrite()函数源代码。

3.实验过程

(1)设计线路图和连线表。

结合教学实验仪,设计的线路图和连线表见图2-23和表2-12。

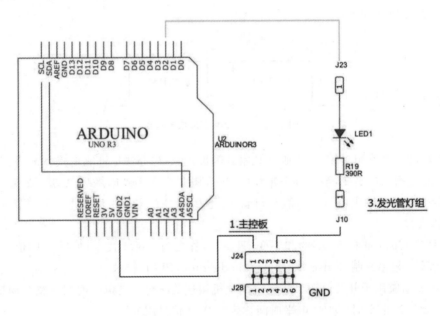

图2-23 呼吸灯实验连线图

在线色分配时,与GND相连的导线线色规定一律为黑色。这里不直接连接U2.GND2到J10,而是先连接到GND插针排上,作用是给示波器测量时接地线预留位置。

表2-12 呼吸灯实验连线表

序 号	连接点1	连接点2	线 色
1	U2.GND2	J24.1	黑色
2	J24.4	J10	黑色
3	U2.D9	J23	绿色

（2）准备软件代码。

下面的代码是用 PWM 方式驱动一只发光二极管,按呼吸灯效果点亮发光二极管所用的示例代码,见程序清单 6。

```
程序清单 6
1.//   08b_HuXiDeng.ino
2.//   西工大计算机基础教学与实验中心·智能硬件教学组
3.//   2020.8.17 WangYihang
4.//   功能描述：呼吸灯,点亮一只 LED 灯,亮度随时间呈呼吸规律变化
5.//   主控板     UNO 板
6.//   连线：
7.//           1.D9- - - - J3      靠近电源轨 LED+
8.//           2.GND- - - - J10      靠近地轨 LED-
9.//       使用逻辑分析仪获取一路 PWM 的波形
10.
11.int PinRED =  9;                      // 对应 UNO 板的 ~ D9 引脚
12.
13.void setup()
14.{
15.     analogWrite( PinRED,0);
16.}
17.
18.void loop()
19.{
20.for (int i =  0; i <= 255; i++ ) {
21.     analogWrite( PinRED, i);
22.     delay(20);
23.  }
24.for (int i = 255; i >= 0; i-- ) {
25.     analogWrite( PinRED, i );
26.     delay(20);
27.  }
28.}
```

代码中的第 11 行定义需要用的 PWM 输出引脚为 D9。

setup()函数中设置 D9 引脚为输出固定低电平。

loop()函数中 20 行开始的 for 循环控制逐渐增加 LED 的亮度,第 24 行的 for 循环控制 LED 逐渐变亮直至熄灭。

（3）编译、下载。

将与 UNO 板相连 USB 线与电脑主机连接好,在设备管理器中确认串口号。

对程序进行编译、下载,观察 IDE 下部的打印信息,直到提示语"avrdude:done. Thank you."出现。

如果报错,按照提示信息在源代码中查找错误。

反复编译过程,直到可以下载成功。

（4）观察实验结果。

下载完成后，应能观察到 LED 灯的亮度呈现规律性的变化。

（5）调试。

若不能复现应有的实验现象，请检查连线。

常见的问题有：①D9 引脚插错位置，插到 D10 上或 D8 上；②实验仪不是全新的，前面一届的同学使用时把 D9 引脚弄坏没有及时标注；③LED1 在 LED 厂家生产出厂时正负引脚弄反。

（6）测量与记录。

用示波器测量 PWM 信号脉宽、周期和占空比。

图 2-24 为用虚拟示波器测量 D9 引脚的波形截图，对于本程序，示波器的测量结果画面是动态的，所以在此截取了 3 幅图，可以看到，正脉冲宽度在图 2-24(a) 中相对较窄，自动测量结果显示占空比为 3.142%，周期为 2.038 ms；对图 2-24(b)，占空比为 48.47%，周期为 2.038 ms；对图 2-24(c)，占空比为 93.34%，周期为 2.038 ms。

图 2-24 的 3 幅图中，低电平为 0 V，高电平目测大约为 4.8 V，比 5 V 略微小一些。

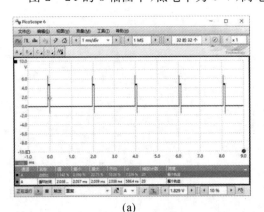

(a)

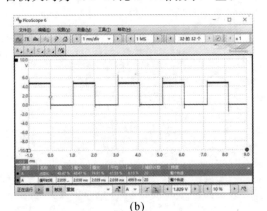

(b)

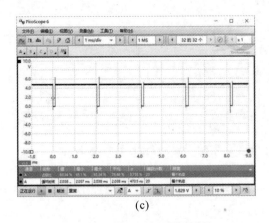

(c)

图 2-24 PWM 信号测试照片

实验测试中，选取多个测量条件（i 值）进行测试。需要修改程序，让其输出固定的占空比，这样方便示波器读数。用示波器测量 PWM 信号脉宽、周期和占空比，并附上波形截图或者照片，结果填入表 2-13 中。

说明：对较新式的数字示波器，都带有 USB A 型插座，可以将示波器界面用硬拷贝方式存到 U 盘中,这样方便写报告或做汇板演示。

表 2 - 13　呼吸灯测量记录(D9)

序　号	测量条件(i 值)	正脉宽	周　期	占空比	波形截图
1	0				
2	20				
3	60				
4	80				
5	128				
6	240				
7	255				

(7)改变测试条件。

修改程序,同时驱动两只 LED,一路保留为 D9 输出,另一路指定 D5 为 PWM 信号输出管脚。线路图如图 2 - 25 所示,连线表见表 2 - 14。

在线色分配时,与 GND 相连的导线线色规定一律为黑色。

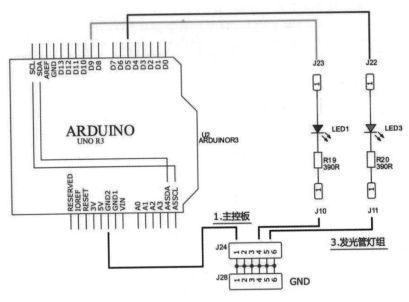

图 2 - 25 两路 PWM 呼吸灯线路

表 2 - 14 两路 PWM 呼吸灯接线

序 号	连接点 1	连接点 2	线 色
1	U2. GND2	J24.1	黑色
2	J24.4	J10	黑色
3	U2. D9	J23	绿色
4	U2. D5	J22	蓝色
5	J24.6	J11	黑色

(8)填写记录表。用示波器测量两路 PWM 信号脉宽、周期和占空比。

图 2 - 26 为现场测试照片。

图 2 - 26 测试场景照片

图 2 - 27 为用虚拟示波器测量 D9 引脚和 D5 引脚的波形截图,对于本程序,示波器的测量结果画面是动态的,所以在此截取了两幅图。可以看到,图 2 - 27(a)正脉冲宽度相对较窄,自动测量结果显示上面的通道(对应 D9)占空比为 9.021%,周期为 2.038 ms,下面的通道(对应 D5)占空比为 9.384%,周期为 1.023 ms;图 2 - 27(b),上面的通道(对应 D9)占空比为 89.42%,周期为 2.038 ms,下面的通道(对应 D5)占空比为 89.52%,周期为 1.023 ms。

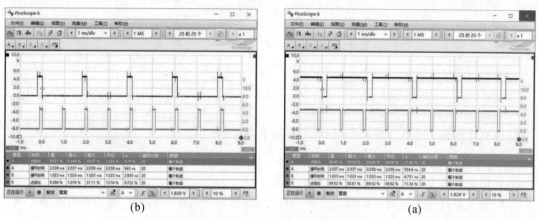

(b)　　　　　　　　　　　　　　　　　(a)

图 2 - 27　两路 PWM 波形截图(见彩插)

图 2 - 27 的两幅图中,低电平为 0 V,高电平目测大约为 4.8 V,比 5 V 略微小一些。在示波器测量中,用通道 1 触发,测量结果显示,通道 2 并没有和通道 1 保持稳定的相位关系,这一点只能用短视频表达。

将测量结果填入表 2 - 15。

表 2 - 15　PWM 信号测量记录表(D5)

序　号	测量条件(i 值)	正脉宽	周期	占空比	波形截图
1	20				
2	80				

续 表

序 号	测量条件(i 值)	正脉宽	周 期	占空比	波形截图
3	128				

(9)对比两种 PWM 波形图,分析看其周期有何异同。

4.实验记录和报告要求

(1)用文字描述实验的过程,完成实验报告。

(2)对实验过程中碰到的问题尤其是个性化问题,最终有没有解决?是如何解决的?请尽量详细描述。

(3)分享实验感受,并讨论。

5.思考题

(1)在 Arduino 生态中,不是具备 PWM 功能的所有引脚输出信号脉冲周期是相同的,图 2－28 是在 Arduino 网站上对 analogWrite()函数的详细说明的脉冲周期。以 UNO 板为例,6 个具备 PWM 功能的数字引脚,其中 3,9,10 和 11 的脉冲周期是 490 Hz,5 和 6 的脉冲周期是 980 Hz。从实验数据分析,这两种频率是严格的两倍关系吗?

Description

Writes an analog value (PWM wave) to a pin. Can be used to light a LED at varying brightnesses or drive a motor at various speeds. After a call to analogWrite(), the pin will generate a steady rectangular wave of the specified duty cycle until the next call to analogWrite() (or a call to digitalRead() or digitalWrite()) on the same pin.

BOARD	PWM PINS	PWM FREQUENCY
Uno, Nano, Mini	3, 5, 6, 9, 10, 11	490 Hz (pins 5 and 6: 980 Hz)
Mega	2 - 13, 44 - 46	490 Hz (pins 4 and 13: 980 Hz)
Leonardo, Micro, Yún	3, 5, 6, 9, 10, 11, 13	490 Hz (pins 3 and 11: 980 Hz)
Uno WiFi Rev2, Nano Every	3, 5, 6, 9, 10	976 Hz
MKR boards *	0 - 8, 10, A3, A4	732 Hz
MKR1000 WiFi *	0 - 8, 10, 11, A3, A4	732 Hz
Zero *	3 - 13, A0, A1	732 Hz
Nano 33 IoT *	2, 3, 5, 6, 9 - 12, A2, A3, A5	732 Hz
Nano 33 BLE/BLE Sense	1 - 13, A0 - A7	500 Hz
Due **	2-13	1000 Hz
101	3, 5, 6, 9	pins 3 and 9: 490 Hz, pins 5 and 6: 980 Hz

* In addition to PWM capabilities on the pins noted above, the MKR, Nano 33 IoT, and Zero boards have true analog output when using analogWrite() on the DAC0 (A0) pin.

** In addition to PWM capabilities on the pins noted above, the Due has true analog output when using analogWrite() on pins DAC0 and DAC1.

图 2－28　PWM 功能显示说明

（2）同样是调节亮度，对交流电与直流电所采用的方法不同，了解可控硅器件，找一找有没有用程序控制白炽灯实现调光的方法。

（3）程序清单 7 是 analogWrite() 函数的代码。该函数在"wiring_analog. c"中，位于目录"C:\Program Files (x86)\Arduino\hardware\arduino\avr\cores\arduino"下。如果读者有单片机的基础，试着分析 analogRead() 函数。

程序清单 7

```
104.void analogWrite(uint8_t pin, int val)
105.{
106.// We need to make sure the PWM output is enabled for those pins
107.// that support it, as we turn it off when digitally reading or
108.// writing with them.  Also, make sure the pin is in output mode
109.// for consistenty with Wiring, which doesn't require a pinMode
110.// call for the analog output pins.
111. pinMode(pin, OUTPUT);
112.if (val == 0)
113. {
114.   digitalWrite(pin, LOW);
115. }
116.else if (val == 255)
117. {
118.   digitalWrite(pin, HIGH);
119. }
120.else
121. {
122.switch(digitalPinToTimer(pin))
123.  {
124.// XXX fix needed for atmega8
125.   # if defined(TCCR0) && defined(COM00) && ! defined(__AVR_ATmega8__)
126.case TIMER0A:
127.// connect pwm to pin on timer 0
128.    sbi(TCCR0, COM00);
129.    OCR0 = val;// set pwm duty
130.break;
131.# endif
132.
133.# if defined(TCCR0A) && defined(COM0A1)
134.case TIMER0A:
135.// connect pwm to pin on timer 0, channel A
136.    sbi(TCCR0A, COM0A1);
137.    OCR0A = val;// set pwm duty
138.break;
139.# endif
```

```
140.
141.# if defined(TCCR0A) && defined(COM0B1)
142.case TIMER0B:
143.// connect pwm to pin on timer 0, channel B
144.    sbi(TCCR0A, COM0B1);
145.    OCR0B = val;// set pwm duty
146.break;
147.# endif
148.
149.# if defined(TCCR1A) && defined(COM1A1)
150.case TIMER1A:
151.// connect pwm to pin on timer 1, channel A
152.    sbi(TCCR1A, COM1A1);
153.    OCR1A = val;// set pwm duty
154.break;
155.# endif
156.
157.# if defined(TCCR1A) && defined(COM1B1)
158.case TIMER1B:
159.// connect pwm to pin on timer 1, channel B
160.    sbi(TCCR1A, COM1B1);
161.    OCR1B = val;// set pwm duty
162.break;
163.# endif
164.
165.# if defined(TCCR1A) && defined(COM1C1)
166.case TIMER1C:
167.// connect pwm to pin on timer 1, channel C
168.    sbi(TCCR1A, COM1C1);
169.    OCR1C = val;// set pwm duty
170.break;
171.# endif
170.
173.# if defined(TCCR2) && defined(COM21)
174.case TIMER2:
175.// connect pwm to pin on timer 2
176.    sbi(TCCR2, COM21);
177.    OCR2 = val;// set pwm duty
178.break;
179.# endif
180.
181.# if defined(TCCR2A) && defined(COM2A1)
```

```
182.case TIMER2A:
183.// connect pwm to pin on timer 2, channel A
184.    sbi(TCCR2A, COM2A1);
185.    OCR2A = val;// set pwm duty
186.break;
187.# endif
188.
189.# if defined(TCCR2A) && defined(COM2B1)
190.case TIMER2B:
191.// connect pwm to pin on timer 2, channel B
192.    sbi(TCCR2A, COM2B1);
193.    OCR2B = val;// set pwm duty
194.break;
195.# endif
196.
197.# if defined(TCCR3A) && defined(COM3A1)
198.case TIMER3A:
199.// connect pwm to pin on timer 3, channel A
200.    sbi(TCCR3A, COM3A1);
201.    OCR3A = val;// set pwm duty
202.break;
203.# endif
204.
205.# if defined(TCCR3A) && defined(COM3B1)
206.case TIMER3B:
207.// connect pwm to pin on timer 3, channel B
208.    sbi(TCCR3A, COM3B1);
209.    OCR3B = val;// set pwm duty
210.break;
211.# endif
212.
213.# if defined(TCCR3A) && defined(COM3C1)
214.case TIMER3C:
215.// connect pwm to pin on timer 3, channel C
216.    sbi(TCCR3A, COM3C1);
217.    OCR3C = val;// set pwm duty
218.break;
219.# endif
220.
221.# if defined(TCCR4A)
222.case TIMER4A:
223.//connect pwm to pin on timer 4, channel A
224.    sbi(TCCR4A, COM4A1);
```

```
225.# if defined(COM4A0)  // only used on 32U4
226.    cbi(TCCR4A, COM4A0);
227.# endif
228.    OCR4A = val;// set pwm duty
229.break;
230.# endif
231.
232.# if defined(TCCR4A) && defined(COM4B1)
233.case TIMER4B:
234.// connect pwm to pin on timer 4, channel B
235.    sbi(TCCR4A, COM4B1);
236.    OCR4B = val;// set pwm duty
237.break;
238.# endif
239.
240.# if defined(TCCR4A) && defined(COM4C1)
241.case TIMER4C:
242.// connect pwm to pin on timer 4, channel C
243.    sbi(TCCR4A, COM4C1);
244.    OCR4C = val;// set pwm duty
245.break;
246.# endif
247.
248.# if defined(TCCR4C) && defined(COM4D1)
249.case TIMER4D:
250.// connect pwm to pin on timer 4, channel D
251.    sbi(TCCR4C, COM4D1);
252.# if defined(COM4D0)  // only used on 32U4
253.    cbi(TCCR4C, COM4D0);
254.# endif
255.    OCR4D = val;// set pwm duty
256.break;
257.# endif
258.
259.
260.# if defined(TCCR5A) && defined(COM5A1)
261.case TIMER5A:
262.// connect pwm to pin on timer 5, channel A
263.    sbi(TCCR5A, COM5A1);
264.    OCR5A = val;// set pwm duty
265.break;
266.# endif
```

```
267.
268.# if defined(TCCR5A) && defined(COM5B1)
269.case TIMER5B:
270.// connect pwm to pin on timer 5, channel B
271.    sbi(TCCR5A, COM5B1);
272.    OCR5B = val;// set pwm duty
273.break;
274.# endif
275.
276.# if defined(TCCR5A) && defined(COM5C1)
277.case TIMER5C:
278.// connect pwm to pin on timer 5, channel C
279.    sbi(TCCR5A, COM5C1);
280.    OCR5C = val;// set pwm duty
281.break;
282.# endif
283.
284.case NOT_ON_TIMER:
285.default:
286.if (val < 128) {
287.    digitalWrite(pin, LOW);
288.    }else {
289.    digitalWrite(pin, HIGH);
290.    }
291.  }
292. }
293.}
```

6. 客观测验题

1. Uno 板共有(　　)路 PWM 输出。

　A. 4　　　　　　　B. 6　　　　　　　C. 12　　　　　　D. 14

2. Uno 板 PWM 输出高电平电压为(　　)。

　A. 12 V　　　　　B. 5 V　　　　　　C. 3.3 V　　　　　D. 7 V

3. Uno 板上执行下面的语句,结果为(　　)。

```
        analogWrite(9, 255)
```

　A. 在 D9 引脚上输出周期为 255 μs 的 PWM 脉冲

　B. 在 D9 引脚上输出固定高电平

　C. 在 Uno DIP28 芯片 9 号引脚上输出固定高电平

　D. 在 Uno DIP28 芯片 9 号引脚上输出周期为 255 μs 的 PWM 脉冲

4. Uno 板 D3 上 PWM 输出频率为(　　)。

　A. 490 Hz　　　　B. 500 Hz　　　　C. 980 Hz　　　　D. 1 kHz

5. 对以下程序片段,若对应的 PinRED 输出接 LED 的负极,LED 阳极通过限流电阻接到

VCC 上,描述正确的是( )。

```
for (int i = 0; i < = 255; i+ + ) {
    analogWrite( PinRED, i );
    delay(20);
}
```

A. 显示亮度由亮变暗

B. 显示亮度由暗变亮

C. 不能点亮

D. 常亮,亮度不变

2.5 测量电位器中点电压实验

"按键""点灯"是计算机硬件在与人"打交道"的最广泛的形式。在航空、医疗、工业领域,人向计算机发的"指令"形式中还有一类称之为"转角"。在工业现场,传感器向计算机采用 4 ~20 mA 电流环形式传递信息,这些问题的求解需要借助模数转换器(Analog to Digital Convertor,ADC)完成。

本实验通过测量电位器中点电压的形式练习模数转换器在 Arduino 中的应用。

1. 实验目的

(1)从软、硬件两个方面了解模数转换器。

(2)会用 analogRead()函数测量电压。

(3)会用串口打印的方法将程序中的变量输出到串口工具上。

2. 设计方案

完成该实验需解决以下问题。

(1)模拟量、量程、分辨率。

前面讲到的数字量输出和数字量输入针对的对象称为"数字量"。"数字量"有明确的二元对立状态,如按键的"弹起"与"按下",LED 灯的"亮"与"灭"。如果对象中包含非常多个状态,并且两两相邻,在数学上是连续的且不存在间断点,这种对象称为"模拟量",如燃料的液位,发动机冷却液温度,改变灯光强度等。

1)对计算机来说,基于一些机制,只要两两相邻元素的跨度足够小,而不必是无穷小满足应用需求就可以,没有必要达到数学上的严格连续。比如对温度测量,一般做到 0 ℃,0.5 ℃,1 ℃,…,25 ℃,25.5 ℃,26 ℃…就满足了天气和室温测量的一般性要求;而测量体温的体温计,可以分辨到 0.1 ℃。这种细分能力称之为物理量分辨力,可感知的最低限和最高限之间的"跨度"为"量程"。

2)"量程"除以"分辨率"所获得的整数为分辨能力。对数字式计算机,这种整数一般是 2 的 n 次方,如 256,1 024,4 096…,对应的 n 为 8 位,10 位,12 位…,n 称为 ADC 的分辨率。

也有一些 ADC,分辨率的"整数"为 1 999,3 999,5 999,19 999…,这种规格在双斜率 ADC 中用得比较多,读者可以自行了解。

3)对采用 AVR 芯片的 Arduino,默认的量程是一个电压范围,为 0~5 V,分辨率为 10 位,对应的整数范围为 0~1 023。

(2)软件如何获取量化后的整数值?

在 Arduino 中,软件通过接口函数 analogRead()获得量化后的结果。该函数的入口参数为待转换的通道号:在 Uno 主控板上,合理的参数范围为 A0～A5;在 Mega2560 上,合理的参数范围为 A0～A15。函数的返回值为转换的结果,范围为 0～1 023 的 16 位整形数。

本节在思考题中给出了 analogRead()函数的源码。

(3)可变的电压从哪里来?

实验仪上,使用电位器对 5 V 电源分压,可以获得 0～5 V 变化的直流信号或者慢变电压信号。实验仪上使用的电位器标称值为 50 K(或 10 K),与插针的链接关系如图 2-29 所示。

1)参阅图 2-29 中的 J30,"－"接 GND,"＋"接 VCC 后,顺时针旋转电位器的手柄,应该能获得 0～5 V 连续变化的直流电压。

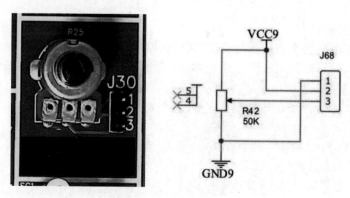

图 2-29　电位器单元

2)使用信号源。传统的信号源是一种桌面仪器,最基本功能包括输出"函数"波形,如"正弦波""方波""三角波",波形的直流偏移和幅度可以通过面板上的旋钮调整。新型的信号源称为"任意波形发生器",在基本函数功能基础上增加了"存储器",电脑可以将"波形数据文件"下载到"存储器"中。"波形数据文件"是可编辑的,所以称为"任意波形发生器"。

近年来,一些教育版本的台式数字示波器具备"任意波形发生器"功能,一些便携式的虚拟示波器也具备该功能。可以利用该功能,输出慢变直流信号或函数信号以供测试。注意要限制输出信号幅度在 0～5 V 之内。

(4)如何将转换结果显示出来。

有两种方案可以将转换结果显示出来。

1)使用二极管灯组进行显示。

在流水灯程序中,使用 6 只发光二极管来显示流水灯效果,如果把 6 只发光二极管按二进制位置组合,则可以显示范围为 0～63 这样的整数。模数转换器的的结果为 0～1 023,共 10位。可以将这个结果除以 16,目的在于把低 4 位舍掉,只保留高 6 位。

这样处理后就可以用 6 位 LED 来显示转换结果。

2)Arduino 提供了一种"串口打印"的手段。

可以将程序中的变量值显示到 Arduino IDE 中"串口监视器"的小工具中。方案二相对于方案一要方便不少,且更直观。

该方法和 C 语言中的 print()函数类似。

如果需要打印字符串,调用以下函数。

```
Serial.print("String")。
```

如果需要打印整形数的值,调用以下函数。

```
Serial.print(intVar)。
```

intVar 是整形变量的变量名。C++在语法上不要求"%d"的格式化参数。

在这里,Serial 是 Arduino 的串口控制台,必须加在 print( )函数之前。

使用该方法,需要在 setup( )函数中调用。

```
Serial.begin(9600)。
```

函数中,9600 指的是通信的波特率,数值越大,发送速度越快,占用程序的时间越短。常用波特率为 9600 和 115200。

3.实验过程

(1)准备软件代码。

下面的代码是电位器实验用到的示例代码,见程序清单 8。

程序清单 8

```
1.//  09_Potentiometer.ino
2.//  西工大计算机基础教学与实验中心·智能硬件教学组
3.//  2020.8.17 WangYihang
4.//  功能描述:把电位器接入到 VCC 和 GND,用 A5 测量其滑动端电压
5.//        电压结果从串口打印出来
6.//        必要时,用万用表直流电压档校对串口测量结果
7.//  主控板    UNO 板
8.//  连线:    1.J30.1 - - - - GND
9.//          2.J30.2 - - - - VCC
10.//          3.J30.3 - - - - A5
11.//

13.void setup()
14.{
15.   Serial.begin(9600);
16.}

18.void loop()
19.{
20.int ADC_Result, Voltage_mV;
21.   ADC_Result = analogRead(A5);
22.   Serial.print("ADC_Result:");
23.   Serial.print(ADC_Result);
24.   Serial.print("   DCVoltage:");
25.   Voltage_mV = map(ADC_Result,0,1024,0,5000);
26.   Serial.println(Voltage_mV);
27.   delay(200);
28.}
```

该示例代码对模拟量 A5 通道进行采样,采样的结果利用 map 函数等比例转换到 0～5 000 的整数范围,单位为电压单位毫伏(mV);通过串口监视器将转换后到的电压值打印出来。

主循环中每次采样显示完成后延时 200 ms。

(2)线路设计与连线设计。

电位器实验线路图如图 2-30 所示。

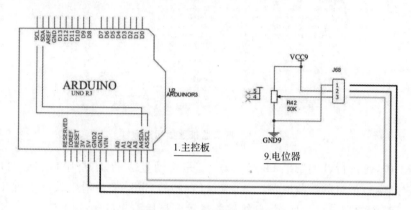

图 2-30　电位器实验线路图

接线表见表 2-16。

表 2-16　连线表

序　号	连接点 1	连接点 2	线　色
1	U2. GND1	J30.1	黑色
2	U2. A5	J30.3	绿色
3	U2.5V	J30.2	红色

(3)编译、下载。

将与 Uno 板相连 USB 线与电脑主机连接好,在设备管理器中确认串口号。

对程序进行编译、下载,观察 IDE 中下部的打印信息,直到提示语"avrdude:done. Thank you."出现。

如果报错,按照提示信息在源代码中查找错误。

反复编译、下载,直到可以下载成功。

(4)初始化硬件状态。

程序下载完成后,先将电位器手柄逆时针旋转到底。

这种电位器的可旋转角度范围为 0°～300°,属于单圈电位器。

单圈电位器根据阻值与旋转角度的变化规律可分为线性、指数型、对数型。音响设备功放上调节音量的电位器一般是对数型。除了单圈电位器,还有多圈电位器。单圈电位器不可 360°旋转,旋转中不可用力过猛,当感到卡阻时,说明在该方向上已到达"止点"。

(5)观察实验结果。

在 ArduinoIDE 中,从菜单开始操作,选择"工具"→"串口监视器",打开串口监视器窗口,如图 2-31 所示。

设置波特率与程序代码中的 Serial. begin()函数中的参数一致。在此选择为"9600 波特率"。勾选"自动滚屏"和"Show timestamp"两个标签前的复选框。

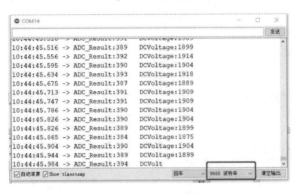

图 2-31　串口监视器显示效果 1

图 2-31 中,每行行首的"10:44:45.123→"是自动生成的,不是串口实际打印的信息内容,表示接收到本行消息的接收时刻。此时窗口右侧的 Slide 控件滑动块一直保持在最底部,每一行新消息都添加到串口最底部,自然都能显示到最后一次打印的内容。

不勾选"自动滚屏"和"Show timestamp",串口监视器显示效果如图 2-32 所示。此时,每行行首的"10:44:45.123→"不再显示,窗口右侧的 Slide 控件滑动块保持在最顶部不动。两种显示方式各有利弊,读者需根据不同场景自行选用。

图 2-32　串口监视器显示效果 2

顺时针旋转电位器手柄,打印出的电压值应能够从接近 0 的值到接近 5 000 的值连续变化。

关闭串口监视器,打开串口绘图器。从菜单开始操作,选择"工具"→"串口绘图器",打开串口绘图器窗口,如图 2-33 所示。

图 2-33 中有两条水平直线,红色的值相对大一些,表示 DCVoltage 后的电压值,蓝色的相对小些,表示 ADC 转换字,每打印一行,水平增加一个单位。

从电位器 0 位置开始匀速缓慢旋转,观察所得到的曲线并截图。图 2-34 所示为一个曲线示例。

由图 2-34 可以看到,两个变量随时间变化基本上是线性增加的,说明电位器是线性电位器。

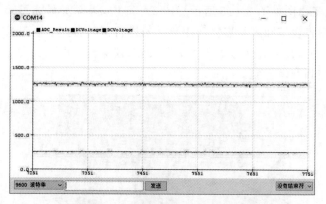

图 2 - 33　串口绘图器窗口(见彩插)

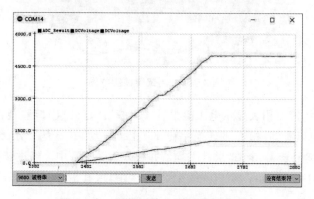

图 2 - 34　所得到的曲线示例(见彩插)

(6)调试。

若不能复现应有的实验现象,请检查连线。

初学者首次使用模拟量功能时常犯的错误是将 A5 的连线连到 D5 上。

(7)测量与记录。

若实验结果基本无误,接入直流电压表(万用表直流电压档),在 0~5 V 范围内选取 6 个典型测量点,定量评估下主控板测量转换的准确性。

测量点在 0~5 V 范围内等间距取 6 个值,对最大值和最小值,往区间范围内各收缩 0.1 V,数据记录表(见表 2 - 17)。

表 2 - 17　数据记录表

序　号	测量点 /V	串口监视器读数最大值	串口监视器读数最小值	串口监视器读数平均值	直流电压表读数	误　差
1	0.1					
2	1.0					
3	2.0					
4	3.0					
5	4.0					
6	4.9					

测试时的连线实物图如图 2-35 所示。图 2-35 中，为方便测量 Uno 板 A5 管脚与 GND 之间的电压，在万用表表笔和测量点之间用测试勾进行了转接过渡。数字万用表挡位选择在"4 V"电压挡，图中的万用表显示读数最大为"3999"，仪器行业内称为"3 3/4 显示"。测量 4.9 V 电压时，需要换挡到"40 V"挡。

图 2-35　测试连线实物图

仔细调节电位器，使万用表显示电压值为"1.000 V"。打开"串口监视器"，显示的示例效果如图 2-36 所示。可以看到，ADC 的转换字在 200 上下跳动，并不是十分稳定，最大值为 204，最小值为 198，可以连续记录 10 个值，求其平均值并填入表 2-17 中。经过转换后的直流电压最小值为 966 mV，最大值为 996 mV，可以连续记录 10 个值，求其平均值填到表 2-17 中。

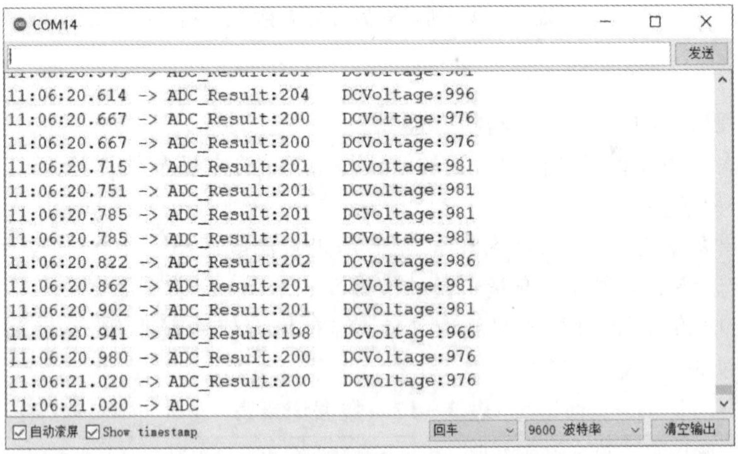

```
COM14                                          —    □    ×
                                                          发送
11:06:20.575 -> ADC_Result:201   DCVoltage:901
11:06:20.614 -> ADC_Result:204   DCVoltage:996
11:06:20.667 -> ADC_Result:200   DCVoltage:976
11:06:20.667 -> ADC_Result:200   DCVoltage:976
11:06:20.715 -> ADC_Result:201   DCVoltage:981
11:06:20.751 -> ADC_Result:201   DCVoltage:981
11:06:20.785 -> ADC_Result:201   DCVoltage:981
11:06:20.785 -> ADC_Result:201   DCVoltage:981
11:06:20.822 -> ADC_Result:202   DCVoltage:986
11:06:20.862 -> ADC_Result:201   DCVoltage:981
11:06:20.902 -> ADC_Result:201   DCVoltage:981
11:06:20.941 -> ADC_Result:198   DCVoltage:966
11:06:20.980 -> ADC_Result:200   DCVoltage:976
11:06:21.020 -> ADC_Result:200   DCVoltage:976
11:06:21.020 -> ADC
☑自动滚屏 ☑Show timestamp      回车 ▼   9600 波特率 ▼   清空输出
```

图 2-36　串口监视器显示的示例效果

表 2-17 中误差的计算方式为："串口监视器读数平均值"减去"直流电压表读数"，然后除以"直流电压表读数"，最后转换为百分数。

(8)修改程序。

如果没有"串口监视器"工具，那么如何将转换的结果显示出来呢，按目前的课程进度，只能采用 digitalWrite()函数将 10 位转换结果显示到 10 只 LED 上，用最原始的二进制办法呈现出转换结果。

如果对于 Mega 板,做一次尝试未尝不可。对 Uno 板,D0,D1 用作程序下载的串口通信,如果强制使用,那么后面再无法下载程序,只能利用 D2~D11。

这里为了简化问题,结合实验仪硬件资源,只对转换结果数据字的 D9~D4 进行显示。

学生结合流水灯实验的 Update() 函数写法,设计线路图和连线表,并设计程序完成该实验。

(9)测试。

使用万用表监测电位器输出电压,对 6 个测量点,记录灯的显示状态,数据记录见表 2-18。"●"表示对应位置的灯点亮,"○"表示对应位置的灯熄灭。

表 2-18　数据记录

序　号	测量点/V	电压表读数	灯状态	备　注
1	0.1		○○○○○○	
2	1.0		○○○○○○	
3	2.0		○○○○○○	
4	3.0		○○○○○○	
5	4.0		○○○○○○	
6	4.9		○○○○○○	

4. 实验记录和报告要求

(1)用文字描述实验的过程,完成实验报告。

(2)对实验过程中碰到的问题,尤其是个性化问题,即便是最终没有解决,应描述解决的思路和采取的措施,记录已获得的数据和截图。

(3)分享实验感受,并讨论。

5. 思考题

(1)摇杆由两个垂直安装的电位器组成,能够将左、右和上、下两个方向的角位移量转变为电阻值的变化,上网查找摇杆的资料,了解其用途,列举数个典型应用场景。

(2)实验仪上提供了一只摇杆,在本实验示例程序的基础上编制程序,要求能够识别出摇杆在 X 和 Y 方向的角位移。

(3)程序清单 9 是 analogRead() 函数的源代码。该函数在"wiring_analog.c"中,位于目录 "C:\Program Files (x86)\Arduino\hardware\arduino\avr\cores\arduino"。如果读者有单片机知识的基础,试着分析 analogRead() 函数。

```
程序清单 9
38.int analogRead(uint8_t pin)
39.{
40.uint8_t low, high;
41.
42.# if defined(analogPinToChannel)
43.# if defined(__AVR_ATmega32U4__)
44.if (pin >= 18) pin -= 18; // allow for channel or pin numbers
```

```
45.# endif
46. pin = analogPinToChannel(pin);
47.# elif defined(__AVR_ATmega1280__) || defined(__AVR_ATmega2560__)
48.if (pin > = 54) pin - = 54; // allow for channel or pin numbers
49.# elif defined(__AVR_ATmega32U4__)
50.if (pin > = 18) pin - = 18; // allow for channel or pin numbers
51.# elif defined(__AVR_ATmega1284__) || defined(__AVR_ATmega1284P__) || defined(__
AVR_ATmega644__) || defined(__AVR_ATmega644A__) || defined(__AVR_ATmega644P__) || de-
fined(__AVR_ATmega644PA__)
52.if (pin > = 24) pin - = 24; // allow for channel or pin numbers
53.# else
54.if (pin > = 14) pin - = 14; // allow for channel or pin numbers
55.# endif
56.
57.# if defined(ADCSRB) && defined(MUX5)
58.// the MUX5 bit of ADCSRB selects whether we're reading from channels
59.// 0 to 7 (MUX5 low) or 8 to 15 (MUX5 high).
60. ADCSRB = (ADCSRB & ~ (1 < < MUX5)) | (((pin > > 3) & 0x01) < < MUX5);
61.# endif
62.
63.// set the analog reference (high two bits of ADMUX) and select the
64.// channel (low 4 bits).  this also sets ADLAR (left- adjust result)
65.// to 0 (the default).
66.# if defined(ADMUX)
67.# if defined(__AVR_ATtiny25__) || defined(__AVR_ATtiny45__) || defined(__AVR_AT-
tiny85__)
68. ADMUX = (analog_reference < < 4) | (pin & 0x07);
69.# else
70. ADMUX = (analog_reference < < 6) | (pin & 0x07);
71.# endif
72.# endif
73.
74.// without a delay, we seem to read from the wrong channel
75.//delay(1);
76.
77.# if defined(ADCSRA) && defined(ADCL)
78.// start the conversion
79. sbi(ADCSRA, ADSC);
80.
81.// ADSC is cleared when the conversion finishes
82.while (bit_is_set(ADCSRA, ADSC));
83.
84.// we have to read ADCL first; doing so locks both ADCL
```

```
85.// and ADCH until ADCH is read.   reading ADCL second would
86.// cause the results of each conversion to be discarded,
87.// as ADCL and ADCH would be locked when it completed.
88. low  = ADCL;
89. high = ADCH;
90.# else
91.// we dont have an ADC, return 0
92. low  = 0;
93. high = 0;
94.# endif
95.
96.// combine the two bytes
97.return (high < <  8) | low;
98.}
```

6. 客观测验题

(1)实验中电位器两个固定端间的阻值为(　　　)。

　　A. 470Ω　　　　　　　　B. 10 kΩ　　　　　　　C. 100 kΩ　　　　　　　D. 200Ω

(2)实验中电位器滑动端连的 J30 的(　　　)。

　　A. 1 脚　　　　　　　　B. 2 脚　　　　　　　　C. 3 脚

(3)按实验中给出的接线方法,电位器滑动端最大输出电压为(　　　)。

　　A. 0 V　　　　　　　　B. 1.1 V　　　　　　　C. 3.3 V　　　　　　　D. 5.0 V

(4)对 UNO 板上的 analogRead 函数,函数的取值范围为(　　　)。

　　A. 0~5.0 V　　　　　　B. 0~1 024　　　　　　C. 0~3.3 V　　　　　　D. 0~1 023

(5)若利用 map 函数将采集的电压转换为转角值,下列哪条语句合适?(　　　)。

　　A. int iZhuanJiao = map(ADC_Result,0,1023,0,360);

　　B. int iZhuanJiao = map(ADC_Result,0,1023,0,300);

　　C. int iZhuanJiao = map(ADC_Result,0,1023,0,100);

　　D. int iZhuanJiao = map(ADC_Result,0,1023,0,720);

(6)对 UNO 板,analogRead 函数的入口参数范围为(　　　)。

　　A. D0~D5　　　　　　B. D0~D7　　　　　　C. A0~A7　　　　　　D. A0~A5

(7)对 UNO 板,A4 引脚具有的第二功能为(　　　)。

　　A. SDO　　　　　　　B. SCLK　　　　　　　C. SCL　　　　　　　D. SDA

(8)对 UNO 板,SCL 和(　　　)引脚复用同一个引脚位置。

　　A. A4　　　　　　　　B. A5　　　　　　　　C. D13　　　　　　　D. D12

2.6　光敏电阻测量光强实验

　　在一些场合,硬件需要感知周围环境光照强度(简称"光强"),将其作为智能系统的一项参数来作为后续算法的输入。具备这种感知光强功能的传感器有光敏电阻、光敏二极管、光敏三极管、摄像头(CCD 或 CMOS 器件)等。在民用领域,感知环境光用得最多的是光敏电阻。

1.实验目的

(1)了解光敏电阻器的工作原理和典型指标。

(2)通过该实验可熟练使用 analogRead()函数。

(3)掌握通过测量分压值的方法间接测量元件电阻值。

(4)熟悉模数转换器的应用。

2.设计方案

要测量光强,首先需要解决 4 个技术难点。

(1)选什么传感器。

光照强度单位为勒克斯(Lux),典型场合的光照强度如图 2-37 所示。

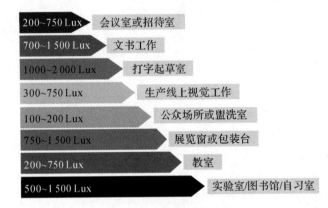

图 2-37 典型场合的光强度

　　光敏感的电学元件简称光敏元件,可分为半导体型和电导型。半导体光敏元件的主要参数和特性有灵敏度、探测率、光照率、光照特性、伏安特性、光谱特性、时间和频率响应特性以及温度特性等,主要由材料、结构和工艺决定。光敏三极管是典型的半导体光敏元件。

　　电导性光敏元件又称为光敏电阻。硫化镉材料具有在特定波长的光照下阻值迅速减小的特性,利用这种特征,可以制成光敏元件。除此之外,硒、硫化铝、硫化铅和硫化铋等材料也具有类似的特征。

　　不同类型材料的光敏元件对光的波长敏感差异很大。测量光强的仪器泛称为照度计。

　　(2)光敏电阻的主要参数。

　　实验仪用光敏电阻型号为 GL5528 。峰值波长 540 nm,耐压 150 V,最大许用功率 90 mW,使用环境温度为 −30～+70℃,亮电阻 20～50 kΩ,暗电阻 5 MΩ,响应时间 30 ms。同系列的型号有 GL5516,GL5537,GL5539,GL5549,差异在于亮电阻和暗电阻不同。GL5500 系列光敏电阻参数见表 2-19。

表 2-19 GL5500 系列光敏电阻参数

序 号	型 号	亮电阻/kΩ	暗电阻/MΩ
1	GL5516	5～10	0.2
2	GL5528	8～20	1
3	GL5537	20～50	5
4	GL5539	30～90	10
5	GL5549	80～150	20

亮电阻指光敏电阻在 400~600 Lux 下照射两个小时后在室温以及 10 Lux 光照强度下测量到的阻值;暗电阻指从 10 Lux 变到 0 Lux 条件下 10 s 后测量到的电阻值。

实验仪上将光敏电阻 R26(GL5528)和 10 kΩ 固定电阻串联后使用,如图 2-38 所示。

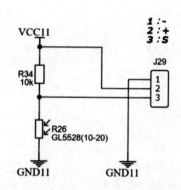

图 2-38   实验仪上光敏模块线路

(3)模数转换器。

计算机内部为二进制设计,只能处理数字量信息。光照强度的变化为连续变化,这类具有连续变化特征的物理量称为模拟量,光照强度、温度、湿度、身高、体重,这些都是生活环境中能接触到的模拟量类型。在计算机接口领域,狭义的模拟量指物理量通过电学传感器转换后的电压值或电流值。对电流值,可以通过让其流经一只固定电阻用其两端的电压降表示,所以在接口芯片中处理的模拟量一般泛指“电压”。

计算机接口中有一种称为模数转换器(Analog to Digital Converter,ADC)的功能部件,可完成电压到数字量的转换。ADC 按工作原理可分为很多类型,原理也大相径庭。在嵌入式控制器上以逐次比较型最广泛。反映 ADC 对电压细分能力的参数称为分辨率,常说的 10 位、12 位、16 位指的就是这项指标。以 10 位为例,表示 ADC 能将“某一段”电压按 2 的 10 次方转换为数字编码,这里的“某一段”电压通常指 0~5 V 或 0~3.3 V,也有其他的规格,但不常用。

对 Uno 和 Mega 板而言,默认对应的转换电压范围为 0~5 V,10 位的分辨率对应的编码范围为 0~1 023,对应 5 V 量程最小的分辨能力为 4.88 mV。如果输入电压变动范围小于 4.88 mV,那么 ADC 不一定能感受到这种变化。

328P 芯片上 ADC 的转换速率最快为 15 kSa,表示 1 s 最多可以转换 15 000 次。

对 PDIP28 封装的 328 芯片,最多支持 6 个模拟量采集通道,如果待采样的通道数超过 6 个,需要另想办法。这 6 个通道的编号为 A0~A5。

(4)访问模数转换器的接口函数。

编写 ADC 的驱动程序需要对 ADC 的访问时序有一定的了解。对于查询法,一般分为“软件配置初始化参数”→“软件启动开始转换”→“等待转换完成标志置位”→“读取结果”这 4 步。Arduino 中提供了 API 函数 analogRead(),完成这 4 步工作,其对底层的寄存器细节和时序进行了封装。

对 Uno 板而言 analogRead()函数的入口参数为通道号 A0~A5,返回值为该通道的转换结果,范围在 0~1 023 的整型数,通过等比例换算可以得到输入的电压值。

3. 实验过程

(1)准备软件代码。

下面的代码是电位器实验用到的示例代码,见程序清单 10。

程序清单 10

```
1.//  11_LightSensor.ino
2.//  西工大计算机基础教学与实验中心·智能硬件教学组
3.//  2020.8.18 WangYihang
4.//  2020.8.30 WangYihang 增加计数器
5.//  功能描述:把 10K 光敏电阻和 10K 固定电阻串联后接到 VCC 和 GND,
6.//          用 A2 测量其中点电压
7.//          电压结果从串口打印出来
8.//          模拟一个测试条件,把可能最亮的光定义为 100%,完全遮住为 0%
9.//  主控板    UNO 板
10.// 连线:    1.J29.1 - - - - GND
11.//          2.J29.2 - - - - VCC
12.//          3.J29.3 - - - - A2
13.
14.void setup()
15.{
16.  Serial.begin(9600);
17.}
18.int counter = 1;
19.void loop()
20.{
21.int ADC_Result, PositionPercentage;
22.
23.  ADC_Result = analogRead(A2);
24.  Serial.print("cnt: ");   Serial.print(counter+ + );
25.  Serial.print("  ADC_Result(0~ 1023):");
26.  Serial.print(ADC_Result);
27.  PositionPercentage = map(ADC_Result, 0, 1024, 0, 100);
28.  Serial.print("  X_% :");
29.  Serial.println(PositionPercentage);
30.  delay(200);
31.}
```

该示例代码对 A2 模拟量通道进行采样,采样的结果利用 map 函数等比例转换到 0~100 的整数范围,单位为%;通过串口监视器将转换后到的电压值显示出来。

主循环中每次采样显示完成后延时 200 ms。

(2)线路设计与连线设计。

测量光照实验的线路设计见图 2-39。

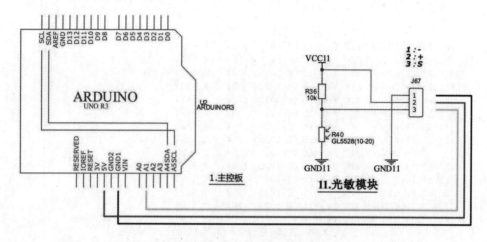

图 2-39　测量光照实验的线路设计

整理后的测量光照实验连线见表 2-20。

表 2-20　测量光强实验连线

序　号	连接点 1	连接点 2	线　色
1	U2. GND1	J29.1	黑色
2	U2. A2	J29.3	绿色
3	U2.5V	J29.2	红色

（3）编译、下载。

将与 Uno 板相连的 USB 线与电脑主机连接好，在设备管理器中确认串口号。

对程序进行编译、下载，观察 IDE 下部的打印信息，直到提示语"avrdude：done. Thank you."出现。

如果报错，按照提示信息在源代码中查找错误。

反复编译、下载，直到可以下载成功。

（4）打开照度计。

用照度计测量实验仪旁的光照强度。

（5）观察实验结果。

打开串口监视器，设置波特率与程序代码中的 Serial. begin()函数中的参数一致。图 2-40 为串口监视器显示的效果示例。

图 2-40 中，本应该是先打印计数器 counter 变量的，为了方便后续串口绘图器观察实验效果修改程序，暂时将 counter 打印取消。

关闭串口监视器，打开串口绘图器。

用不透光的物体在光敏传感器上方水平方向来回晃动，用物体遮住光敏传感器然后再拿开，显示的效果示例如图 2-41 所示。

蓝色线对应的是 ADC_Result，值相对要大些，红色线对应的是经过 map 函数转换后的百分数,因为纵坐标是公用的,所以显得幅度要小些。

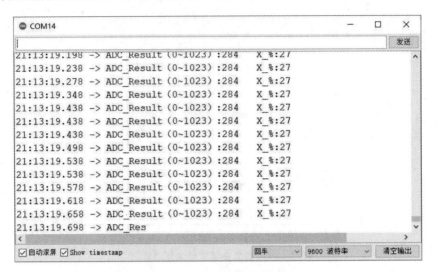

图 2-40　串口监视器显示效果

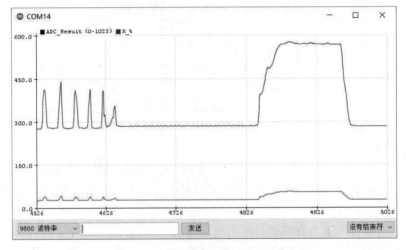

图 2-41　串口绘图器显示效果(见彩插)

(6)调试。若不能复现应有的实验现象,请检查连线。

常见的问题有:①把模拟量位置 A2 和数字量位置 D2 混淆;②没有看清位置,把应该是 A2 的连线连到与之相邻的 A1 或 A3 上。

(7)测量与记录。

1)在室内非阳光直射条件下用书本挡住光敏电阻,记录照度计测量值和 ADC 的转换字。

2)改变测试条件,拿开书本,进行测试。

3)改变测试条件,在阳光直射条件下测试。

4)改变测试条件,在室内晚上开灯和关灯条件下测试。

5)将测试结果填入表 2-21。

表 2 - 21 光照强度测量记录表

序 号	测量条件	照度计读数	ADC 转换字
1	室内非阳光直射,书本遮挡		
2	室内非阳光直射		
3	阳光直射		
4	室内,晚上开灯		
5	室内,晚上关灯		

(8)故障模拟——串口波特率设置不匹配。

打开"串口监视器"。

在串口监视器中设置波特率与程序中 Serial. begin()中参数不一致,看看会有什么效果。

图 2 - 42 所示为设置成 19 200 bps 时显示的效果,显示出一堆乱码,无法解读出有效信息。

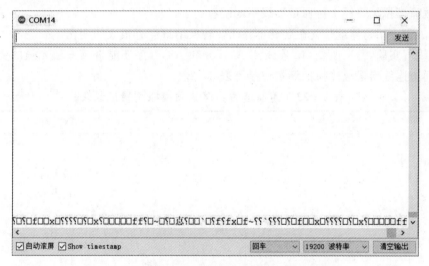

图 2 - 42 串口监视器波特率参数设置不匹配示例

截屏记录,填入表 2 - 22。

表 2 - 22 波特率设置不一致故障模拟测量记录

序 号	测量条件	波特率/(b·s⁻¹)	截 屏	备 注
1	串口参数设置不匹配	4 800		

序 号	测量条件	波特率/(b·s⁻¹)	截 屏	备 注
2	串口参数设置不匹配	19 200		
3	串口参数设置不匹配	115 200		

(9)故障模拟——模拟量通道连线不匹配。

测试过程中用物体遮住光敏传感器,ADC 转换结果会有很大的变化。

对于线下实验,尝试改变 A2 连线到 A1,A3 和 A5,程序还能否感知到光强的变化? 测试并记录,通道连线错误故障模拟测量记录见表 2－23。

表 2－23　通道连线错误故障模拟测量记录表

序 号	测量条件	截 屏	ADC 转换字
1	连线变更到 A1		最大值: 最小值:
2	连线变更到 A3		最大值: 最小值:
3	连线变更到 A5		最大值: 最小值:
4	连线变更到 A5 同时 A3,A4 接 GND		最大值: 最小值:

4. 实验记录和报告要求

(1)用文字描述实验的过程,完成实验报告。

(2)对实验过程中碰到的问题,尤其是个性化问题,即使是最终有没有解决,请尽量详细描述自己的思路和采取的措施,是如何解决的。

(3)分享实验感受,并讨论。

5. 思考题

(1)如果实验室或家里照明光源为日光灯管,可以试着去测量光强度的变化规律。

这时,测量的速度要尽可能地快,可删除程序中两次测量间的 delay() 函数。串口打印信息时删除不必要的提示文本,只留 ADC 转换字。

用串口绘图仪进行观察。调整实验仪和光源间的距离,串口绘图仪应该显示一条波动的曲线,而不是直线。图 2-43 所示为该场景下的示例。

提示:产生这种现象的原因是光源本身的发光强度和 50 Hz 市电频率相关联。

(2)把固定电阻和光敏电阻位置互换后是否可以工作? 如何修改程序,确保位置互换后串口监视器输出内容等同于互换之前的输出内容?

(3)若测量的光强度比较小,如何选择所串联的固定电阻?

(4)能否设计必要的电路和程序,来测量更宽范围的光强?

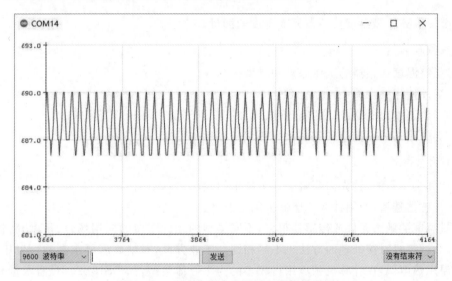

图 2-43　日光灯下串口绘图工具显示效果

6. 客观测验题

(1)实验中用到的光敏元件为(　　)。

　　A. InGaAs 材料　　　　B. Si 材料　　　　C. CdS 材料　　　　D. Ge 材料

(2)实验中用到的光敏元件峰值波长为 540 nm,对哪种颜色的光最敏感(　　)?

　　A. 绿色光　　　　　　B. 紫色光　　　　　C. 红色光　　　　　D. 红外光

(3)在实验中,测得的光敏电阻阻值在室内有光照条件下和以下哪个值接近(　　)?

　　A. 100 Ω　　　　　　B. 1 MΩ　　　　　　C. 1 kΩ　　　　　　D. 100 Ω

(4)UNO 板上,支持的最大模拟量通道数为( )。

    A. 4   B. 6   C. 8   D. 16

(5)本次光敏电阻实验中,VCC 的电压值为( )。

    A. 1.1 V   B. 2.5 V   C. 5.0 V   D. 3.3 V

(6)按照本实验硬件设计,光强度越大,两只电阻的中点电压( )。

    A. 越高   B. 越低   C. 不变

(7)用物体遮住光敏传感器,两只电阻的中点电压( )。

    A. 升高   B. 变低   C. 不变

(8)故障模拟时,采集相邻通道的电压( )。

    A. 采样结果有变化,但不准确   B. 采样结果无变化

(9)故障模拟时,错把模拟通道写为数字通道( )。

    A. 编译不通过   B. 采样结果无变化   C. 采样结果有变化,但不准确

(10)实验仪光敏电阻型号为( )。

    A. GL5528   B. 103   C. 328P   D. 106E

2.7　LM35 温度测量实验

本节使 LM35 型温度传感器完成温度的测量。

1. 实验目的

(1)了解温度传感器的工作原理和典型指标。

(2)巩固使用 analogRead()函数。

(3)了解温度对电路设计的制约性。

(4)会使用 LM35 温度传感器测量板级环境工作温度。

2. 设计方案

要达到实验目的,首先需要解决 3 个技术问题。

(1)传感器选型,即用什么传感器去测量温度。

测量温度的敏感元件或传感器很多,不同类型的元件适应的应用场合、精度、防护要求差异很大,和计算机对接处理的方法也不尽相同。工业方面,对精确度要求高的可以用铂电阻,测量炉温用热电偶,在计算机领域用得较多的为半导体类型,如 DS18B20;对需求量非常大并且要求廉价的场合可以考虑硅二极管或者热敏电阻。

汽车冷却液温度的测量多采用热敏电阻,室内温度测量用的电子温度计多采用二极管。

本节使用型号为 LM35 的温度传感器,为电压型模拟量输出,多应用于板级温度测量,设计厂家为美国的 TI 公司。

基础版的教学仪提供有 LM35 和 DHT11 两种传感器来测温,进阶版的实验仪还提供了 DS18B20。

(2)计算温度测量分辨率和比例尺。

查手册可知,LM35 在 0℃输出为 0.000 V,在 100℃输出为 1.000 V,增益为 10 mV/℃。对 UNO 或者 Mega,默认的 ADC 基准电压为 5.0 V。其电压分辨率为 5.0 V÷1 024=

0.004 9 V,也就是说 ADC 可以识别出每 4.9 mV 的变化,这个变化量换算到温度变化为 0.5℃的分辨能力。

要提高 ADC 对温度的分辨能力,第一种措施是使用额外的放大器将 0~1.000 V 的变化放大到 0~5.0 V,这样分辨能力可以提高到 0.1℃的水平;第二种措施是降低 ADC 的基准电压水平,或者是两种措施并用。对第一种措施,需要增加额外的元件,如运算放大器和增益电阻等;对第二种措施,只需做软件上的改动。两者的优势不言而喻。

比例尺关系到如何将电压量和实际物理量对应起来。LM35 相对简单,输出的电压和温度呈线性变化关系,电压为 0 时输出为 0 mV,这样一来,常数项为 0。

$$T = \frac{1}{10}U$$

式中:U 为 LM35 输出电压值,单位为 mV;T 为测量温度值,单位为℃。

(3)修改内部电压提高测量分辨率。

对第二种措施,328P 芯片内部的电压基准为 1.1 V,此时 ADC 的电压分辨能力为 1.1 V ÷1 024＝1.07 mV,对应温度的分辨能力为 0.107℃。

绝对精度表示测量值和实际值的偏差,LM35 数据手册显示其在 25℃时的绝对误差为 0.5℃。

328P 芯片具有 1.1 V 的内部基准电压。若需要通过改变内部基准电压的方式提高测量分辨率,需通过函数 analogReference() 启用内部电压基准功能,完整的写法为:

```
analogReference(INTERNAL)。
```

若是对使用 mega2560 主控芯片,有两种内部电压基准——1.1 V 和 2.5 V,相对应的函数语句依次为:

```
analogReference(INTERNAL1V1);
analogReference(INTERNAL2V5);
```

3. 实验过程

(1)准备软件代码。

下面的代码是 LM35 温度测量实验用到的程序清单。

```
程序清单 11
1.//  12_LM35.ino
2.// 西工大计算机基础教学与实验中心·智能硬件教学组
3.// 2020.8.18 WangYihang
4.// 2020.8.30 WangYihang 增加计数器
5.// 功能描述：利用 LM35 模拟式温度传感器测量环境温度
6.//        用 A1 测量
7.//        电压结果,ADC 转换字,温度从串口打印出来
8.//        模拟一个测试条件,用手摸或热风枪间接去吹
9.// 主控板    UNO 板
10.// 连线：    1.J27.1 - - - - GND
11.//         2.J27.2 - - - - VCC
12.//         3.J27.3 - - - - A1
13.
14.void setup()
```

```
15.{
16.Serial.begin(9600);
17.}
18.int counter = 1;
19.void loop()
20.{
21.int ADC_Result,Voltage_mV;float temp_C;
22.ADC_Result = analogRead(A1);
23.Serial.print("cnt: ");   Serial.print(counter+ + );
24.Serial.print("  ADC_Result(0~ 1023):");
25.Serial.print(ADC_Result);
26.Voltage_mV = map(ADC_Result,0,1024,0,5000);
27.Serial.print("  Voltage(mV):");   Serial.print(Voltage_mV);
28.temp_C = 5.0 * ADC_Result * 100 /1024;
29.Serial.print("  temp_C:");Serial.println(temp_C);
30.delay(1000);
31.}
```

该示例代码对 A1 模拟量通道进行采样,采样的结果利用 map 函数等比例转换到 0～5 000 的整数范围,单位为 mV;同时,做比例变换,转换为以℃为单位进行显示。通过串口监视器将转换后到的温度打印出来。

主循环中每次采样显示完成后延时 1 000 ms。温度的变化相对缓慢,两次测量间隔之间没必要留较短的时间。

(2)线路设计与连线设计。

LM35 温度实验线路图和测量温度实验连线表分别见图 2-44 和表 2-24。

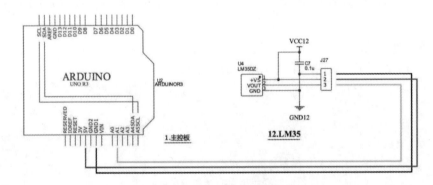

图 2-44　LM35 温度实验线路

表 2-24　测量温度实验连线

序　号	连接点 1	连接点 2	线　色
1	U2.GND1	J27.1	黑色
2	U2.A2	J27.3	绿色
3	U2.5V	J27.2	红色

（3）编译、下载。

将与 Uno 板相连的 USB 线与电脑主机连接好，在设备管理器中确认串口号。

对程序进行编译、下载，观察 IDE 下部的打印信息，直到提示语"avrdude：done. Thank you."出现。

如果报错，按照提示信息在源代码中查找错误。

反复编译操作直到可以下载成功。

（4）打开参考仪器。

温度的参照仪器为可测量温度的万用表（见图 2-45）。线下实验中，学生根据万用表说明书连接热电偶探头。切换测量项为温度，从万用表屏幕上读数并记录。

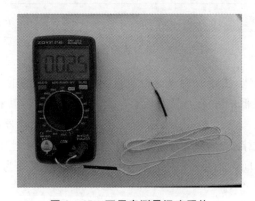

图 2-45　万用表测量温度照片

（5）观察实验结果。

图 2-46 所示为"串口监视器"显示的效果示例。

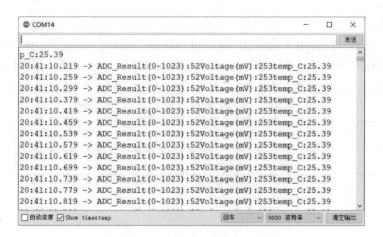

图 2-46　串口监视器显示效果示例

图 2-46 中，行首的"20：41：10.219→"为时间戳信息，"ADC_Result（0～1023）："为打印的文本提示信息，"52"为 ADC 的转换字。"Voltage（mV）："为提示信息，"253"为对应的毫伏单位电压值，"temp_C"为打印提示信息，"25.39"为温度值，单位为℃。

关闭"串口监视器",打开"串口绘图器",显示的效果如图 2-47 所示。

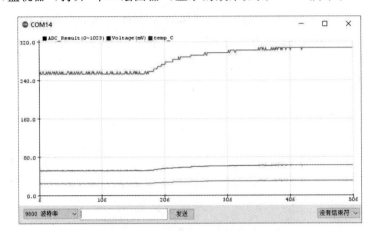

图 2-47   串口绘图器显示效果

图 2-47 中有 3 条曲线,由于公用纵坐标刻度,由此可知最高的一条曲线为电压值,中间的一条为 ADC 转换字,最低的一条为温度值。3 条曲线间是线性转换关系,以最高的一条分析最直观。从水平坐标大概 180 处,用手指捏住 LM35 温度传感器,此时 LM35 开始被"加温",温度曲线按照指数规律上升,到水平坐标大概 310,曲线不再上升。

由图 2-47 所示的时间戳信息分析,水平两个数据点间的间隔为 40 ms,所以曲线上升用的时间为 130×0.04 s=5.2 s。

(6)调试。

若不能复现应有的实验现象,请检查连线。

常见的问题有:①把模拟量位置 A1 和数字量位置 D1 混淆;②没有看清位置,把应该是 A1 的连线连到与之相邻的 A2 上。

(7)测量与记录。

对于线下实验环境,可用人体作为热源,用手指捏住 LM35 的管壳。此时串口绘图仪曲线开始呈指数规律上升,等热平衡后记录实验仪测量值和用万用表测温挡测量到的温度值。LM35 温度测量记录(5V 基准)见表 2-25。

表 2-25   LM35 温度测量记录(5 V 基准)

序 号	测量条件	读 数	备 注
1	万用表测室温		
2	实验仪测室温		
3	用手指捏住等热平衡后万用表读数		
4	用手指捏住等热平衡后实验仪读数		

续 表

序 号	测量条件	读 数	备 注
5	记录一次温度上升曲线	贴图处	
6	记录一次温度下降曲线	贴图处	

（8）使用内部电压基准。修改程序，使能内部电压基准。

用数字万用表测量 AREF 管脚对 GND 的电压，确认程序更改片上基准源的效果。图 2-48 所示为测量基准电压时的照片。

图 2-48 测量基准电压

图 2-49 所示为串口监视器显示的效果。基准电压设置为内部基准后,理论上,ADC 转换字相比外部 5.0 V 基准应放大了 5 V÷1.1=4.55 倍。

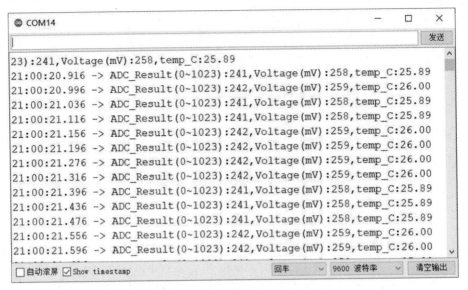

图 2-49 串口监视器显示效果

修改程序,不打印 ADC 转换结果和电压结果,只打印温度值,编译下载程序上传后,图 2-50 所示为串口绘图器显示效果。只显示一条曲线时曲线的变化趋势很明显。在大约水平单位为 50 的时刻用手指开始捏住 LM35 温度传感器进行加温,在水平单位大约在 160 的时刻开始松开手指,让温度传感器在空气中自然冷却。做定性分析,可以看到,冷却的下降趋势比用手指"加温"的变化趋势要缓慢,原因在于空气的"热阻"比人体的要小。

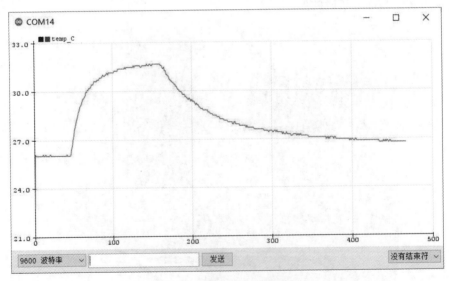

图 2-50 串口绘图器显示效果

重新进行测量并记录。LM35 温度测量记录(内部 1.1 V 基准)见表 2-26。

表 2 - 26　**LM35 温度测量记录(内部 1.1V 基准)**

序 号	测量条件	读 数	备 注
1	万用表测室温		
2	实验仪测室温		
3	用手指捏住等热平衡后万用表的读数		
4	用手指捏住等热平衡后实验仪的读数		
5	记录一次温度上升曲线	贴图处	
6	记录一次温度下降曲线	贴图处	

4. 实验记录和报告要求

(1)用文字描述实验的过程,完成实验报告。

(2)对实验过程中碰到的问题,尤其是个性化问题,最终有没有解决? 是如何解决的? 请尽量详细描述。

(3)分享实验感受,并讨论。

5. 思考题

回顾本次实验,通过以下问题自查是否达到课程预期的成效。

(1)查一查,DHT11 测温原理,温度分辨率和精度指标。

(2)若需要用测量零点或零下温度,LM35 适用吗? 本实验中的方案可否满足?

(3)图 2 - 51 所示为 328 芯片内 ADC 的原理框图。图中的"Internal 1.1 V Reference"即为片内的 1.1 V 电压基准。分析 analogReference(INTERNAL)函数是如何影响 ADMUX 寄存器的?

(4)根据表 2 - 26 的第 5 项和第 6 项估计 LM35 的热平衡时间。

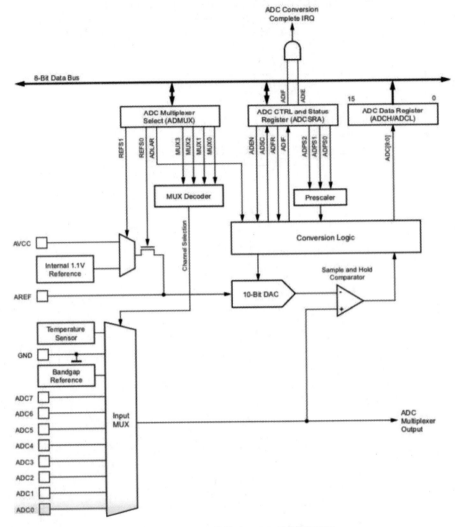

图 2 - 51　328 芯片内 ADC 的原理框图

如果第 5 项和第 6 项曲线太陡,不好观察,可以修改程序中 delay()函数的参数。

6. 客观测验题

(1)实验中,LM35 的供电电压为( )。

　　A. 3. 3 V　　　　　　　B. 2. 5 V　　　　　　　C. 5. 0 V　　　　　　　D. 7. 2 V

(2)假设室温为 23℃,LM35 输出的电压值应为( )。

　　A. 230 mV　　　　　　B. 2. 3 V　　　　　　　C. 296 mV　　　　　　D. 2. 960 V

(3)假设室温为 23 ℃,使用外部 5. 0 V 电压基准,ADC 转换的数据字为( )。

　　A. 23 D　　　　　　　B. 230 D　　　　　　　C. 29 D　　　　　　　D. 29 D

(4)本实验中,LM35 可否测 0℃的温度?( )

　　A. 可以　　　　　　　B. 不可以

(5)在不增加元件的前提下,以下哪种方法可以提高测温的分辨率( )?

　　A. 降低 VCC 电压　　B. 提高 VCC 电压　　C. 使用内部基准

(6)本实验中,LM35 的封装为(　　)。

  A. TO - 220　　　　　B. TO - 92　　　　　C. SOP - 8　　　　　D. DIP - 8

(7)mega 板相比 UNO 板,可以使用的内部基准还有(　　)。

  A. 1.1 V　　　　　B. 2.5 V　　　　　C. 3.3 V　　　　　D. 2.048 V

(8)使用串口绘图工具时,曲线的水平轴单位为(　　)。

  A. 秒　　　　　　　B. 没有单位,为数据点的个数

2.8　超声波测距实验

超声波测距相比毫米波雷达和激光雷达成本很低,在汽车倒车雷达中和智能机器人防撞中有广泛的应用。

1. 实验目的

(1)了解超声波测距的基本原理。

(2)掌握 SR04 脉宽输出型超声波测距传感器的典型接口处理方式。

(3)了解单片机片上的硬件定时器资源,会用 pulseIn()函数对脉冲宽度进行测量。

2. 设计方案

(1)超声波测距的基本原理。

超声波属于声波的一种,而声波属于机械波范畴。之所以用超声波测距而不用声波的一个因素是超声波超出了人耳的听阈范围,工作中人听不到而不至于被吵着。物理知识告诉我们,常温下声波在空气中的传播速度为 340 m/s,空气的温度对声波传播速度有影响。

超声波测距由超声波发生器向它的正前方发出一串短时间的连续波,连续波可以是若干个完整连续周期的正弦信号。连续波发出后,以“锥形”开始向前传播,当碰到障碍物时,声波一部分被吸收,一部分被反射。而实际的障碍物表面通常都不是“镜面”,会形成漫反射现象,其中的一部分会向原发送器的方向向回传播。一般情况下,接收器和发送器安装在同一个结构件上。有时,发送器和接收器物理上是同一个器件,根据时分复用机制使用。

通过技术手段记录下发送器送出超声波的时刻和接收器收到超声波的时刻,用两个时刻的差值和声波在介质(空气)中的传播速度,即可计算得到离得最近的障碍物距离。

超声波测距的最大距离和发生器的送出能量正相关,和接收器的接收灵敏度正相关。对给定的发送器和接收器,可用探测距离和“障碍物”的物体材料、形状、大小、摆放角度都有关系。

(2)超声波测距模块。

实验仪用到的超声模块型号为 SR - 04,属于发送器和接收器分开的一种室内用超声测距模块,外观如图 2 - 52 所示。模块内的电子元件和电路板裸露,没有额外的防护措施,因为价格低廉,在学生实验中应用广泛。当作为工业产品使用时,还需要考虑 IP 等级(防水和防尘的量化等级指标)、供电电压和电信号接口形式等方面的因素。

SR - 04 模块的工作电压为 5 V,有两根 IO 线。其中一根 IO 为输入,简称“触发”,缩写符号为“TRIG”,作为开始工作标志;另外一根 IO 简称“回声”,缩写符号为“ECHO”,作为模块的输出,用其正脉冲宽度表示测距的结果。

图 2 - 52　超声模块 SR - 04 的外观

SR - 04 的这种接口形式限制了自身和处理计算机之间的距离,工业产品更多用到的是 485 总线和 CAN 总线形式。

模块工作时,驱动电路会给发送器 8 个方波信号,作为激励。

(3)脉冲宽度测量。

Arduino 用 pulseIn()函数测量某个 IO 引脚上输入正脉冲或负脉冲的宽度,测量的分辨率为 4 μs。

测量 echo 管脚上正脉冲的宽度可以用以下语句实现。

```
IntervalTime = pulseIn(echo, HIGH);
```

有些读者会有疑问,为什么不用 digitalRead()函数配合 while 语句检测连续两次边沿变化,配合 micro()函数去测量脉冲宽度呢? 这个问题在 pulseIn()函数的注释中给出了答案,原因是使时测量更准确。

感兴趣的读者可以打开 wiring_pulse.c 文件进一步研究。

程序清单 12

```
1.unsigned long pulseIn(uint8_t pin, uint8_t state, unsigned long timeout)
2.{
3.// cache the port and bit of the pin in order to speed up the
4.// pulse width measuring loop and achieve finer resolution.  calling
5.// digitalRead() instead yields much coarser resolution.
6.uint8_t bit = digitalPinToBitMask(pin);
7.uint8_t port = digitalPinToPort(pin);
8.uint8_t stateMask = (state ? bit : 0);
9.
10.// convert the timeout from microseconds to a number of times through
11.// the initial loop; it takes approximately 16 clock cycles per iteration
12.unsigned long maxloops = microsecondsToClockCycles(timeout)/16;
13.
14.unsigned long width = countPulseASM(portInputRegister(port), bit, stateMask, maxloops);
15.
16.// prevent clockCyclesToMicroseconds to return bogus values if countPulseASM timed out
17.if (width)
18.return clockCyclesToMicroseconds(width * 16 + 16);
19.else
```

```
20.return 0;
21.}
```

（4）测量结果的显示。

前面已经使用过 ArduinoIDE 中提供的"串口监视器"的工具，继续沿用这种打印的方式进行测距结果显示。

3. 实验过程

（1）准备软件代码。

提供的样例程序见程序清单 13。

程序清单 13

```
1.//  14_UltraSonicDistanceMeasure.ino
2.//  西工大计算机基础教学与实验中心·智能硬件教学组
3.//  2020.8.18 WangYihang
4.//  2020.8.30 WangYihang 增加计数器,调整打印格式
5.//  功能描述:超声波测距,结果打印到串口
6.//       需要自备障碍物,比如纸张,书
7.//  主控板    UNO 板
8.//  连线:    1.J20.1 - - - - VCC
9.//          2.J20.2 (trig)- - - - D8
10.//          3.J20.3 (echo)- - - - D9
11.//          4.J20.4 - - - - GND
12.//          可以用逻辑分析仪同时采样触发和结果信号
13.const int trig = 8;         // 触发信号连接到 D8
14.const int echo = 9;         // 反馈信号连接到 D9
15.
16.void setup()
17.{
18.  pinMode(echo, INPUT);//触发端口设置为输出
19.  pinMode(trig, OUTPUT);//反馈端口设置为输入
20.
21.  Serial.begin(9600);      //初始化串口
22.}
23.int counter = 1;
24.long IntervalTime = 0;              //定义一个时间变量
25.void loop()
26.{
27.while (1)
28.  {
29.    digitalWrite(trig,1);            //产生一个触发正脉冲
30.    delayMicroseconds(15);          //延时 15 μs
31.    digitalWrite(trig,0);
32.    Serial.print("cnt: ");  Serial.print(counter+ + );
```

```
33.    IntervalTime = pulseIn(echo, HIGH);//用自带的函数采样反馈的高电平的宽度,单位 μs
34.float S = IntervalTime / 58.00;      //使用浮点计算出距离,单位 cm
35.    Serial.print(" Distance:");
36.    Serial.print(S);//通过串口输出距离数值
37.    Serial.println("cm");
38.    delay(500);        //延时间隔决定采样的频率,根据实际需要变换参数
39.   }
40.}
```

程序使用 D8 作为"触发"引脚,使用 D9 作为"回声"引脚。

Setup 函数中,初始化"触发"引脚为输出,"回声"为输入,这里的输入/输出是相对于程序运行的载体——328P 芯片而言的。

主程序中,为方便观察,每测量 1 次打印 1 个计数器变量 cnt;给 trig 引脚置高后延迟一段时间后再复位,这样会形成 1 个正脉冲。延迟的时间长度或者叫正脉冲宽度 SR-04 模块要求≥10 μs,程序中给出的参数是 15 μs,但实际产生的值会偏大一些,读者可以用示波器或逻辑分析仪测量实际的脉冲宽度。

在这里除以 58.0,测量距离和脉冲宽度间有一个固定的比例尺系数。

程序每 1 s 测量两次,故延迟为 500 ms。

(2)线路设计与连线设计。

连线表见表 2-27,超声波测距模块与主控板的线路如图 2-53 所示。

表 2-27　连线表

序　号	连接点 1	连接点 2	线　色
1	U2.5V	J20.1	红色
2	U2.D8	J20.2	绿色
3	U2.D9	J20.3	橙色
4	U2.GND1	J20.4	黑色

(3)编译、下载。

将与 UNO 板相连的 USB 线与电脑主机连接好,在设备管理器中确认串口号。

对程序进行编译、下载,观察 IDE 下部的打印信息,直到出现提示语"avrdude:done. Thank you."。

如果报错,按照提示信息在源代码中查找错误。

反复编译、下载,直到可以下载成功。

(4)读取测量结果。

打开串口监视器,设置波特率与程序代码中的 Serial.begin()函数中的参数一致,在这里是"9 600"。串口监视器显示的示例效果如图 2-54 所示。

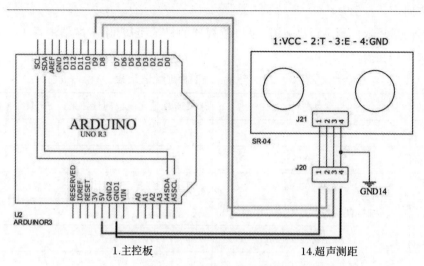

1.主控板　　　　　　　　　　　14.超声测距

图 2 – 53　超声波测距模块与主控板的连接线路

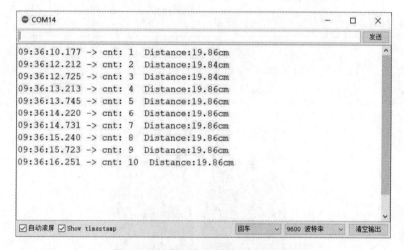

图 2 – 54　串口监视器显示示例效果

示例效果中,每行开头的"09：36：13.XXX→"是勾选了"Show timestamp"前复选框后的效果,表示收到本行消息的时间,在这里为 9 点 36 分 13 秒 XXX 毫秒。在"→"后打印出计数变量提示信息——计数变量的值、距离提示信息、距离的值、距离单位。

(5)调试。

若不能复现应有的实验现象,请检查连线。

在实验仪中,SR – 04 传感器模块在实验仪主板上的安装形式,一部分批次是直接焊上去的,一部分批次装的是插座。对于装插座的情形,超声波传感器的两只"眼睛"可能是朝向上方装,也可能是朝向前方装。这两种情形下连线的顺序刚好相反,在连线时需要根据原理图所表达的意图与超声波模块上的丝印进行核对。不要生搬硬套,防止加错电烧模块。

(6)测量与记录。

在线下实验中,应两两同学一组进行测试。一名同学充当人体障碍物,超声波传感器探头朝向水平方向。

另一名同学用米尺测量距离,读取串口监视器的显示距离,用示波器测量 ECHO 脉冲宽度。将结果记录在表 2 - 28 中。

表 2 - 28　超声传感器测量记录表

序　号	测量条件	米尺读数	实验仪测量结果	ECHO 脉冲宽度
1	人体 10 cm			
2	人体 100 cm			
3	人体 200 cm			
4	人体 自行找出最大测量距离			
5	倾斜金属板 10 cm			
6	倾斜金属板 100 cm			
7	倾斜金属板 200 cm			
8	倾斜金属板 自行找出最大测量距离			

条件具备时,可找一块类似于停车位放置的不锈钢告示牌(见图 2 - 55),或斜放金属板,重复测试过程。

图 2 - 55　停车场告示牌

(7)示波器测量接口信号特征。

图 2 - 56 所示是用示波器测量 TRIG 信号和 ECHO 信号波形的示例。连接示波器通道 1 到 TRIG,连接示波器通道 2 到 ECHO。设置通道 1 和通道 2 的输入探头衰减为 X10,设置示波器水平一格在 500 ms 左右,垂直为 1 V。设置用通道 1 触发,上升沿,触发电平在 3.0 V 左右,会得到稳定的显示波形。

可以看到,TRIG 信号为一很窄的正脉冲,ECHO 相比 TRIG 显得很宽。TRIG 信号上没有信号过冲和震荡,其高电平信号幅度肉眼观察为 3.2 V 左右。添加自动测量功能,测量两个项目——通道 1 的脉冲宽度和通道 2 的脉冲宽度。在图 2 - 56 底部,可见测量结果,通道 1 脉宽为16.99 μs,通道 2 为 1.164 ms。

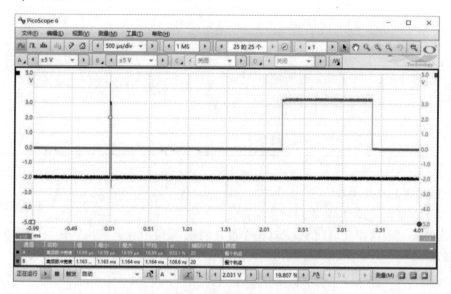

图 2 - 56　TRIG 信号和 ECHO 信号波形示例

如果怀疑通道 1 的脉宽测量得不准确,可以将水平因子放大,让 TRIG 波形展宽,如图 2 - 57 所示。可以看到,测量结果基本没变,为 16.92 μs。高电平幅度为 5.0 V,注意蓝色波形加入了直流偏置,计算幅度时用读数的"3.0 V"减去波形底部的"−2.0 V"。

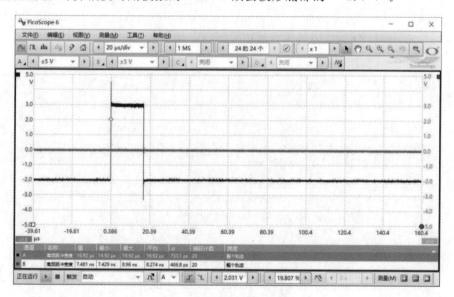

图 2 - 57　TRIG 波形展宽

调节障碍物距离超声波传感器距离 50 cm 左右。

用示波器测量 TRIG 脉冲宽度,测量 TRIG 上升沿到 ECHO 上升沿的延迟时间。

用示波器测量 TRIG 脉冲幅度和 ECHO 脉冲幅度。超声传感器接口信号测量记录见

表 2-29。

表 2-29 超声传感器接口信号测量记录

序 号	测量项目	测量值	截 图
1	TRIG 脉冲宽度		
2	TRIG 脉冲幅度		
3	TRIG 前沿到 ECHO 前沿延迟时间		
4	ECHO 脉冲幅度		

4. 实验记录和报告要求

(1)用文字描述实验过程,完成实验报告。

(2)对实验过程中碰到的问题,尤其是个性化问题,最终有没有解决?是如何解决的,请尽量详细描述。

(3)分享实验感受,并讨论。

5. 思考题

(1)想办法测量出 digitalRead 的耗时,间接说明 pulseIn()的优势。

(2)结合超声波测距模块和 LCD1602 模块,给出一个简易的距离测量装置(倒车雷达),将测量的距离显示在 LCD1602 模块上,将蜂鸣器发声的节奏和测量距离关联起来。

(3)分析 pulseIn 函数。pulseIn()函数在"wiring_pulse. c"文件中,"wiring_pulse. c"位置在文件夹"C:\Program Files (x86)\Arduino\hardware\arduino\avr\cores\arduino"下。打开后其函数实现为:第 14 行所调用的函数使用汇编语言编写,在文件"wiring_pulse. S"中实现。见程序清单 14。

```
程序清单 14
1.unsignedlong pulseIn(uint8_t pin, uint8_t state, unsigned long timeout)
2.{
3.// cache the port and bit of the pin in order to speed up the
4.// pulse width measuring loop and achieve finer resolution.  calling
5.// digitalRead() instead yields much coarser resolution.
6.    uint8_t bit = digitalPinToBitMask(pin);
7.    uint8_t port = digitalPinToPort(pin);
8.    uint8_t stateMask = (state ? bit : 0);
9.
10.// convert the timeout from microseconds to a number of times through
11.// the initial loop; it takes approximately 16 clock cycles per iteration
12.    unsignedlong maxloops = microsecondsToClockCycles(timeout)/16;
13.
14.    unsignedlong width = countPulseASM(portInputRegister(port), bit, stateMask,
maxloops);
15.
16.// prevent clockCyclesToMicroseconds to return bogus values if countPulseASM
timed out
```

```
17.if (width)
18.return clockCyclesToMicroseconds(width * 16 + 16);
19.else
20.return 0;
21.}
```

（4）对 C 语言和汇编混合编程的读者可以了解下文件"wiring_pulse. S"的内容。程序清单 15。

程序清单 15

```
1.# include < avr/io.h>
2.
3..section .text
4.
5..global countPulseASM
6.
7.countPulseASM:
8.
9..LM0:
10..LFBB1:
11.    push r12  ;  ;  130 pushqi1/1 [length = 1]
12.    push r13  ;  ;  131 pushqi1/1 [length = 1]
13.    push r14  ;  ;  132 pushqi1/1 [length = 1]
14.    push r15  ;  ;  133 pushqi1/1 [length = 1]
15.    push r16  ;  ;  134 pushqi1/1 [length = 1]
16.    push r17  ;  ;  135 pushqi1/1 [length = 1]
17./*  prologue: function * /
18./*  frame size = 0 * /
19./*  stack size = 6 * /
20..L__stack_usage = 6
21.    mov r30,r24 ;  port, port  ;  2 * movhi/1 [length = 2]
22.    mov r31,r25 ;  port, port
23./*      unsigned long width = 0;
24.* * *      // wait for any previous pulse to end
25.* * *      while ((* port & bit) = = stateMask)
26.* /
27..LM1:
28.    rjmp .L2  ;  ;  181 jump  [length = 1]
29..L4:
30./*          if (- - maxloops = = 0) * /
31..LM2:
32.    subi r16,1 ;  maxloops, ;  17 addsi3/2 [length = 4]
33.    sbc r17, r1  ;  maxloops
34.    sbc r18, r1  ;  maxloops
35.    sbc r19, r1  ;  maxloops
36.    breq .L13 ;, ;  19 branch [length = 1]
37..L2:
38./*          if (- - maxloops = = 0) * /
39..LM3:
```

```
40.    ld r25,Z  ;  D.1554, * port_7(D)  ;  22  movqi_insn/4  [length = 1]
41.    and r25,r22  ;  D.1554, bit  ;  24  andqi3/1  [length = 1]
42.    cp r25,r20  ;  D.1554, stateMask  ;  25  * cmpqi/2  [length = 1]
43.    breq .L4  ;,  ;  26  branch  [length = 1]
44.    rjmp .L6  ;  ;  184 jump  [length = 1]
45..L7:
46./*          return 0;
47.* * *
48.* * *     // wait for the pulse to start
49.* * *       while ((* port & bit) ! = stateMask)
50.* * *          if (- - maxloops = = 0)
51.* /
52..LM4:
53.    subi r16,1  ;  maxloops,  ;  31  addsi3/2  [length = 4]
54.    sbc r17, r1  ;  maxloops
55.    sbc r18, r1  ;  maxloops
56.    sbc r19, r1  ;  maxloops
57.    breq .L13  ;,  ;  33  branch  [length = 1]
58..L6:
59./*        if (- - maxloops = = 0) * /
60..LM5:
61.    ld r25,Z  ;  D.1554, * port_7(D)  ;  41  movqi_insn/4  [length = 1]
62.    and r25,r22  ;  D.1554, bit  ;  43  andqi3/1  [length = 1]
63.cpse r25,r20  ;  D.1554, stateMask  ;  44  enable_interrupt- 3  [length = 1]
64.    rjmp .L7  ;
65.    mov r12, r1  ;  width  ;  7 * movsi/2  [length = 4]
66.    mov r13, r1  ;  width
67.    mov r14, r1  ;  width
68.    mov r15, r1  ;  width
69.    rjmp .L9  ;  ;  186 jump  [length = 1]
70..L10:
71./*          return 0;
72.* * *
73.* * *     // wait for the pulse to stop
74.* * *       while ((* port & bit) = = stateMask) {
75.* * *          if (+ + width = = maxloops)
76.* /
77..LM6:
78.    ldi r24,- 1  ;,  ;  50  addsi3/3  [length = 5]
79.    sub r12,r24  ;  width,
80.    sbc r13,r24  ;  width,
81.    sbc r14,r24  ;  width,
82.    sbc r15,r24  ;  width,
83.    cp r16,r12  ;  maxloops, width  ;  51  * cmpsi/2  [length = 4]
84.    cpc r17, r13  ;  maxloops, width
```

```
85.    cpc r18,r14  ;   maxloops, width
86.    cpc r19,r15  ;   maxloops, width
87.    breq .L13 ; ,  ;  52 branch [length = 1]
88..L9:
89./*          if (+ + width = = maxloops) * /
90..LM7:
91.    ld r24,Z  ;  D.1554, * port_7(D)  ;  60 movqi_insn/4 [length = 1]
92.    and r24,r22  ;  D.1554, bit  ;  62 andqi3/1 [length = 1]
93.    cp r24,r20  ;  D.1554, stateMask  ;  63 * cmpqi/2 [length = 1]
94.    breq .L10 ; ,  ;  64 branch [length = 1]
95./*          return 0;
96.* * *    }
97.* * *    return width;
98.* /
99..LM8:
100.   mov r22,r12  ;  D.1553, width  ;  108 movqi_insn/1 [length = 1]
101.   mov r23,r13  ;  D.1553, width  ;  109 movqi_insn/1 [length = 1]
102.   mov r24,r14  ;  D.1553, width  ;  110 movqi_insn/1 [length = 1]
103.   mov r25,r15  ;  D.1553, width  ;  111 movqi_insn/1 [length = 1]
104./* epilogue start * /
105..LM9:
106.   pop r17  ;  ;  171 popqi [length = 1]
107.   pop r16  ;  ;  172 popqi [length = 1]
108.   pop r15  ;  ;  173 popqi [length = 1]
109.   pop r14  ;  ;  174 popqi [length = 1]
110.   pop r13  ;  ;  175 popqi [length = 1]
111.   pop r12  ;  ;  176 popqi [length = 1]
112.   ret ;  177 return_from_epilogue  [length = 1]
113..L13:
114..LM10:
115.   ldi r22,0  ;  D.1553  ;  120 movqi_insn/1 [length = 1]
116.   ldi r23,0  ;  D.1553  ;  121 movqi_insn/1 [length = 1]
117.   ldi r24,0  ;  D.1553  ;  122 movqi_insn/1 [length = 1]
118.   ldi r25,0  ;  D.1553  ;  123 movqi_insn/1 [length = 1]
119./* epilogue start * /
120..LM11:
121.   pop r17  ;  ;  138 popqi [length = 1]
122.   pop r16  ;  ;  139 popqi [length = 1]
123.   pop r15  ;  ;  140 popqi [length = 1]
124.   pop r14  ;  ;  141 popqi [length = 1]
125.   pop r13  ;  ;  142 popqi [length = 1]
126.   pop r12  ;  ;  143 popqi [length = 1]
127.   ret ;  144 return_from_epilogue  [length = 1]
```

（5）大部分文献指出超声波发生器往外输出了 8 个脉冲，但没有提及这 8 个脉冲的形状，更没有提及接收探头收到的波形形状。

图 2-58 所示是一个示例,可以看到,红色为发送端,产生了 8 个矩形负脉冲。蓝色为接收探头的信号经过足够倍数放大后的波形形状。超声波回波信号如图 2-59 所示。

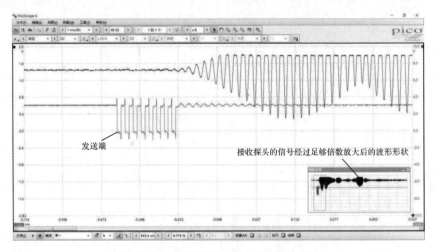

图 2-58　超声波探头发射和接收波形

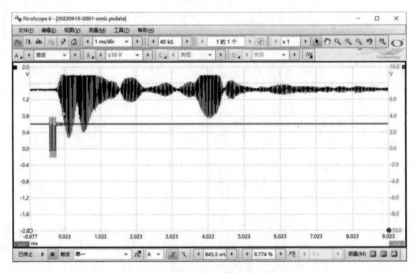

图 2-59　超声波回波信号

可以看到,接收波形数量不止是 8 个,而是很多个周期相同、幅度不同的波叠加到一起。在图 2-58 右下角的全局显示波形中可以看到,蓝色波形象一串串葫芦,根据这样的回波信号,大致可以明白为什么超声波探测到的是最近的障碍物。

6.客观测验题

(1)SR04 超声波测距传感器接口为(　　)。

　　A.485 总线　　　　　　B.普通 IO　　　　　　C.IIC 总线　　　　　　D.4～20 mA 输出

(2)SR04 超声波测距传感器供电电压为(　　)。

　　A.AC9 V　　　　　　B.DC5 V　　　　　　C.DC7 V　　　　　　D.IO 供电

（3）实验中，TRIG 脉冲宽度（　　）。

    A. $\approx 10\ \mu s$ B. $\approx 20\ \mu s$ C. $\approx 100\ \mu s$ D. $\approx 1\ ms$

（4）函数 pulseIn（echo，HIGH）返回值单位为（　　）。

    A. 时钟周期   B. 指令周期   C. μs D. ms

（5）对 SR-04 传感器，测得 ECHO 正脉冲宽度为 1 ms，对应的实际距离为（　　）。

    A. 14 cm   B. 140 cm   C. 1.4 m   D. 1 m

2.9　发 声 实 验

　　嵌入式系统向操作者反馈内部状态时，除了利用 LED、数码管、液晶屏等光学手段外，还可以通过声音的方式。比如手机来电时的振铃音，不间断电源 UPS 在输入断电开始工作时到亏电会以各种声调组合的方式反馈其工作状态，莫尔斯电报码用声音长短组合表示信息编码。声音相比于光学手段有其特殊的优势。

1. 实验目的

（1）了解用发声的方法指示嵌入式系统的状态。

（2）掌握 tone（）函数的使用方法。

（3）了解 PWM 方式发声的原理。

2. 设计方案

（1）发声器件。

　　常见的发声器件有扬声器、蜂鸣器、耳机。扬声器属于电声元件，应用于收音机、电视、组合音响和扩音设备中，以动圈式扬声器最为广泛，扬声器的阻抗有 4 Ω，8 Ω，16 Ω。耳机是一种佩戴在外耳道的电声器件，32 Ω 为其典型阻抗值。

　　蜂鸣器安装在电子设备内，一般发出嘀嘀嘀的声音，用于指示设备工作状态。按内部是否集成有振荡器电路，蜂鸣器分为有源和无源，内部为压电陶瓷片和共振腔。蜂鸣器在出厂时共振腔小孔用一块不干胶黏住作为保护膜，在电路板组装测试完成后，需要把保护膜撕掉，否则发出声音的音量很小。

　　本次实验使用耳机或无源蜂鸣器均可，实验仪上设计有耳机插座。为了限制发声的音量并且保护主控芯片的 IO 引脚，在耳机的左通道和右通道回路里各串连了一只 22 Ω 的电阻。用万用表测量耳机一侧的直流电阻如图 2-60 所示。

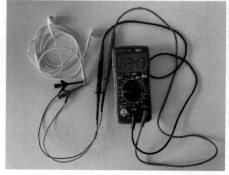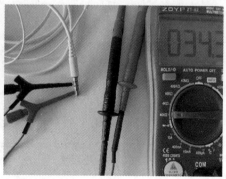

图 2-60　耳机一侧的直流电阻的测量

（2）tone（）函数。

使用 Arduino 发声不同于电脑播放音频文件的形式。电脑发声内部有一个 CODEC 器件或 DAC 器件，该器件以 44.1 kHz 的输出速率还原音频文件中的"数据"，将"数据"变化为连续的、不同幅度和形状的电压，经功率放大后传送给扬声器（或耳机），这么高的还原速率，可以覆盖人耳听阈范围内的所有声音。

Arduino 是一种简化形式的发声，声音的频率可以控制改变，而音量不可控，并且声音的频率在很小的时间片段内是单一的，无法做到"和音"，听起来单调些。

Arduino 提供的 tone（）函数用于发声，其完整函数定义为：

```
tone(pin, frequency);
tone(pin, frequency, duration);
```

其中："pin"为发声信号输出引脚；"frequency"为发声的频率，单位为 HZ；"duration"为时间长度，单位为 ms。该函数没有返回值。

使用 noTone（）函数停止发声，其完整函数定义为

```
noTone(pin);
```

其中："pin"为发声信号输出引脚。该函数没有返回值。

值得强调的是，使用 tone（）函数时会影响 D3 和 D11 上的 PWM 功能。

3.实验过程

（1）线路图（见图 2-61）和接线表（见表 2-30）。

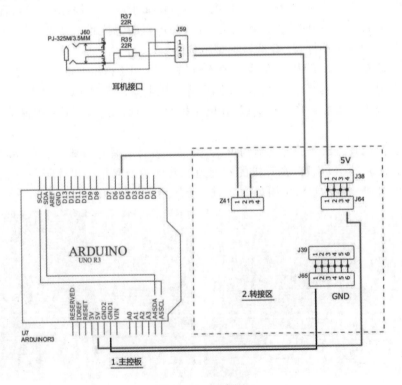

图 2-61　线路图

表 2-30　接线表

序 号	连接点 1	连接点 2	线 色
1	U2. GND1	J39/J65 任意位置	黑色
2	U2. 5V	J38/J64 任意位置	红色
3	U2. D5	Z41 任意位置	紫色
4	J59. 3	Z41 任意位置	紫色
5	J59. 2	J38/J64 任意位置	红色

（2）准备程序。该程序为 Arduino IDE 内部包含的例子程序。打开"文件"→"示例"→"02. Digitial"→"toneMelody"程序,程序清单如下。

```
程序清单 16
1./*
2.  Melody
3.
4.  Plays a melody
5.
6.  circuit:
7.  - 8 ohm speaker on digital pin 8
8.
9.  created 21 Jan 2010
10.  modified 30 Aug 2011
11.  by Tom Igoe
12.
13.  This example code is in the public domain.
14.
15.  https://www.arduino.cc/en/Tutorial/BuiltInExamples/toneMelody
16.* /
17.
18.# include"pitches.h"
19.
20.// notes in the melody:
21.int melody[] = {
22.  NOTE_C4, NOTE_G3, NOTE_G3, NOTE_A3, NOTE_G3,0, NOTE_B3, NOTE_C4}
23.};
24.
25.// note durations: 4 = quarter note, 8 = eighth note, etc.:
26.int noteDurations[] = {
27.4, 8, 8, 4, 4, 4, 4, 4
28.};
29.
30.void setup() {
```

```
31.// iterate over the notes of the melody:
32.for (int thisNote = 0; thisNote < 8; thisNote+ + ) {
33.
34.// to calculate the note duration, take one second divided by the note type.
35.//e.g. quarter note = 1000 / 4, eighth note = 1000/8, etc.
36.int noteDuration = 1000 / noteDurations[thisNote];
37.    tone(8, melody[thisNote], noteDuration);
38.
39.// to distinguish the notes, set a minimum time between them.
40.// the note's duration + 30% seems to work well:
41.int pauseBetweenNotes = noteDuration * 1.30;
42.    delay(pauseBetweenNotes);
43.// stop the tone playing:
44.    noTone(8);
45.  }
46.}
47.
48.void loop() {
49.// no need to repeat the melody.
50.}
```

整个程序中 loop() 函数内部是空白,发声功能全部在 setup() 函数中实现。所以在后续测试时程序下载后只会运行一次是正常的,因为示例程序本身就是这么设计的。

第 21 行到第 28 行是程序的精髓所在。第 21 行的数组 melody[] 存放了 8 个音节,打开 "pitches.h" 文件可以找到这 8 个音节,其实是 8 个频率值,0 表示休止符。

第 26 行开始的 noteDurations[] 内,存放的是每个音节的拍子长度,4 表示 4 分音符长度,8 表示 8 分音符长度。从程序的 36 行可以看到,4 分音符对应的实际时长为 250 ms,8 分音符对应的实际时长为 125 ms。

从程序的 32 行可以分析得出,通过 for 循环从第一个位置开始,连续读取 noteDurations[] 和 melody[],noteDurations[] 作为发声时长,melody[] 作为发声的频率,传送给 tone() 函数作为发声的两个参数,就按照这种方式去播放简单"乐曲"。

(3)下载测试。

选择开发板类型为"UNO 控制板",选择开发板对应的串口号,点击程序"上传"。

上传完成后,耳机(不要佩戴到耳朵上)会发出 8 个音符的声音。

如需再次测试,可以按 UNO 主控板上的"RESET"按键。

(4)准备程序。

示例程序提供的播放时长非常短,可以根据自己的乐理基础选择一首曲子将乐谱按照程序所要求的格式进行修改,尝试播放一首自己的乐曲。

以下程序为"二泉映月"程序,由 2019 级材料大类的古齐鸣同学提供。

程序清单 17

```
1.// 13_EarPhoneTone.ino
```

```
2.//    西工大计算机基础教学与实验中心·智能硬件教学组
3.//    2020.8.18 WangYihang
4.//    2020.3.26 该例子原型有 2019 级材料大类的古奇鸣同学提供
5.//  功能描述: 利用 tone()函数播放音乐
6.//        需要自备耳机.插到 J55 上
7.//  主控板    UNO 板
8.//  连线:    1.J32.1 - - - - NC
9.//         2.J27.2 - - - - VCC
10.//        3.J27.3 - - - - ~ D5
11.
12.# define G0 - 1
13.# define G1 396
14.# define G2 441
15.# define G3 500
16.# define G4 540
17.# define G4p 553
18.# define G5 596
19.# define G6 666
20.# define G7 744
21.
22.# define GL1 194
23.# define GL2 223
24.# define GL3 246
25.# define GL4 261
26.# define GL5 294
27.# define GL6 328
28.# define GL7 373
29.
30.# define GH1 786
31.# define GH2 882
32.# define GH3 994
33.# define GH4 1053
34.# define GH5 1178
35.# define GH6 1322
36.# define GH7 1484
37.
38.int tune[]=
39.{
40.  G0,G6,G5,G6,G4,G3,G2,G2,G3,G1,G1,G2,G3,G5,G6,G5,G6,G5,G6,GH1,
41.  G5,G3,G5,G5,G3,G2,G6,G5,G6,G1,G2,G3,G5,G2,G3,G5,GH1,G6,G2,G3,G5,G1,G1,GL6,
G1,G3,G3,G2,
```

```
42.  G1,GL6,G1,G2,G3,G3,G2,G1,GL6,G1,G2,G3,GL5,G5,G3,G5,G6,G5,G6,GH1,
43.  G5,G3,G5,G5,GH1,G6,G6,G5,G6,G5,G5,G3,G5,G3,G4p,G3,G5,G2,G3,G2,G1,GL6,G1,GL6,
44.  G1,G2,G3,G5,G1,G2,G5,G3,G6,G5,G2,G3,G5,GH1,G6,G2,G3,G5,G1,G0
45.};
46.
47.float duration[]
48.{
49.0.75,0.25,0.25,0.25,0.25,0.25,2,0.75,0.25,0.5,0.25,0.25,1.5,0.5,0.5,0.5,0.25,
0.25,0.25,0.25,
50.0.75,0.25,0.5,0.25,0.25,0.5,0.5,0.25,0.25,0.25,0.25,1.5,0.5,0.375,0.125,0.25,
0.25,0.25,0.25,0.25,0.25,2,0.5,0.25,0.25,0.5,0.25,0.25,
51.0.75,0.25,0.375,0.125,0.25,0.25,0.5,0.5,0.25,0.25,0.25,0.25,2,0.5,0.25,0.25,
0.25,0.25,0.25,0.25,
52.0.75,0.25,0.5,0.25,0.25,0.5,0.5,0.25,0.25,0.25,0.25,0.75,0.25,0.375,0.125,0.25,
0.25,0.375,0.125,0.25,0.25,0.25,0.25,0.5,
53.1.5,0.5,0.25,0.25,0.5,0.25,0.25,0.25,0.25,2,0.375,0.125,0.25,0.25,0.25,0.25,
0.25,0.25,2,2
54.};
55.
56.int length;//这里定义一个变量,后面用来表示共有多少个音符
57.int tonePin =  5; //蜂鸣器的pin
58.
59.void setup()
60.{
61.  pinMode(tonePin, OUTPUT);//设置蜂鸣器的pin为输出模式
62.  length = sizeof(tune) / sizeof(tune[0]); //这里用了一个sizeof函数,可以查出tone
序列里有多少个音符
63.}
64.
65.void loop()
66.{
67.for (int x =  0; x <  length; x+ + ) //循环音符的次数
68.  {
69.    tone(tonePin, tune[x]);//此函数依次播放tune序列里的数组,即每个音符
70.    delay(800 *  duration[x]); //每个音符持续的时间,即节拍duration,800是调整时间的
系数,越大,曲子速度越慢,越小,曲子速度越快,自己调整掌握;
71.    noTone(tonePin);//停止当前音符,进入下一音符
72.  }
73.  delay(5000);//等待5 s后,循环重新开始
74.}
```

（5）下载测试。

按照同样的方法下载测试。

本程序将播放程序段放到了 loop（）函数中，不存在播放一次就停下的问题，可以反复执行。

（6）电子琴程序。

以下为电子琴的程序清单，设计了 7 个按键，按下按键时，播放 7 个音节中的一个。

```
程序清单 18
1.//  13a_Piano.ino
2.//  西工大计算机基础教学与实验中心·智能硬件教学组
3.//  2022.9.6 WangYihang
4.//
5.//  功能描述：电子琴程序，利用 tone（）函数播放音乐
6.//          需要自备耳机，插到 J55 上
7.//          用仪器测量测量各个频率的误差
8.//
9.//  主控板    UNO 板
10.//  连线：  1.J32.1 - - - - NC
11.//          2.J32.2 - - - - VCC
12.//          3.J32.3 - - - - ~ D5
13.int PinTone = 5;
14.int PinDo = 6;
15.int PinRe = 7;
16.int PinMi = 8;
17.int PinFa = 9;
18.int PinSo = 10;
19.int PinLa = 11;
20.int PinXi = 12;
21.
22.# define ACTIVE LOW
23.# define DE_ACTIVE HIGH
24.
25.void setup() {
26.// put your setup code here, to run once:
27.
28.}
29.int freq [] = {523, 587, 659, 698, 784, 880, 988};
30.void loop() {
31.// put your main code here, to run repeatedly:
32.
33.if (digitalRead(PinDo) = = ACTIVE )
34.    tone(PinTone, freq[0],100);
35.if (digitalRead(PinRe) = = ACTIVE )
36.    tone(PinTone, freq[1],100);
37.if (digitalRead(PinMi) = = ACTIVE )
38.    tone(PinTone, freq[2],100);
```

```
39.if (digitalRead(PinFa) = = ACTIVE )
40.    tone(PinTone, freq[3],100);
41.if (digitalRead(PinSo) = = ACTIVE )
42.    tone(PinTone, freq[4],100);
43.if (digitalRead(PinLa) = = ACTIVE )
44.    tone(PinTone, freq[5],100);
45.if (digitalRead(PinXi) = = ACTIVE )
46.    tone(PinTone, freq[6],100);
47.}
```

程序的 13 行定义发声输出管脚。

程序的 14～20 行定义 7 只按键所对应的数字管脚。

程序的 22 行、23 行定义按键有效(按下时)对应的电平值,若是外部上拉电阻接法,则有效状态对应为低电平。

在程序的 25 行 setup()函数中,并没有对 7 个数字输入管脚进行初始化,原因是数字管脚上电复位后默认为数字输入状态。

在程序的 29 行 freq 数组中,7 个元素分别依次对应 7 个音的频率。

在程序的 30 行开始的主程序中,依次检测 7 个按键,若有效,播放对应音调 100 ms。

(7)修改连线。

线路图(见图 2-62)和接线表(见表 2-31)。

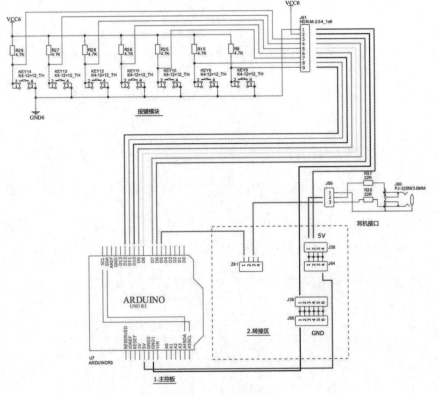

图 2-62 线路图

表 2 - 31　接线表

序　号	连接点 1	连接点 2	线　色
1	U2. GND1	J39/J65 任意位置	黑色
2	U2.5V	J38/J64 任意位置	红色
3	U2. D5	Z41 任意位置	紫色
4	J59.3	Z41 任意位置	紫色
5	J59.2	J38/J64 任意位置	红色
6	J61.1	J39/J65 任意位置	黑色
7	J61.2	J38/J64 任意位置	红色
8	J61.3	U2. D6	蓝色
9	J61.4	U2. D7	绿色
10	J61.5	U2. D8	黄色
11	J61.6	U2. D9	橙色
12	J61.7	U2. D10	棕色
13	J61.8	U2. D11	灰色
14	J61.9	U2. D12	紫色

图 2 - 63 所示为测试场景照片。

图 2 - 63　测试场景照片

(8)对下载测试现象进行记录。

用逻辑分析仪记录所测量信号的频率值;用示波器测量所测量信号的频率值。若示波器具备频谱分析功能时,可打开频谱分析功能,截图。

图 2 - 64 所示为用示波器测量不发声时波形,注意两点:①波形的低电平值并非零值,原因是流入 D5 的电流过大(约 5 V/100 Ω=50 mA),导致低电平不能保持接近零值;②波形有明显的上冲和下冲,原因是耳机属于感性负载,在接通和断开瞬间有反电动势作用。

图 2 - 65～图 2 - 69 为用 pico 公司的 2406B 型示波器测试的波形和频谱,供参考。

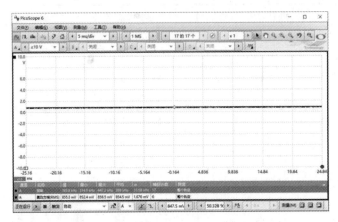

图 2 - 64　不发声时波形(低电平电压被拉高)

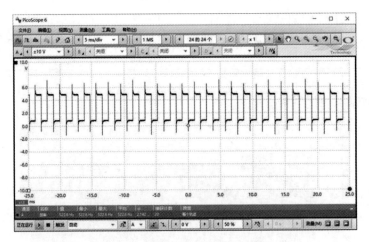

图 2 - 65　发 Do 音波形(测频率)

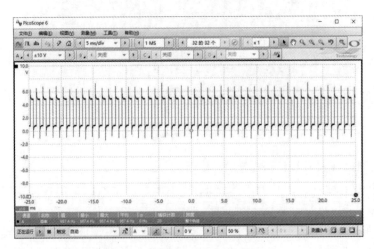

图 2 - 66　发 Xi 音波形(测频率)

　　图 2－67～图 2－69 中水平坐标为频率，坐标刻度为对数刻度，单位为 kHz。由图 2－67 和图 2－68 可以看出，谐波是相当丰富的，主要的谐波集中在奇次。仔细分析图 2－68，基波频率接近 1 kHz，谐波为 3 次、5 次、7 次、9 次……，依次压线 3 kHz，5 kHz，7 kHz，9 kHz……

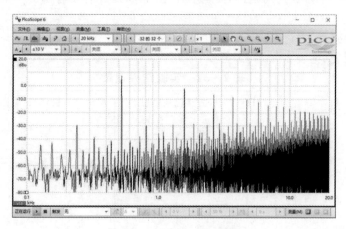

图 2－67　发 Do 音频谱截

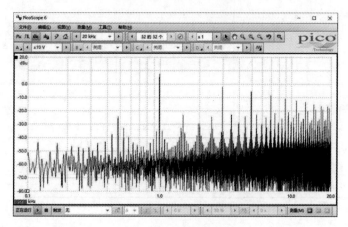

图 2－68　发 Xi 音频谱

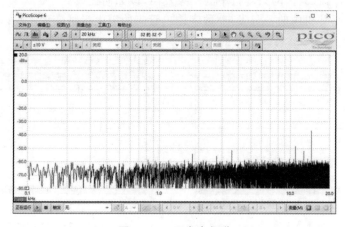

图 2－69　不发声频谱

4.实验记录和报告要求

(1)用文字描述实验过程,完成实验报告。

(2)对实验过程中碰到的问题,尤其是个性化问题,最终有没有解决?是如何解决的?请尽量详细描述。

(3)分享实验感受,并讨论。

(4)填写记录表(见表 2 - 32)。

表 2 - 32　实验结果记录

序　号	项　目	频率/Hz	示波器记录(截图)	逻辑分析仪记录(截图)	备　注
1	Do	523			
2	Re	587			
3	Mi	659			
4	Fa	698			
5	So	784			
6	La	688			
7	Xi	988			
8	不发音				

5.思考题

(1)对 J59 接口,若只让两只耳机中的一只发声,该如何接线?

(2)若只让两只耳机中的一只发声,数字输出管脚的零电平将变为多高。从图 2 - 70 和图 2 - 71 中能否找到有参考意义的数据?

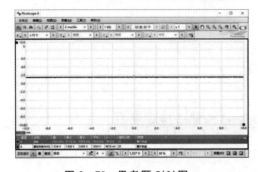

图 2 - 70　思考题 5(2)图一

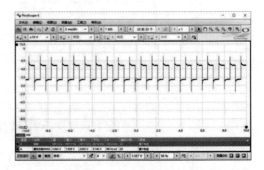

图 2 - 71　思考题 5(2)图二

6. 客观测验题

(1) tone() 函数处于不发声状态是引脚输出为(　　　　)。

　　A. 高电平　　　　　　　B. 低电平　　　　　　　C. 随机电平

(2) 耳机的常见阻抗为(　　　　)。

　　A. 8 Ω　　　　　　　B. 32 Ω　　　　　　　C. 16 Ω　　　　　　　D. 在 kΩ 量级

(3) tone() 函数输出的波形为(　　　　)。

　　A. 方波　　　　　　　B. 占空比可调　　　　　　　C. 快变连续电压

2.10　LCD1602 字符型液晶实验

1602 液晶曾经一度在很多嵌入式设备上作为显示器使用过,市场上的存有量很大,价格也非常便宜,可参考的资料很多,控制命令操作方式相对 TFT 液晶屏要简单得多,非常适合教学使用。

1. 实验目的

(1) 了解字符型液晶模组。

(2) 熟悉 LiquidCrystal 库的主要函数。

(3) 编程控制在 1602 液晶屏上显示常见的西文字符。

2. 设计方案

(1) 字符型液晶模组 1602 介绍

实验仪选取 1602 字符型液晶模组,该模组可以显示两行,每行 16 个 ASCII 字符。在液晶玻璃盒和外部接口之间有 1 只芯片,称为驱动器,型号为 HD44780,原厂为日本日立公司(Hitachi)。液晶盒上、下两块玻璃板上有很多"透明"导线,在灯光下,把液晶模组侧着翻转一定角度可以观察到"透明"电极的走线形状。1602 液晶模组正、反面如图 2-72 所示。

图 2-72　1602 液晶模组正、反面图

当玻璃盒上、下电极之间加上电压时,电极间的液晶在电场作用下发生自旋。底层玻璃板上贴有一层反光膜,自旋后的液晶会阻碍光线通过,从而显示出黑色。将上、下电极按某种图案规则巧妙设计,可形成特定形状的符号。如果是按行列设计,且足够密,原则上可形成任意图形。按字符图形规则设计所形成的产品称为"字符型液晶模组",按行列规则设计所形成的产品称为"点阵型液晶模组"。

液晶自身并不发光,能够在暗环境使用是因为在液晶盒的下面或侧面设计了发光板。早期的发光源用小灯珠设计,现在的发光板一般用 LED 点亮,这种功能称为背光。背光颜色有橘色、绿色、蓝色和白色。

（2）接口信号。

接口上的 16 个连接点首先连接到 HD44780 上，HD44780 再连接到液晶盒的透明电极上。有读者认为是外部处理器通过这 16 个连接点直接驱动液晶盒的"透明电极"，这是不对的。

显示模组 PCB 边缘上的 16 个信号中的 1,2,3,15,16 可以归为一类，剩下的归为另一类。1,2 是 GND 和 VSS，供电电压为 5 V，3 脚为对比度调整，15,16 是背光二极管的阳极和阴极，在有光的环境中可以不处理。

剩下的信号为接口总线信号，包含 8 根双向数据信号 D0～D7、使能信号 E、数据命令选择信号 R/S 和读写使能信号 R/W。

（3）信号重点解读。

关键信号包括数据总线信号 D0～D7，R/W 信号和 V0 信号。

LCD1602 数据总线有一种简化的使用方式。该方式下，不必 8 位全用，只用其中 4 位数据线。4 位数据线指的是 D4～D7。此时，D0～D3 可悬空处理。

当处理器访问 LCD1602 控制器的速度和节奏相对较慢时，则没有必要读取控制器的状态，可以将 R/W 信号直接接地。R/W 接地后，数据总线作为单向使用，只写不读，数据线上的方向只能是外部到 HD44780。

V0 信号是对比度控制输入，可以从电源和地之间用一个 10 kΩ 的电位器分压后提供给 V0。1602 液晶模组和 UNO 板的接线关系如图 2-73 所示。

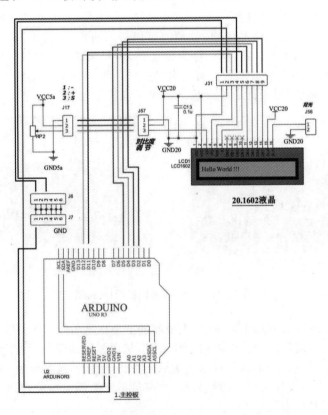

图 2-73　1602 液晶模组和 UNO 板的接线关系

（4）LiquidCrystal 库和库的初始化。

以往的编程通常基于 1602 液晶的数据手册和编程指南，将数据寄存器、命令寄存器和状态寄存器映射到单片机的寻址空间，然后一层一层设计应用函数，最后抽象出字符串打印函数。在 Arduino 生态中，这个过程已由 LiquidCrystal 库完成，学习的重点应放在熟悉和应用 LiquidCrystal 库上。

库的初始化主要包括两个函数。

1）liquidCrystal() 函数在实例化时要注意，参数是用到的管脚，和硬件连线要彼此对应，另外要留意 4 位数据线方式和 8 位数据线方式的差异。以 4 位数据线方式为例，需要写成：

```
liquidCrystal(rs,enable,d4,d5,d6,d7);
```

2）Begin() 函数用于设置显示器显示区域，可显示字符个数的宽度和高度，针对实验仪，必须写成：

```
Begin(16,2);
```

（5）LiquidCrystal 库的字符显示操作。

该部分应重点掌握清除屏幕、设置光标位置、输出单字符、输出字符串 4 个函数。

Clear()，清除屏幕。

setCursor()，把光标定位在显示屏幕上待输出的位置，如 setCursor(3,0) 表示设置光标为第 1 行第 4 列。

Write()，输出一个字符，参数为待输出字符的 ASCII 码。

Print()，输出一个字符串，参数为待输出字符。

其他函数可以认为是在这 4 个函数基础上进行衍生，需要更深入了解的读者，可以查看官方网站相关资料。

3. 实验过程

（1）连线表。将图 2-73 的线路图整理为连线表，见表 2-33。

表 2-33　1602 液晶四位总线方式连线

序　号	连接点 1	连接点 2	线　色
1	GND 排针	J31.1	黑色
2	U2.5V	J31.2	红色
3	U2.D12	J31.3	绿色
4	GND 排针	J31.4	黑色
5	U2.D11	J31.5	蓝色
6	U2.D5	J31.6	紫色
7	U2.D4	J31.7	灰色
8	U2.D3	J31.8	棕色
9	U2.D2	J31.9	蓝色
10	J17.1	J57.1	黑色
11	J17.2	J57.2	红色
12	J17.3	J57.3	橙色
13	U2.GND1	GND 排针	黑色

（2）准备软件代码。

打开 Examples\LiquidCrystal\HelloWorld 例程。变更名字后另存一份副本，在副本上做改动。

```
程序清单 19
1.//  20_LCD1602_HelloWorld.ino
2.// 西工大计算机基础教学与实验中心·智能硬件教学组
3.//  2020.8.21 WangYihang
4.//  2020.8.30 WangYihang    首次使用时,需要调节对比度电位器
5.//              开路电压 0.46V,接通 0.7V,1.7V 接近无显示
6.//  功能描述: 在 1602 液晶屏上打印"HelloWorld"
7.//          显示一个递增的计数值
8.//  主控板    UNO 板
9.//  连线:   1.J31.1 - - - - GND           2.J31.2 - - - - VCC
10.//         3.J31.3(RS)- - - D12     4.J31.4(RW)- - - - GND
11.//         5.J31.5(E)- - - D11      6.J31.6(DB4)- - - D5
12.//         7.J31.7(DB5)- - - D4     8.J31.8(DB6)- - - D3
13.//         9.J31.9(DB7)- - - D2
14.//         10.J56.1  J56.2 - - - 如果需要打开背光,把 J56 自身短接
15.//         11. J57.1 - - - J17.1    //J57 和 J17 对应连接,调节对比度
16.//         12. J57.2 - - - J17.2
17.//         13. J57.3 - - - J17.3
18.//  若要深层次研究,可以用逻辑分析仪观察时序
19.
20.# include< LiquidCrystal.h>
21.const int rs = 12, en = 11, d4 = 5, d5 = 4, d6 = 3, d7 = 2;
22.LiquidCrystallcd(rs, en, d4, d5, d6, d7);
23.void setup() {
24.// set up the LCD's number of columns and rows:
25.  lcd.begin(16, 2);
26.// Print a message to the LCD.
27.  lcd.print("hello, world!");
28.}
29.void loop() {
30.// set the cursor to column 0, line 1
31.// (note: line 1 is the second row, since counting begins with 0):
32.  lcd.setCursor(0, 1);
33.// print the number of seconds since reset:
34.  lcd.print(millis() /1000);
35.}
```

（3）编译、下载。

编译不通过时,根据报错信息提示改错。

（4）调试。

对全新的实验设备,首次使用时,程序下载后 1602 液晶上往往没有字符显示。

此时,先让学生检查一遍连线,排除连线错误。若仍无显示,试着调整对比度电位器。V0

的电压过低或过高都不能正常显示。

说明：实验过程中，初学者把正确的程序下载后，反复检查连线也没有显示时需要留意。

（5）拍照记录实验结果。

1602 正常显示后，拍照、录像记录实验结果。

（6）修改验证新功能。

参考 Examples＼LiquidCrystal＼CustomCharter 例程，下载后观察自定义字符的实验效果。

（7）拍照记录实验结果。

拍照、录像记录实验结果。

（8）测量 V0 电压和背光电流。

1602 正常显示后，测量 V0 电压，如图 2－74 所示。使用数字万用表测量时，测量点选取在 J17 的 1 脚和 3 脚上。测量的电压值为 0.954 V，不同批次的模块、不同的测量档位所得的结果不同，需根据自身情形如实记录。

图 2－74　万用表测量 V0

测量背光电流值。用万用表测背光电流时，测量点选取在 J56 处，图 2－74 为测量照片，图中显示测量到的电流值为 20.91 mA。不同背光颜色、不同批次的模块、不同的测量档位所得的结果不同，需根据自身情形如实记录。

图 2－75　测量背光电流照片

(9)测量总线时序。

针对 HelloWorld 例程,用逻辑分析仪测试总线上的时序,解释总线上为什么会一直有数据而没有间歇。

使用逻辑分析仪时,打开通道 0,1,2,3,4,5,设置采样深度为 1 MSa①,采样速率为 1 MHz。重命名通道 0 为"D7",通道 1 为"D6",通道 2 为"D5",通道 3 为"D4",通道 4 为"E",通道 5 为"ES",点击界面上的绿色界面开始采样,等待 1 s 后波形显示出来,对波形进行放大,如图 2-76 所示。

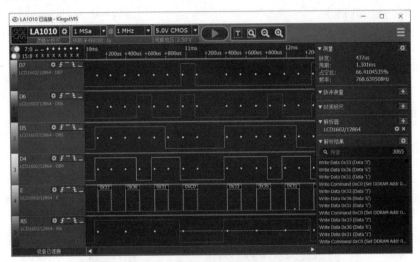

图 2-76 逻辑分析仪采样波形

按图 2-77 的设置添加解析器,因为是采用 4 位总线方式,所以先要勾选"Start In 4-bit Mode(Init Missing)"选项。

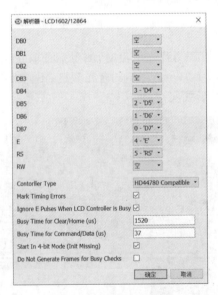

图 2-77 解析器设置

① 1 MSa 表示每秒采样 100 万次。

解析器添加完成后，逻辑分析仪在右下角区域以消息列表形式显示出消息内容。以图 2-78 所示为例，从 11 ms 时刻开始 4 个码字依次是"0xC0""0x33""0x36""0x31"，"0xC0"写命令的解释是"设置显存地址 0x40"，紧随其后的 3 个依次对应字符串"361"的 3 个单字符。

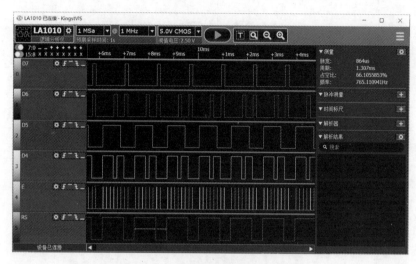

图 2-78　经协议解析后的显示效果

从测量栏可以看到，周期为 1.301 ms。也就是说每隔 1.3 ms Arduino 程序会更新显示缓存。

4. 实验记录和报告要求

(1)用文字描述实验过程，完成实验报告。

(2)对实验过程中碰到的问题，尤其是个性化问题，最终有没有解决？是如何解决的？请尽量详细描述。

(3)分享实验感受，并讨论。

(4)需要记录的内容。1602 液晶实验结果记录见表 2-34。

表 2-34　1602 液晶实验结果记录

序　号	连接点 1	实验结果(照片)	实验结果(视频)
1	HelloWorld		视频存储文件
2	CustomCharter		视频存储文件

序 号	连接点 1	实验结果（照片）	实验结果（视频）
3	背光效果		
4	V0 电压/V		
5	背光电流/mA		
6	总线时序截屏		

5.思考题

(1)自定义显示字符。

显示自定义字符可以参考"Examples\LiquidCrystal\CustomCharter"例程,核心在于把待显示字符变为一个 5 列×7 行的点阵,点阵可以通过手工方式进行翻译,也可借助软件工具实现。

(2)对逻辑分析仪测量到的结果,应修改程序,减小无效的写入次数。

提示:根据图 2-77 中 RS 信号的周期判断是否有必要这么快更新显示缓存。

(3)完成电池电量计设计。电池电量计是一种指示电池供电系统中剩余电量的装置。在出外场时,一定要先确认电池设备剩余电量足够满足当天试验任务的需要。严格的电池电量计实现方案是采用库仑计原理,具体指用微控制器对母线上的电流进行采样、积分。积分结果初始值为 0,积分值往正的方向增长表示在充电,往负的方向递减表示在放电。对积分的实时值和最大值求百分数,即得到剩余电量。笔记本电脑、手机电池不但要显示剩余电量,还要给出估计剩余工作时间,一般用的是库仑计的方式。

另外一种简易方法是采电压,按照一个"表格"换算得到近似的百分数。这个表格和电池的放电特征曲线有关系,化学电池放电时,有一段时间电池电压下降的斜率近似为恒定值,电压和剩余电量有近似线性关系。现实中,采用这种方案的最终结果显示得往往比较粗糙,对剩余电量,不按严格的百分数给出,而是按 4～5 挡给出。电动自行车常采用这种方案。

在实验中要求大家实现的电池电量计采用第二种方法。

关于电池放电曲线,读者可以在网上查找资料。

(4)降低背光强度。可以用 PWM 方式驱动背光降低背光强度,在 UNO 板上能否实现?

(5)I2C 总线方式。用并口工作方式时,至少需要占用 UNO 板 6 个数字接口,有一种 I2C

总线器件，可以实现 I2C 总线到 8 位并行 IO 的转换。应用该器件，将转换后的 IO 与 LCD1602 连接，可以节省出 6 个 UNO 管脚。在第三方库中查相关资料。

6.客观测验题

(1)实验中用到的 LCD1602 液晶总线接口为(　　)。

　　A.四位并行口　　　　　B. 8 位并行口　　　　　C.串行口　　　　　D. 16 位并行口

(2)实验中用到的 LCD1602 液晶，R/W 信号连接为(　　)。

　　A.接地　　　　　　　　　　　　　　　　B.接 VCC

　　C.悬空　　　　　　　　　　　　　　　　D.接到 UNO 的数字量口上

(3)实验中用到的 LCD1602 液晶背光颜色为(　　)。

　　A.蓝色　　　　　　　　B.绿色　　　　　　　　C.橙色　　　　　　D.白色

(4)lcd. setCursor(0，1);语句的作用为(　　)。

　　A.把光标设置到第 1 列,第 2 行　　　　B.把光标设置到第 2 列,第 1 行

　　C.把光标设置到第 0 列,第 1 行　　　　D.把光标设置到第 1 列,第 0 行

(5)lcd. print(millis()/1000);语句的作用为(　　)。

　　A.在液晶屏上打印系统上电后的秒计数

　　B.在液晶屏上打印系统上电后的毫秒计数

　　C.在串口上打印系统上电后的秒计数

　　C.在串口上打印系统上电后的毫秒计数

(6)下列关于 V0 引脚说法正确的是(　　)。

　　A.输出引脚　　　　　B.数字量引脚　　　　　C.输入引脚　　　　D.模拟量引脚

(7)CustomCharter 例程中,一个字符的点阵数据占用 (　　)个字节。

　　A. 7　　　　　　　　　B. 5　　　　　　　　C. 8　　　　　　　D. 35

第3章 综合性实验项目

3.1 人体感应灯实验

在宾馆和办公楼门口,常见到自动门,当有人员欲通过时,门会自动打开。如果有小动物在门口,门却没有开,这是怎么实现的呢? 在本实验中将得到答案。

1.实验目的

(1)用软件的方法检测信号的上升沿或者下降沿。

(2)用 pulseIn()函数测量脉冲的宽度。

(3)了解继电器的原理,知悉控制继电器动作电路中高电平有效和低电平有效的概念。

(4)学会用软件的方法实现更广范围的精准延时。

2.设计方案

(1)热释电传感器模组。

热释电传感器模组简称为热释电模块,是一种能够探测人体位置移动改变的红外光学和电路一体化组件,其核心为一双通道输出的热释电探测器,后端配备了一片专用信号处理电路,典型型号为 BIS1001。

顶部的半球形零件称为"菲涅尔透镜",在半球形组件上有若干个凸透镜,凸透镜能够对人体所辐射出的特定波长红外波段进行几何光学"聚焦",使能量集中投影到探测器的焦平面上,使光学灵敏度提高。探测器焦平面上有两个通道,后端的信号处理电路对两路信号差值信号进行识别,而不是绝对值。当人的位置静止时,两个通道输出绝对值相同,差值为零,整个组件输出为低电平;当人的位置发生改变时,两个通道输出绝对值不同,故差值不为零,当识别到不为零的输入时,电路组件将这个输入处理为一个高电平脉冲输出。在模组电路板背面的侧面,有两只半可变微调电位器,居中的一只用于调节灵敏度,另一只用于调节延迟时间。灵敏度对应于与探测差值相比较的可调节固定阈值,灵敏度过高会造成误动作,灵敏度过低探测的距离会变短,可根据实际使用场景略做调整。热释电模组实物照片如图 3-1 所示。

说明:好奇心强,习惯于先动手后动脑的读者往往会出现把这两只电位器调整后无法复原到最初位置的情况,在使用前,不妨用笔对两只电位器的位置进行标记,这样即使调乱后还可以及时复原。

实验仪上的热释电传感器模块输出高电平电压为 3.3 V,Arduino UNO R3 主板的供电电压为 5.0 V,理论上 3.3 V 距离 5.0 V 的高电平阈值 3.5 V 仍差一些,但基于实际使用经验,可以直接连接。

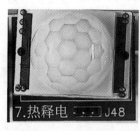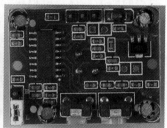

图 3 - 1　热释电模组实物照片

(2)继电器模组。

智能家居中控制计算机能够开、关灯,控制交流设备上电、下电,往往是靠一种功率控制器件进行中间转换。此类器件对交流电来说典型的有双向可控硅、固态继电器、机电式接触器;对直流电来说,典型的有高压大功率 MOS 管、IGBT 和机电式继电器。机电式继电器是一种通断控制机电一体器件,内部典型结构为 1 个电磁铁,3 个电气触点。电气触点中两个为静触点,1 个为动触点,在控制线圈不加电时,与动触点电气接通的静触点称为常闭触点,缩写标记为 NC(Normal Close),而另一只静触点称为常开触点,缩写标记为 NO(Normal Open)。当电磁铁加电时,电磁铁吸合衔铁发生位移,带动触点和常闭触点分离,继而和常开触点接通,内部复位弹簧同时也被拉伸或者压缩,进行蓄能。电磁铁控制线圈失电后,由于内部复位弹簧的作用,衔铁恢复到加电前的位置,动触点和常开触点断开,和常闭触点接通。继电器正常工作时,常闭触点和常开触点是不应该连通的,利用这一点,可以在资料不全的情况下判定常开触点的位置。

继电器的线圈可以加交流电压,也可以加直流电压,这和具体的型号有关系。在计算机控制方面,使用 5 V 直流继电器线包,相对方便一些,对进口型号也有用 4.5 V 线包规格。而触点侧由于是机械结构,理论上无所谓交流电和直流电,但具体到不同的型号,需要关注最大工作电压、最大工作电流,对于交流负载,需要关注不同负载类型(纯阻性负载、灯负载、电动机负载等,以 AC - x 表示)下的功率因素,不要超出极限使用条件。

实验仪上提供了两只继电器,这两只继电器的型不同,线包电压一致,都是 5 V 直流电。继电器的线圈消耗的电流往往在百十毫安～数百毫安,远大于普通数字芯片的 IO 输出电流(典型值 24 mA),所以需要解决芯片输出高低电平到线圈驱动电流之间的适配问题。通常用 1 只三极管进行电平转换,可以使用 NPN 三极管,也可以使用 PNP 三极管,没有本质上的区别。实验仪上两只继电器 1 只采用了 NPN 三极管,另 1 只采用 PNP 三极管。这两种驱动方式,对 NPN 三极管,当输入为高电平时,继电器吸合;对于 PNP 三极管,刚好相反。这也就出现有效电平一说,对 NPN 三极管驱动方式,高电平为有效电平,因为输入高电平让继电器产生了吸合动作;对 PNP 三极管,低电平为有效电平,因为低电平引发了继电器吸合动作。两种驱动电路,三极管都工作在开关状态(饱和或者截止)而不是"放大"状态。

(3)实验过程设计。

本实验涉及热释电模块、继电器模块和 220 V 控制回路。其中 220 V 控制回路高于人体安全电压,具有一定的危险性。该实验要在教师或有经验人员指导下完成,防止发生触电事故。

基于安全性考虑和科研思维训练的需要,本书针对本实验,进行了动作分解。

1)连接热释电模块到主控板,下载程序,测量热释电模块输出脉冲宽度。这一步主要锻炼学生利用软件的方法检测上升沿和下降沿继而计算脉冲宽度,利用串口调试器工具观察实验中间数据的能力。热释电模块偶尔有损坏的情况,通过这一步可以及时排除。

2)连接继电器模块,在1)的基础上重新编制程序,确定程序配合两个模块工作正常。在这一步,需要通过听声音、观察继电器通电指示灯以及用万用表测通断的方式确认系统的输出是符合期望的。

3)接上220 V回路,运行程序,确认最终状态符合期望。本步骤有潜在的触电风险,需认真听取教师示范讲解和现场检查确认接线规范性。

3.实验过程

(1)连线表。

第一步的连线只接热释电传感器,线路图如图3-2所示,连线表见表3-1。

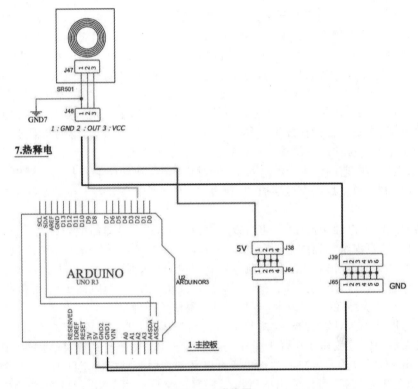

图 3 - 2   连线图

表 3 - 1   连线表

序 号	连接点 1	连接点 2	线 色
1	GND 排针	J39/J65 任意位置	黑色
2	U2.5 V	J64/J38 任意位置	红色
3	J48.1	J39/J65 任意位置	绿色
4	J48.2	U2. D2	绿色
5	J48.3	J64/J38 任意位置	黑色

（2）准备软件代码。

准备软件代码，以完成对热释电传感器输出正脉冲的宽度的测量。

在 setup（）函数中，初始化 D2 数字引脚为输入工作方式，初始化串口工作波特率为9 600 b/s，在后续通过串口监视器观察测量宽度时，需要设置串口监视器的工作波特率和程序相同。

在 loop（）函数中，变量 flg_PinReShiDian 用于区别需要检测的是上升沿或者是下降沿。变量 time1_ms 在上升来到时记录自开机以来的绝对时间，在下降沿来到时用于存储这次下降沿距离上次上升沿的时间差，即脉冲宽度。

检测到下降沿后，通过 print（）函数向串口监视器打印提示信息和脉冲宽度值。

程序清单 20

```
1.//   07_ReShiDian.ino
2.//   西工大计算机基础教学与实验中心·智能硬件教学组
3.//   2020.8.17 WangYihang
4.//   功能描述：把热释电传感器输出电平，把状态从串口打印出来
5.//   主控板     UNO 板
6.//   连线：    1.J48.1 - - - - GND
7.//             2.J48.2 - - - - D2 传感器输出有效为高电平
8.//             3.J48.3 - - - - VCC
9.//         热释电传感器为正脉冲输出。
10.//        跳线 L 为不可重复触发，H 为重复触发。
11.//        有两个电位器，一个是调节灵敏度，另一个是调节脉冲时间。
12.
13.
14.int PinReShiDian = 2;                    // KEY1 对应 UNO 板的 D2 引脚
15.
16.
17.void setup()
18.{
19.  pinMode(PinReShiDian, INPUT);// 初始化数字端口为输入模式
20.  Serial.begin(9600);
21.}
22.unsigned long time1_ms;
23.bool flg_PinReShiDian = false;          // 通信互锁标志的运用
24.void loop()
25.{
26.if ( flg_PinReShiDian = = false   //检测脉冲的上跳沿
27.  && digitalRead(PinReShiDian) = = HIGH )
28.  {
29.    time1_ms = millis();
30.    flg_PinReShiDian = true;
31.    Serial.println("ReShiDian Sensor Actived.");
32.  }
33.if (flg_PinReShiDian = = true   //检测脉冲的下跳沿
34.  && digitalRead(PinReShiDian) = = LOW)
35.  {
```

```
36.    time1_ms = millis() - time1_ms;
37.    flg_PinReShiDian = false;
38.    Serial.println("ReShiDian Sensor DeActived.");
39.    Serial.print("Pulse width:");
40.    Serial.print(time1_ms);
41.    Serial.println(" ms");
42.  }
43.}
```

将该程序编译,上传到开发板中进行测试。

(3)测试。

将试验仪板竖着支起来,保证前方 5 m 范围内只留一名测试人员。同时打开串口监视器,一名学生观察串口监视器的内容。这名学生电脑和人背着实验仪方向,防止自身肢体动作被探测到,形成误判。

测试人员在 5 m 范围内移动一步,然后保持静止。观察串口监视器的同学判断是否有内容打印,并截图记录。

如此反复 3 次。

教学中笔者发现部分模块在测试场景内无人时自身不停地反复输出,对于这种情形可以用示波器进行确认。如果没有示波器,可以修改信号连线从 D2 到其他位置,比如 D4,同时修改程序中对应的代码,进一步确认。

(4)增加连线。

在上一步连线的基础上,增加 3 根继电器部分的连线。线路图和连线表见图 3-3 和表 3-2。

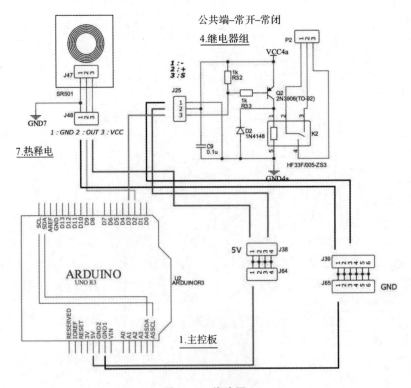

图 3-3　线路图

表 3－2　连线表

序　号	连接点 1	连接点 2	线　色
1	GND 排针	J39/J65 任意位置	黑色
2	U2.5V	J64/J38 任意位置	红色
3	J48.1	J39/J65 任意位置	绿色
4	J48.2	U2. D2	绿色
5	J48.3	J64/J38 任意位置	黑色
6	J25.1	J39/J65 任意位置	黑色
7	J25.2	J64/J38 任意位置	红色
8	J25.3	U2. D3	橙色

(5)准备软件代码。

软件代码和(2)基本上是相同的,差异体现在:①增加了对继电器控制的初始化函数。程序语句 pinMode(PinRelayK1,OUTPUT);设置 D3 为输出端口,在上升沿检测部分,通过语句 digitalWrite(PinRelayK1,HIGH);控制继电器吸合,同时延时 10 s 作为保持时间。程序中下降沿检测部分严格的讲其实已经变成了低电平确认功能,原因是传感器输出的正脉冲宽度小于 10 s。②在低电平确认部分,通过语句 digitalWrite(PinRelayK1,LOW);控制继电器断开。

```
程序清单 21
1.//  07b_ReShiDian_pnp.ino
2.//  西工大计算机基础教学与实验中心·智能硬件教学组
3.//  2020.8.17 WangYihang
4.//  2022.7.20 ..
5.//  功能描述:把热释电传感器输出电平,把状态从串口打印出来
6.//       与 07_ReShiDian 例子不同的是,通过软件改变延时时间
7.//       与 07a_ReShiDian 例子不同的是,继电器用 PNP 三极管驱动
8.//       改变 宏 SOFT_DEF_PULSE_TIME_MS 的值,单位为 ms
9.//  主控板    UNO 板
10.//  连线:    1.J48.1 - - - GND
11.//          2.J48.2 - - - D2 传感器输出有效为高电平
12.//          3.J48.3 - - - VCC
13.//          4.D3  - - - J25.3   J23 为 PNP 管子驱动的(小)继电器
14.//          5.GND - - - J25.1
15.//          6.VCC - - - J25.2
16.//       热释电传感器为正脉冲输出。
17.//       跳线 L 为不可重复触发,H 为重复触发。
18.//       有两个电位器,一个是调节灵敏度,另一个是调节脉冲时间。
19.
20.
21.int PinReShiDian = 2;              // 对应 UNO 板的 D2 引脚
```

```
22.int PinRelayK1 = 3;                    // 对应 UNO 板的 D3 引脚
23.
24.# define SOFT_DEF_PULSE_TIME_MS   10000
25.void setup()
26.{
27.  pinMode(PinReShiDian, INPUT);// 初始化数字端口为输入模式
28.  pinMode(PinRelayK1,OUTPUT);
29.  digitalWrite(PinRelayK1,HIGH);
30.  Serial.begin(9600);
31.}
32.unsigned long time1_ms;
33.bool flg_PinReShiDian = false;          // 通信互锁标志的运用
34.void loop()
35.{
36.if ( flg_PinReShiDian = = false   //检测脉冲的上跳沿
37.    && digitalRead(PinReShiDian) = =  HIGH )
38.  {
39.    time1_ms = millis();
40.    flg_PinReShiDian = true;
41.    Serial.println("ReShiDian Sensor Actived.");
42.    digitalWrite(PinRelayK1,LOW);
43.    delay(SOFT_DEF_PULSE_TIME_MS);
44.  }
45.if (flg_PinReShiDian = = true    //检测脉冲的下跳沿
46.    && digitalRead(PinReShiDian) = =  LOW)
47.  {
48.    time1_ms = millis() - time1_ms;
49.    flg_PinReShiDian = false;
50.    Serial.println("ReShiDian Sensor DeActived.");
51.    digitalWrite(PinRelayK1,HIGH);
52.    Serial.print("Pulse width:");
53.    Serial.print(time1_ms);
54.    Serial.println(" ms");
55.  }
56.}
57.
```

该程序中第 28 行设置 D3 为输出方式,第 29 行设置 D3 为输出高电平。如果没有第 29 行,程序首次下载后的初始状态继电器会吸合,容易造成使用/测试的疑惑。

在该程序中,串口监视器打印输出值是继电器吸合保持的时间,不再是传感器输出的脉冲宽度。

在此,也可以推断出,继电器使用有效电平为低电平。

(6)测试。

将实验仪板竖着支起来,保证前方 5 m 范围内只留一名测试人员。同时打开串口监视器,一名学生观察串口监视器内容。

测试人员在 5 m 范围内移动一步,然后保持静止。观察串口监视器的学生判断是否有内容打印,并截图记录。

如此反复三次。

注意听继电器吸合和断开时会发出轻脆的动作声音。

(7)增加 220 V 回路连线。

在教师的指导下(务必确认教师在场)增加三芯电源插头和灯头的连线,取保在棕色线(火线)回路断开接入继电器的触点(见图 3-4)。

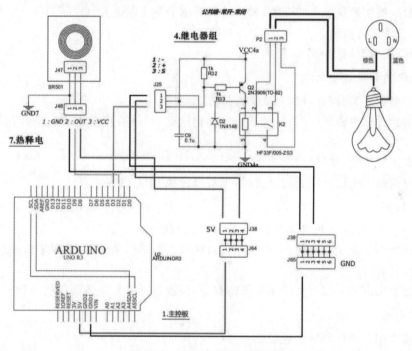

图 3-4　增加 220 V 回路连线

火线进线和火线出线(对应表 3-3 中的第 9 和第 10 线)线头的处理需要经过实验教师的认可。对线头的铜丝端部进行整形,条件具备时,用电烙铁搪锡或者冷压绝缘端子压接处理。

表 3-3　连线表

序　号	连接点 1	连接点 2	线　色
1	GND 排针	J39/J65 任意位置	黑色
2	U2.5V	J64/J38 任意位置	红色
3	J48.1	J39/J65 任意位置	绿色
4	J48.2	U2.D2	绿色

序 号	连接点 1	连接点 2	线 色
5	J48.3	J64/J38 任意位置	黑色
6	J25.1	J39/J65 任意位置	黑色
7	J25.2	J64/J38 任意位置	红色
8	J25.3	U2.D3	橙色
9	P2.1	火线进线	棕色
10	P2.2	火线出现	棕色

(8)最终测试。

三名学生相互配合进行最终测试,一名学生充当"检测对象",另一名学生指挥,同时做记录,第 3 名学生按住插线板上的开关,紧急情况下按下开关断电。

对测试场景进行拍照。

得出该模块能探测到的最远距离。

4. 实验记录和报告要求

(1)用文字描述实验的过程,完成实验报告。

(2)对实验过程中碰到的问题,尤其是个性化问题,最终有没有解决? 是如何解决的? 请尽量详细描述。

(3)分享实验感受,并讨论。

(4)用短视频方式记录现场测试情况,丰富报告和 PPT 内容。

5. 思考题

(1)如果换为 NPN 三极管驱动,程序应该怎么调整?

(2)试增加两个发光二极管,一个用于指示热释电传感器输出,一个用于检测程序输出(继电器驱动电路输入)。

(3)去掉热释电传感器上方的半球形塑料壳,探测效果将发生怎么样的变化?

6. 客观测验题

(1)实验中用到的热释电传感器输出为(　　)。

　　A.正脉冲　　　　　　　B.负脉冲　　　　　　　　C.频率信号

(2)实验中用到的热释电传感器输出高电平电压为(　　)。

　　A.3.3 V　　　　　　　B.5.0 V　　　　　　　C.2.5 V　　　　　　　D.12 V

(3)对 PNP 三极管方式驱动继电器,输入高电平时(　　)。

　　A.继电器断开　　　　B.继电器吸合　　　　　C.继电器滴答滴答反复吸合断开

(4)在接继电器输出时,应将控制回路串联在 220 V 回路(　　)中

　　A.零线　　　　　　　B.地线　　　　　　　C.火线中

(5)在 220 V 回路中,棕色线表示(　　)。

　　A.零线　　　　　　　B.地线　　　　　　　C.火线

(6)螺口灯头外部的螺口应该接在 220 V 回路中的(　　)上。

　　A.零线　　　　　　　B.地线　　　　　　　C.火线

(7)台式计算机机壳、台式示波器 BNC 探头的外壳和 220 V 回路( )连通。

    A.零线   B.地线   C.火线

3.2 文件存储 SD 卡/TF 卡

SD 卡/TF 卡在嵌入式系统中作为移动记录介质被广泛应用。在此以 SD 库为基础,借助系统提供的几个示例来熟悉 SD/TF 卡在 Arduioo 中的应用。

1.实验目的

(1)熟悉在 Arduino 系统中使用 SD 卡作为存储介质。

(2)能够基于 SD 库写入文件、读目录结构,读取指定文件内容。

(3)能够在原示例基础上通过测试的方法得出系统最大写入速度。

2.设计方案

(1)SD/TF 卡介绍。

1)TF 卡是目前最小的储存卡。Trans-Flash Card 为 SD Card 产品成员的一员,附有 SD 转接器,可兼容任何 SD 读卡器,TF 卡可经 SD 卡转换器后,当 SD 卡使用。

2)TF 卡又称 microSD,在 2004 年推出,是一种超小型卡(11 mm×15 mm×1 mm),面积约为 SD 卡的 1/4,是一种面积极小的快闪存储器卡(见图 3-5),由存储厂商闪迪(SanDisk)公司发明。这种卡曾一度主要在手机上使用,因它拥有体积极小的优点,随着容量的不断提升,它慢慢开始在 GPS 设备、便携式音乐播放器和一些快闪存储器盘中使用。目前的 Ardroid 手机已很少见到,在行车记录仪、各种执法仪中,仍在作为影像记录介质使用,一些开源的飞控也在使用,用于飞参记录。

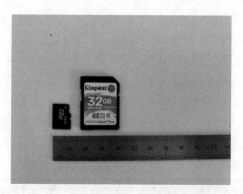

图 3-5 TF 卡和 SD 卡实物尺寸比对

(2)SD/TF 卡的信号特征。

SD 卡和 TF 卡除尺寸不同外,电信号特征完全一致,本书不再作严格区分。

SD/TF 卡的主要引脚和功能描述如下。

1)CLK:时钟信号,控制器或 SD 卡在每个时钟周期发送命令位或数据位。在 SD 总线的默认速度模式下,频率可以从 0 更改为 25 MHz。SD 卡的总线管理器可以随意限制任何频率,以生成 0~25 MHz 的频率。在 UHS-1 速度模式下,时钟频率可以达到 208 MHz。

2)CMD:命令和响应多路复用引脚。该命令从控制器发送到 SD 卡,它可以从控制器到单个 SD 卡,也可以到 SD 总线上的所有卡。响应是存储卡发送到控制器的命令应答 ,应答可以来自单卡或所有卡。

3)DAT0~DAT3:数据可以从卡传输到控制器,也可以从控制器传输到卡,如图 3－6 所示。

Pin#	Name	Type	miroSD Description
1	DAT2	I/O	Data L in〔Bit22〕
2	CD/DAT3	I/O	Card Detect / Data Line〔Bit3〕
3	CMD	PP	Command / Response
4	VDD	S	Supply voltage
5	CLK	I	Clock
6	Vss	S	Supply voltage ground
7	DAT0	I/O	Data Line〔Bit 0〕
8	DAT1	I/O	Data Line〔Bit 1〕

(a)

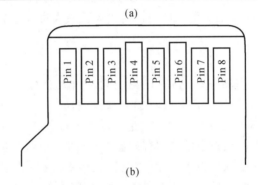

(b)

图 3－6　SD/TF 卡引脚位置和信号定义(截图)

(3)SPI 工作方式和信号电平转换。

对于 TF 卡,如果 DAT0,DAT1,DAT2 和 DAT3 全部参与数据传输,则成为 SDIO 工作方式。除此之外,还有一种 SPI 工作方式。SDIO 方式的数据传输速率要明显高于 SPI 方式,SPI 方式在嵌入式设备中作为处理器的外设总线应用很广泛,如果考虑应用到视频设备等大数据块连续读写的场合,建议用 SDIO 方式。

TF 卡的引脚为 3.3 V 电平标准,如果和 5 V 系统连接,需要进行 5 V 电平和 3.3 V 电平转换。图 3－7 所示是 TF 卡插到卡托内的模块截图,中上部的 14 脚 SSOP 芯片为 125A 型号,完成 3.3 V 和 5 V 电平的转换,右下侧的 SOT223 封装芯片为低压差(Low Dropout,LDO)稳压器,型号为 AS1117－3.3,完成 VCC5.0 V 电压到 TF 卡用 3.3 V 电压的降压稳压。

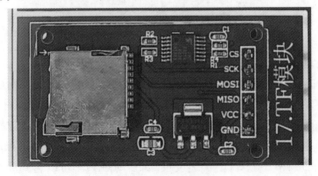

图 3－7　TF 卡模块

（4）软件库.

对 SD/TF 卡,如果完全按存储器方式访问,工作量将是不可想象的,但历史上确实也有过如此的设计.

SD/TF 卡一般照有文件系统访问.有文件系统时,卡可以插到电脑上的直接操作读写文件.有文件系统时,需要文件系统嵌入式中间件(软件)维护目录结构、文件信息,做坏块管理等.对卡的读写,基于文件的操作,比如 C 语言中所学的 fprintf,fopen,fwrite 等文件操作依然适用.关于文件系统,读者可以在网上查阅资料.

在 Arduino 中,使用 SD 库进行访问.

3.实验过程

（1）连线图(见图 3-8)和接线表(见表 3-4).

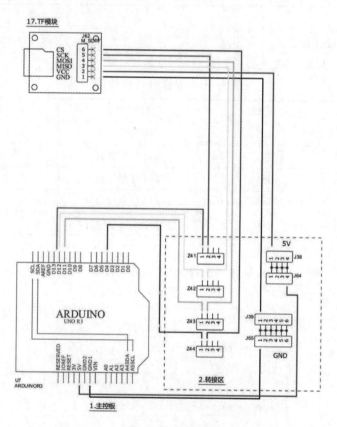

图 3-8　连线图

表 3-4　接线表

序 号	连接点 1	连接点 2	线 色
1	U2. GND1	J39/J65 任意位置	黑色
2	U2.5V	J38/J64 任意位置	红色
3	U2.13	Z41 任意位置	紫色
4	J62.5	Z41 任意位置	紫色
5	U2.12	Z42 任意位置	黄色

序 号	连接点 1	连接点 2	线 色
6	J62.3	Z42 任意位置	黄色
7	U2.11	Z43 任意位置	绿色
8	J62.4	Z43 任意位置	绿色
9	U2.4	Z44 任意位置	蓝色
10	J62.6	Z44 任意位置	蓝色
11	J62.1	J39/J65 任意位置	黑色
12	J62.2	J38/J64 任意位置	红色

(2)逻辑分析仪连线。

如果有逻辑分析仪,补充逻辑分析仪连线,见表 3-5。

表 3-5　逻辑分析仪连线

序 号	连接点 1	连接点 2	线 色
1	CH0	Z41 任意位置	紫色
2	CH1	Z42 任意位置	黄色
3	CH2	Z43 任意位置	绿色
4	CH3	Z44 任意位置	蓝色
5	GND	J39/J65 任意位置	黑色

在逻辑分析仪中配置参数,采样率选择 20 MHz,采样深度选择 100 MSa。可以打开解析器配置,如图 3-9 所示。

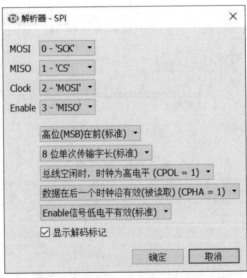

图 3-9　在逻辑分析仪中配置参数

（3）下载程序 CardInfo。

在开发环境中依次点击"文件"→"示例"→"SD"→"CardInfo"，打开"CardInfo"，例子程序代码如下。该示例的第 4～6 行给出了应用用途说明，第 10～14 行给出了信号连线，第 17～20 行给出了历史修订记录。

第 27～29 行定义了 3 个变量：card，volume，root。

第 31～36 行的注释说明了在与不同商业化扩展板组合使用时 CS 管脚对应的位置。这些板卡 SPI 总线还有其他的用途。

setup()函数中第 40～42 行完成初始化串口和确认。

第 50 行～58 行完成卡的检测工作，如果成功检测到卡，执行 else 分支中的打印动作后继续往下执行，反之打印出 if 语句中的 4 条提示语句后进入 while(1)死等。

第 61～75 行打印卡的类型。

第 78～81 行检测卡中卷格式是否为 FAT16 或者 FAT32，若不是这两种其中之一，则不再往后执行，这也说明当前 SD 库只支持 FAT16 和 FAT32 格式，如果卡在电脑上被格式化为 NTFS 格式，是无法使用的。

第 83～108 行打印卡的簇、块、卷等信息。

第 112 行以列表形式打印目录结构。

第 115 行的 loop()函数为空。

对以上的分析可知，程序上电后只执行一次，不存在反复检测之说。如果要重新格式化卡，需要先断电后再从卡托内弹出卡，等处理完成后插入卡托内，再给 Arduino 系统上电。程序运行状态只能从串口监视器观察执行结果，串口监视器波特率要设为 9 600 b/s。不要带电插拔卡片。

程序清单 22

```
1./*
2.  SD card test
3.
4.  This example shows how use the utility libraries on which the'
5.  SD library is based in order to get info about your SD card.
6.  Very useful for testing a card when you're not sure whether its working or not.
7.
8.  The circuit:
9.    SD card attached to SPI bus as follows:
10. * * MOSI - pin 11 on Arduino Uno/Duemilanove/Diecimila
11. * * MISO - pin 12 on Arduino Uno/Duemilanove/Diecimila
12. * * CLK - pin 13 on Arduino Uno/Duemilanove/Diecimila
13. * * CS - depends on your SD card shield or module.
14.   Pin 4 used here for consistency with other Arduino examples
15.
16.
17.  created  28 Mar 2011
18.  by Limor Fried
19.  modified 9 Apr 2012
20.  by Tom Igoe
21.* /
```

```
22.// include the SD library:
23.# include< SPI.h>
24.# include< SD.h>
25.
26.// set up variables using the SD utility library functions:
27.Sd2Card card;
28.SdVolume volume;
29.SdFile root;
30.
31.// change this to match your SD shield or module;
32.// Arduino Ethernet shield: pin 4
33.// Adafruit SD shields and modules: pin 10
34.// Sparkfun SD shield: pin 8
35.// MKRZero SD: SDCARD_SS_PIN
36.const int chipSelect =  4;
37.
38.void setup() {
39.// Open serial communications and wait for port to open:
40.  Serial.begin(9600);
41.while (! Serial) {
42.    ;// wait for serial port to connect. Needed for native USB port only
43.  }
44.
45.
46.  Serial.print("\nInitializing SD card...");
47.
48.// we'll use the initialization code from the utility libraries
49.// since we're just testing if the card is working!
50.if (! card.init(SPI_HALF_SPEED, chipSelect)) {
51.    Serial.println("initialization failed. Things to check:");
52.    Serial.println("*  is a card inserted?");
53.    Serial.println("*  is your wiring correct?");
54.    Serial.println("*  did you change the chipSelect pin to match your shield or
module?");
55.while (1);
56.  }else {
57.    Serial.println("Wiring is correct and a card is present.");
58.  }
59.
60.// print the type of card
61.  Serial.println();
62.  Serial.print("Card type:          ");
63.switch (card.type()) {
64.case SD_CARD_TYPE_SD1:
```

```
65.        Serial.println("SD1");
66.break;
67.case SD_CARD_TYPE_SD2:
68.        Serial.println("SD2");
69.break;
70.case SD_CARD_TYPE_SDHC:
71.        Serial.println("SDHC");
72.break;
73.default:
74.        Serial.println("Unknown");
75.    }
76.
77.// Now we will try to open the 'volume'/'partition' - it should be FAT16 or FAT32
78.if (! volume.init(card)) {
79.    Serial.println("Could not find FAT16/FAT32 partition.\nMake sure you've for-
matted the card");
80.while (1);
81.    }
82.
83.    Serial.print("Clusters:          ");
84.    Serial.println(volume.clusterCount());
85.    Serial.print("Blocks x Cluster:  ");
86.    Serial.println(volume.blocksPerCluster());
87.
88.    Serial.print("Total Blocks:      ");
89.    Serial.println(volume.blocksPerCluster() * volume.clusterCount());
90.    Serial.println();
91.
92.// print the type and size of the first FAT- type volume
93.uint32_t volumesize;
94.    Serial.print("Volume type is:    FAT");
95.    Serial.println(volume.fatType(), DEC);
96.
97.    volumesize = volume.blocksPerCluster();// clusters are collections of blocks
98.    volumesize *= volume.clusterCount();// we'll have a lot of clusters
99.    volumesize /= 2;                     // SD card blocks are always 512 bytes
(2 blocks are 1KB)
100.    Serial.print("Volume size (Kb):  ");
101.    Serial.println(volumesize);
102.    Serial.print("Volume size (Mb):  ");
103.    volumesize /= 1024;
104.    Serial.println(volumesize);
105.    Serial.print("Volume size (Gb):  ");
106.    Serial.println((float)volumesize / 1024.0);
```

```
107.
108.   Serial.println("\nFiles found on the card (name, date and size in bytes): ");
109.   root.openRoot(volume);
110.
111.// list all files in the card with date and size
112.   root.ls(LS_R | LS_DATE | LS_SIZE);
113.}
114.
115.void loop(void) {
116.}
```

(4)记录实验结果。

将卡装入卡托内,听到轻轻的"咯噔"一声说明卡插到位,然后插上 USB 接口。

下载程序,下载完成后,打开串口监视器,应有类似图 3-10 或图 3-11 的打印信息。

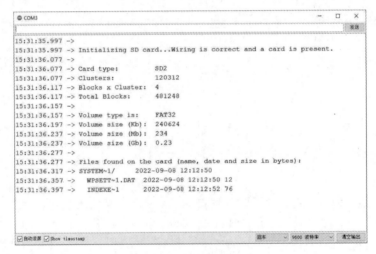

图 3-10　打印信息(一)

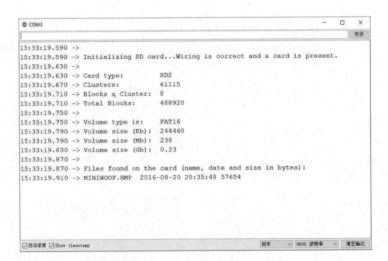

图 3-11　打印信息(二)

图 3-10 中,使用的是一张在电脑上快速格式化为 FAT32 的 TF 卡,可看到根目录没有文件。图 3-11 中,使用的是出厂状态时的格式为 FAT16 的 TF 卡,可以看到根目录有一个名叫"MINIWOLF"的 BMP 格式的图片文件,文件创建日期为 2016 年 8 月 20 日,时间为 20:35,文件大小为 57 654 字节。

对于同样规格、容量的卡片,不同的文件系统下,Cluster 和 Block 是不同的。

图 3-12 所示为用逻辑分析采集到的自复位后一段时间的逻辑信号波形。

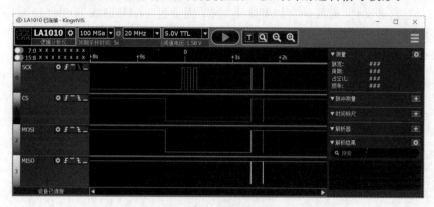

图 3-12 逻辑信号波形

可以看到,SCK 波形在 0 时刻(用 SCK 的下降沿触发)有 3 次高低跳变,脉冲宽度为几毫秒量级,在大约 1.3 s 有两次集中的通信,在大约 1.6 s 有 1 次集中的通信。

在操作逻辑分析仪时,需要和 Arduino 板上电相同步。原因是程序只运行一次,过晚启动触发不会得到任何有效数据。设置采样率为 20 MHz,采样深度为 100 MSa,这样一次记录的最大长度为 5 s。设置 SCK 下降沿触发,点击 Arduino 上的复位按钮后马上点击绿色的播放按钮,等待 5 s 会得到预期的实验数据和波形。

可以展开波形,测量并记录这 3 个时间段内 SCK 信号的频率。实验结果记录在表 3-6 中。

表 3-6 实验结果记录

序 号	项 目	测量值	备注(照片)
1	0 时刻 SCK 频率		
2	1.3 s 时刻 SCK 频率		
3	1.6 s 时刻 SCK 频率		

（5）下载程序 listfiles。

在开发环境中依次点击"文件"→"示例"→"SD"→"listfiles"，打开"listfiles"，例子程序代码如下。该示例的第 4～5 行给出了应用用途说明，第 9～12 行给出了信号连线，第 14～19 行给出了和修改日期，可以看到最后一次修改是在 2014 年。

这个程序和上一个程序大体上相同，不同点在于第 41 行的 printDirectory（）函数。该函数在 51 行实现。

在第 58 行打开文件（或目录），如果读到"空"，则通过 break 跳出 while（1）循环。否则打印文件名和文件大小。如果读到的是目录，则第 68 行先打印一个反斜杠后递归调用进入该目录进行相同操作。

```
程序清单 23
1./*
2.  Listfiles
3.
4.  This example shows how print out the files in a
5.  directory on a SD card
6.
7.  The circuit:
8.   SD card attached to SPI bus as follows:
9. * *  MOSI - pin 11
10. * *  MISO - pin 12
11. * *  CLK - pin 13
12. * *  CS - pin 4 (for MKRZero SD: SDCARD_SS_PIN)
13.
14.  created   Nov 2010
15.  by David A. Mellis
16.  modified 9 Apr 2012
17.  by Tom Igoe
18.  modified 2 Feb 2014
19.  by Scott Fitzgerald
20.
21.  This example code is in the public domain.
22.
23.* /
24.# include< SPI.h>
25.# include< SD.h>
26.
27.File root;
28.
29.void setup() {
30.// Open serial communications and wait for port to open:
31.  Serial.begin(9600);
32.while (! Serial) {
33.    ;// wait for serial port to connect. Needed for native USB port only
```

```
34.    }
35.
36.    Serial.print("Initializing SD card...");
37.
38.if (! SD.begin(4)) {
39.      Serial.println("initialization failed!");
40.while (1);
41.    }
42.    Serial.println("initialization done.");
43.
44.    root =  SD.open("/");
45.
46.    printDirectory(root,0);
47.
48.    Serial.println("done!");
49.}
50.
51.void loop() {
52.// nothing happens after setup finishes.
53.}
54.
55.void printDirectory(File dir, int numTabs) {
56.while (true) {
57.
58.      File entry =   dir.openNextFile();
59.if (! entry) {
60.// no more files
61.break;
62.    }
63.for (uint8_t i =  0; i <  numTabs; i+ + ) {
64.        Serial.print('\t');
65.    }
66.    Serial.print(entry.name());
67.if (entry.isDirectory()) {
68.        Serial.println("/");
69.        printDirectory(entry, numTabs + 1);
70.    }else {
71.// files have sizes, directories do not
72.        Serial.print("\t\t");
73.        Serial.println(entry.size(), DEC);
74.    }
75.    entry.close();
```

```
76. }
77.}
```

(6)记录实验结果。

确保卡装入到位,插上 USB 接口。

下载程序,下载完成后,打开串口监视器,应有类似图 3-13 的打印信息。

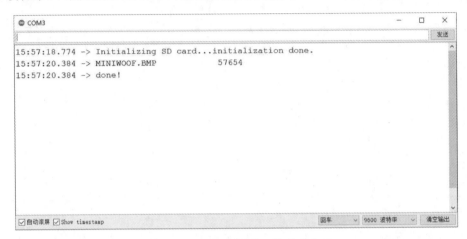

图 3-13　串口监视器的打印信息(一)

在做实验时,注意所打印的信息和卡内文件和目录结构有关,不要求和截图一模一样。相同[第(4)步]的操作,逻辑分析仪截取到的波形如图 3-14 所示。

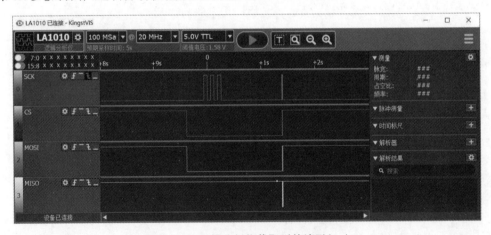

图 3-14　逻辑分析仪截取到的波形(一)

(7)下载程序 Datalogger。

在开发环境中依次点击"文件"→"示例"→"SD"→"datalogger",打开"datalogger",例子程序代码如下。

第 29~34 行的 setup()函数与前两个实例基本相似,目的是确认卡可操作,可正常打开。

在第 35 行开始的 loop()函数中,第 39~45 行 for 循环体内,对 A0,A1,A2 三个模拟量通道启动 AD 采集,采集的结果拼成一个字符串,中间以逗号作为分隔符。

第 48 行按追加写方式打开一个名叫"datalog.txt"的文本文件。

第 51 行将字符串写入该文件并追加回车符。

第 52 行关闭该文件。

第 54 行将同样的字符串内容打印到串口监视器。

程序清单 24

```
1. /*
2.   SD card datalogger
3.   This example shows how to log data from three analog sensors
4.   to an SD card using the SD library.
5.   The circuit:
6.    analog sensors on analog ins 0, 1, and 2
7.   SD card attached to SPI bus as follows:
8. * *  MOSI - pin 11
9. * *  MISO - pin 12
10. * *  CLK - pin 13
11. * *  CS - pin 4 (for MKRZero SD: SDCARD_SS_PIN)
12.   created  24 Nov 2010
13.   modified 9 Apr 2012
14.   by Tom Igoe
15.   This example code is in the public domain.
16. */
17. # include< SPI.h>
18. # include< SD.h>
19. const int chipSelect =  4;
20. void setup() {
21. // Open serial communications and wait for port to open:
22.   Serial.begin(9600);
23. while (! Serial) {
24.    ; // wait for serial port to connect. Needed for native USB port only
25.   }
26.   Serial.print("Initializing SD card...");
27. // see if the card is present and can be initialized:
28. if (! SD.begin(chipSelect)) {
29.    Serial.println("Card failed, or not present");
30. // don't do anything more:
31. while (1);
32.   }
33.   Serial.println("card initialized.");
34. }
35. void loop() {
36. // make a string for assembling the data to log:
37.   String dataString = "";
38. // read three sensors and append to the string:
39. for (int analogPin = 0; analogPin < 3; analogPin+ + ) {
```

```
40.int sensor =  analogRead(analogPin);
41.     dataString + =  String(sensor);
42.if (analogPin <  2) {
43.       dataString + = ",";
44.     }
45.   }
46.// open the file. note that only one file can be open at a time,
47.// so you have to close this one before opening another.
48.   File dataFile = SD.open("datalog.txt", FILE_WRITE);
49.// if the file is available, write to it:
50.if (dataFile) {
51.     dataFile.println(dataString);
52.     dataFile.close();
53.// print to the serial port too:
54.     Serial.println(dataString);
55.   }
56.// if the file isn't open, pop up an error:
57.else {
58.     Serial.println("error opening datalog.txt");
59.   }
60.}
```

（8）记录实验结果。

确保卡装入到位，插上 USB 接口。

下载程序，下载完成后，打开串口监视器，应有类似图 3 - 15 的打印信息。注意每次打印 3 个数，3 个数字间用逗号分隔。前面的时间信息，以第 3 行为例"16:10:26.075→"，是串口监视器添加的，不会打印到"datalogger.txt"中。

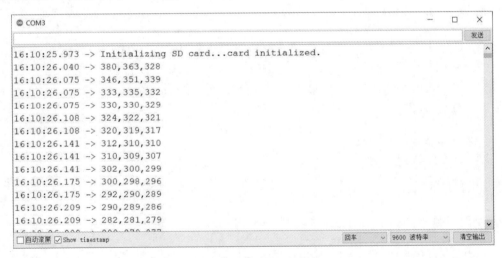

图 3 - 15　串口监视器打印信息(二)

按照相同的操作，逻辑分析仪截取到的波形如图 3 - 16 所示。注意这个程序 loop() 函数中有实际内容，会一直向卡中写入数据，所以从大约 1.6 s 开始波形是持续存在的。

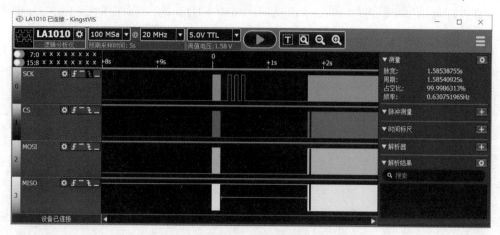

图 3 - 16　逻辑分析仪截取到的波形(二)

从串口监视器截取几秒钟的数据，贴到文本编辑工具软件如记事本，Notepad＋＋等中，分析这个程序写卡操作的实际写入速率。实验结果记录在表 3 - 7 中。

表 3 - 7　实验结果记录

序 号	项 目	行 数	字节数	速 率	备 注
1	从 0～1 s 时刻行数				
2	从 1～2 s 时刻行数				
3	从 2～3 s 时刻行数				
⋮	⋮				
100	从 100～101 s 时刻行数				
101	从 101～102 s 时刻行数				
102	从 102～103 s 时刻行数				
	平均写入速率				

(9)下载程序 Dumpfile。

在开发环境中依次点击"文件"→"示例"→"SD"→"Dumpfile",打开"Dumpfile",例子程序代码如下。

第 28～41 行的 setup()函数与前两个实例基本相似,目的是确认卡可操作,可正常打开。

程序清单 25

```
1./*
2.  SD card file dump
3.
4.  This example shows how to read a file from the SD card using the
5.  SD library and send it over the serial port.
6.
7.  The circuit:
8.   SD card attached to SPI bus as follows:
9. * *  MOSI - pin 11
10. * *  MISO - pin 12
11. * *  CLK - pin 13
12. * *  CS - pin 4 (for MKRZero SD: SDCARD_SS_PIN)
13.
14.  created   22 December 2010
15.  by Limor Fried
16.  modified 9 Apr 2012
17.  by Tom Igoe
18.
19.  This example code is in the public domain.
20.
21.* /
22.
23.# include< SPI.h>
24.# include< SD.h>
25.
26.const int chipSelect =  4;
27.
28.void setup() {
29.// Open serial communications and wait for port to open:
30.  Serial.begin(9600);
31.while (! Serial) {
32.   ;// wait for serial port to connect. Needed for native USB port only
33.  }
34.
35.
36.  Serial.print("Initializing SD card...");
37.
38.// see if the card is present and can be initialized:
```

```
39.if (! SD.begin(chipSelect)) {
40.    Serial.println("Card failed, or not present");
41.// don't do anything more:
42.while (1);
43.  }
44.  Serial.println("card initialized.");
45.
46.// open the file. note that only one file can be open at a time,
47.// so you have to close this one before opening another.
48.  File dataFile = SD.open("datalog.txt");
49.
50.// if the file is available, write to it:
51.if (dataFile) {
52.while (dataFile.available()) {
53.      Serial.write(dataFile.read());
54.    }
55.    dataFile.close();
56.  }
57.// if the file isn't open, pop up an error:
58.else {
59.    Serial.println("error opening datalog.txt");
60.  }
61.}
62.
63.void loop() {
64.}
```

程序的第 48 行打开名为"datalog.txt"的文件。

程序的第 52 行判断文件是否已读到结束符,End Of File(EOF),如果不是,将读出的数据打印到串口;如果是 EOF,则关闭文件。

程序的第 63 行 loop()函数内为空白。也就是说,该程序只在上电后执行一次,如果需要再次复现实验现象,需要按复位键。

(10)记录实验结果。

确保卡装入到位,插上 USB 接口。

下载程序,下载完成后,打开串口监视器,应有类似图 3-17 的打印信息。注意每次打印 3 个数,3 个数字间用逗号分隔。前面的时间信息"16:12:35.625→"是串口监视器添加的,不是"datalogger.txt"中的数据。

通过相同的操作,逻辑分析仪截取到的波形如图 3-18 所示。注意从大约 1.3 s 开始波形时有时无,中间间隔大于 0.4 s。

读者可以设置更多的采样点数,观察后续波形的情况是否一直如此。

(11)查看文件大小。

可以通过下载程序 CardInfo 示例,通过串口监视器查看文件"datalog.txt"的大小,示例结果如图 3-19 所示。或者通过下载程序 listfiles 示例,通过串口监视器查看文件"datalog.

txt"的大小,示例结果如图 3 - 20 所示。

图 3 - 17 串口监视器打印信息(三)

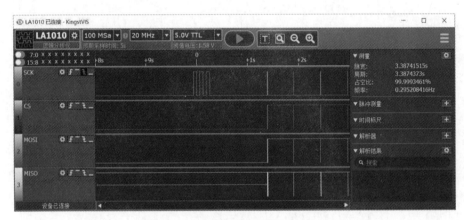

图 3 - 18 逻辑分析仪截取的波形

如果手头上有读卡器,或者笔记本电脑上有 TF 卡卡槽,也可以读取文件大小。

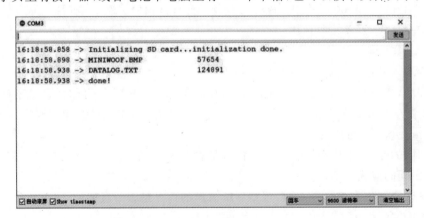

图 3 - 19 查看文件大小示例(一)

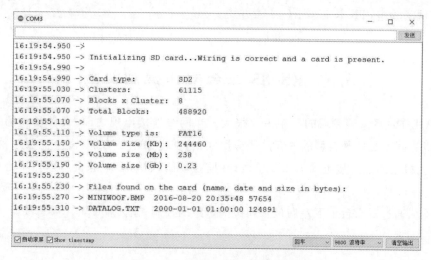

图 3 - 20　查看文件大小示例(二)

4. 实验记录和报告要求

(1)用文字描述实验过程,完成实验报告。

(2)对实验过程中碰到的问题,尤其是个性化问题,最终有没有解决? 是如何解决的? 请尽量详细描述。

(3)完成需要记录的、计算的内容。

5. 思考题

回顾本次实验,通过以下问题自查是否达到课程预期的成效。

(1)查一查 TF 卡的分类,TF 卡最大写入速度都有哪些等级?

(2)写入速度如何测试? 上限在哪里?

(3)对 NonBlockingWrite 程序,分析程序流程,测试,寻找局限性。

6. 客观测验题

(1)实验中,用到的 TF 卡容量为(　　)。

　A. 256 KB　　　　　　B. 256 MB　　　　　　C. 256 GB

(2)实验中,访问 TF 卡 SPI 总线是(　　)。

　A. 硬件 SPI 方式　　　B. 软件模拟总线方式

(3)实验中,测量到 SPI 总线完全工作起来后的时钟速率为(　　)。

　A. 4 MHz　　　　　　B. 250 kHz　　　　　　C. 16 MHz

(4)实验中,datalog 文件是(　　)。

　A. 二进制数据文件　　B. 文本文件　　　　　　C. 流式文件

(5)示例实验中,TF 卡的文件系统为(　　)。

　A. NTFS　　　　　　B. FAT16　　　　　　C. FAT32　　　　　　D. exFAT

(6)示例实验中,TF 卡的电源电压为(　　)。

　A. 5.0 V　　　　　　B. 3.3 V　　　　　　C. 2.5 V　　　　　　D. 12 V

(7)示例实验中,TF 卡工作于(　　　)方式。

    A. SDIO   B. SPI   C. 3-Wire SPI

3.3　RS485 云台动作控制实验

485 总线在现场总线领域的应用占比很大。在网线连接出现之前,大学食堂的饭卡刷卡卡机和主机之间就是一种典型的 485 总线应用实例;在电力电子方面,多个伺服驱动器、变频器和 PLC 主机之间的连接也多为 485 总线;在监控安防领域,多个球机与监控中心的连接控制通道为 485 总线。

本实验拟通过对云台上下左右位置和镜头焦距的控制,让读者了解 485 总线。

1. 实验目的

(1)了解云台控制协议。

(2)能够在 Arduino 中编制一段程序,利用摇杆控制云台两个维度的旋转动作。

(3)用示波器记录一段 RS485 信号电平的变化。

2. 设计方案

(1)云台。

云台是两个电机组成的摄像机安装平台,可以在水平和垂直两个方向独立受控地运动。云台在监控领域的应用占比最大。监控系统所说的云台是通过控制系统在远程可以控制其水平转动以及垂耳俯仰的方向。无人机的摄像头云台,相比视频领域的云台,功能更复杂,需要隔离来自机体运动和震动。

云台根据其回转的特点可分为只能左右旋转的水平旋转云台和既能左右旋转又能上下旋转的全方位云台。一般来说,水平旋转角度为 $0°\sim350°$,垂直旋转角度为 $0°+90°$。恒速云台的水平旋转速度一般为 $3°\sim10°/s$,垂直速度为 $4°/s$ 左右。变速云台的水平旋转速度一般为 $0°\sim32°/s$,垂直旋转速度为 $0°\sim16°/s$ 左右。

图 3-21 为本实验拟采用的云台外观。

可以看到,该云台明显有两个维度的自由度——水平旋转自由度和垂直旋转自由度。在断电情形下,可以用手轻轻水平旋转,可以感受到,水平方向并不是 $360°$,而是在某两个位置卡住,垂直方向上也是如此,会在 $90°$ 位置卡住。

该云台使用 12 V 直流供电,可以用 RS232,RS485 或内置虚拟串口(CH340 芯片)控制其动作。云台控制接口实物照片如图 3-22 所示。

(2)485 总线物理层。

RS485 总线是一个定义平衡数字多点系统中的驱动器和接收器的电气特性的标准,该标准由电信行业协会和电子工业联盟(Electronic Industries Alliance,EIA)定义。RS485 采用半双工工作方式,支持多点数据通信,单条总线上设计最大节点数为 32 个。总线网络拓扑一般采用终端匹配的总线型结构,即采用一条总线将各个节点串接起来,不支持环形或星形网络,也不能有 T 形分支线。

图 3-21 本实验拟采用的云台外观

图 3-22 云台控制接口

RS485 采用平衡发送和差分接收,因此具有抑制共模干扰的能力。加上总线收发器具有高灵敏度,能检测低至 200 mV 的电压,故传输距离长。目前,RS485 最常见的应用是在工业环境下可编程逻辑控制器内部之间的通信。

RS485 实质上是一种物理层标准,并没有规定内部的数据帧格式。通常谈到的 RS485 总线指的是 RS485 的物理层加上异步串行收发器(Universal Asynchronous Receiver Transmitter,UART)。与 RS232 总线在 UART 和物理层之间需要一个电平转换器类似,RS485 总线需要一片型号为 MAX485 或者 MAX3485 的电平转换器集成电路。实验仪提供了该电平转换电路,外观和电路如图 3-23 所示。

如果是将 PC 或者笔记本电脑连接到 485 网络,需要一只 USB~RS485 的转换器,图 3-

24 是一款实验中要用到的转换器外观。图 3-24 中中间是转换器,左侧的小板是端子板,使用端子板用螺丝刀,就能完成接线而不必用电烙铁用焊线,方便现场操作。右侧的黑线是 USB 延长线,不是必需的。

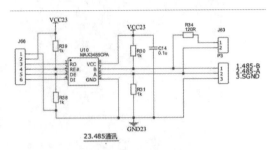

图 3-23　实验仪上的 485 电平转换电路外观原理图

图 3-24　USB-485 转换器外观

(3)云台动作控制协议。

监控领域云台动作控制比较流行的协议有 PELCO-D 和 PELCO-P,在这里对 PELCO-D 进行介绍。

PELCO-D 的功能是用于矩阵和其他设备之间的通信协议。所谓矩阵,可以简单理解为监控中心的人员操作面板。在监控中心,人员可以同时观察多路监控的视频信号,通过操作面板,人员单次可以操控数台中的某一台监控画面的角度(水平位置、上下位置、镜头的远近),可以控制云台按巡检模式自动扫描监控区域。

该协议中共有 7 个字节,所有数值都为十六进制数。同步字节始终为 FFH;地址码为摄像机的逻辑地址号,地址范围为 00H~FFH;指令码表示不同的动作;数据码 1,2 分别表示水平、垂直方向速度(00~3FH),FFH 表示"turbo"速度;校验码=MOD[(字节 2+字节 3+字节 4+字节 5+字节 6)/100H]。

以地址码 0x01 为例:

```
{0xff,0x01,0x00,0x08,0x00,0xff,0x08,}//往上,速度最快
{0xff,0x01,0x00,0x10,0x00,0xff,0x10,}//往下,速度最快
{0xff,0x01,0x00,0x04,0xff,0x00,0x04,}//往左,速度最快
{0xff,0x01,0x00,0x02,0xff,0x00,0x02,}//往右,速度最快
{0xff,0x01,0x00,0x20,0x00,0x00,0x21,}//变倍短
{0xff,0x01,0x00,0x40,0x00,0x00,0x41,}//变倍长
{0xff,0x01,0x00,0x07,0x00,0x01,0x09,}//转至预置点 001
{0xff,0x01,0x00,0x03,0x00,0x01,0x05,}//设置预置点 001
{0xff,0x01,0x00,0x05,0x00,0x01,0x07,}//删除预置点 001
{0xff,0x01,0x00,0x00,0x00,0x00,0x01,}//停命令
```

数据 1 表示镜头左右平移的速度,数值从 \$00(停止)到 \$3F(高速),还有一个值是 \$FF,表示最高速。

数据 2 表示镜头上下移动的速度,数值从 \$00(停止)到 \$3F(最高速)。

校验码是指 Byte2 到 Byte6 这 5 个数的和(若超过 255 则除以 256 然后取余数)。

该协议不需要云台应答,云台有没有按照预期动作,可以从监控画面上反映出来,所以没有必要在控制道里保留应答。

3. 实验过程

(1)连线。

先用笔记本电脑控制云台动作,熟悉 PELOCO - D 协议。需要预先准备一块 USB - 485 模块。按图 3 - 25 所示制作差分线,连接云台 RS485 插口。

说明:如果实验现场没有专用的差分线,可以选用 5 类网线,从中抽取一对作为差分线使用。不建议使用太短的连线,否则无法测量出信号电平衰减情况。

图 3 - 25 所示为差分线制作过程。选取一节 5 类屏蔽双绞线,本书选择 RVSP $1 \times 2 \times 0.5$ mm^2 带屏蔽层双绞线 25 m。图 3 - 25(a)为未经处理的线头,图 3 - 25(b)为剥掉塑料外层并减除屏蔽层后的效果,图 3 - 25(c)为焊上屏蔽层连接地线后的效果,图 3 - 25(d)为对裸露部分屏蔽层用热缩管保护后的效果,图 3 - 25(e)为压接管型预绝缘管型端子后的效果,图 3 - 25(f)为成卷线处理后的效果。

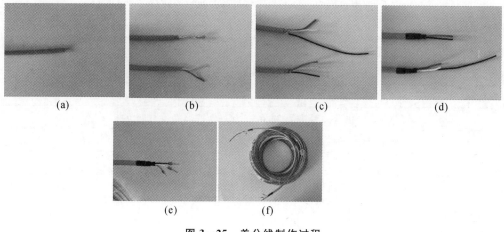

(a)   (b)   (c)   (d)

(e)   (f)

图 3 - 25 差分线制作过程

图 3 - 26 所示为测试时的实物连线照片,用制作好的 485 差分线一侧连接 USB - 485 转换头,另一侧连接云台上的 RS485 接口。

示波器的 A 通道和 B 通道依次勾选 USB - 485 转换头的 1 脚(T/R+)和 2 脚(T/R -);示波器的 C 通道和 D 通道依次勾选云台上的 RS485 接口的"+"和"-",示波器的 4 个探头的接地线悬空。

当不具备四通道示波器时,可以先测量 USB - 485 转换头一侧,后再测量云台上的 RS485 接口。注意图中 USB - 485 转换头一侧和云台上的 RS485 一侧各在两根差分线之间跨接了一个 120 Ω 的电阻。

图 3 - 26 测试时的实物连线照片

(2)准备测试序列。

按照表 3 - 8 中的序列进行云台测试,表中发送命令里给出了一部分,其他部分根据协议自行计算,补充完整。

表 3 - 8 命令发送序列

序 号	项目	发送命令	云台动作响应
1	向上,速度参数 3F	FF010008003F48	
2	停止	FF010000000001	
3	向下,速度参数 3F	FF010010003F50	
4	停止		
5	向上,速度参数 05	FF01000800050E	
6	停止		
7	向下,速度参数 05	FF010010000516	
8	停止		
9	向上,速度参数 01		
10	停止		
11	向下,速度参数 01		
12	停止		

续 表

序　号	项　目	发送命令	云台动作响应
13	向左,速度参数 3F	FF0100043F0044	
14	停止		
15	向右,速度参数 3F	FF0100023F0042	
16	停止		
17	向左,速度参数 05	FF01000405000A	
18	停止		
19	向右,速度参数 05	FF010002050008	
20	停止		
21	向左,速度参数 01		
22	停止		
23	向右,速度参数 01		
24	停止		
13	镜头拉远	ff010020000021	
14	停止		
15	镜头拉近	ff010040000041	
16	停止		

(3)测试。

USB-485 转接器插到电脑 USB 插口,安装驱动程序。对 Win10 及以上系统,只要电脑连着互联网,等待一段时间,系统会自行安装驱动程序。确认驱动程序安装成功的判据为设备管理器中出现新增的"COM"口。

打开串口调试助手(见图 3-27)(需要能够输入 16 进制数),设置数据格式为 9 600 b/s,8个数据位,1 个停止位,不使用校验。

点击"Send"按钮可以发送数据,该命令对应的是控制云台向上动作。

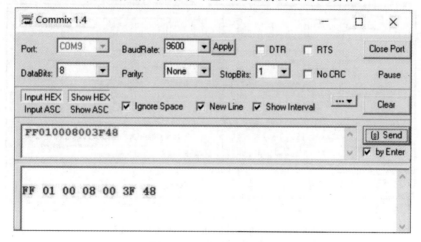

图 3-27　串口调试助手

对比拟定好的命令序列,观察云台动作是否和预期一致,并进行记录。

(4)示波器记录波形。

启动示波器,配置合适的通道灵敏度和水平扫描因子。

图 3-28 所示为去掉电缆两端的两只跨接电阻后的波形。蓝色为 USB-485 一侧"T/R＋"信号,红色为 USB-485 一侧"T/R－"信号,很明显,这两条波形质量比较好,没有明显的"毛刺"。

绿色为云台 485 一侧"－"信号,咖色为云台 485 一侧"＋"信号。很明显,这两个波形有明显的"毛刺",并且有"上冲"和"下冲"现象。

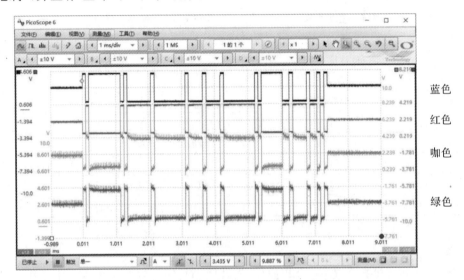

图 3-28　电缆两端未接终端电阻时的波形

图 3-29 所示为恢复电缆两端的两只跨接电阻后的波形,4 条波形的幅度明显变小。

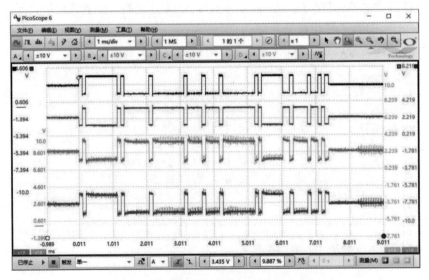

图 3-29　电缆两端接终端电阻时的波形

图 3 - 30 所示为添加数学通道(C-D)后的波形,所添加的数学通道定义为通道 C 减去通道 D,数学通道的波形颜色为天蓝色。可以看到,虽然通道 C 和通道 D 上有明显的毛刺,但是相减后波形很规整,这也是差分线传输能抗干扰的原理。

图 3 - 31 所示为对数学通道进行串行解码后的波形,可以看到解出码流为"FF—01—00—08—00—3F—48"和图 7 中的发送数据一致。

图 3 - 32 所示为对 A 通道和 C 通道添加幅度测量后的截图。可以看到,在发送端电压最高为 3.88 V,最低为 1.27 V,在接收端波形最高点为 4.35 V,最低点为 1.03 V。

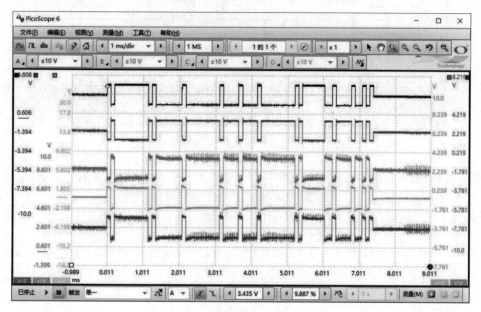

图 3 - 30　添加数学通道(C - D)波形

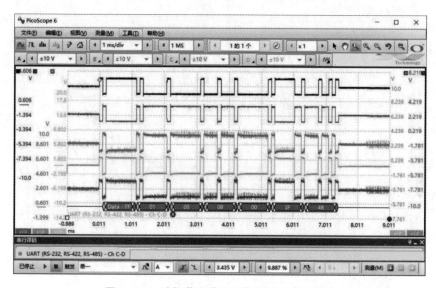

图 3 - 31　对数学通道进行串行解码后的波形

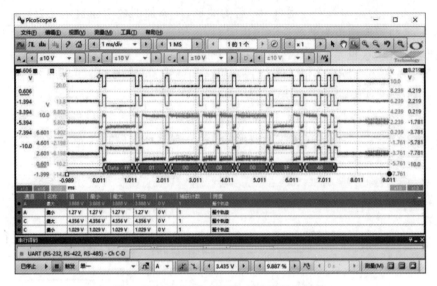

图 3-32 添加对 A 通道、C 通道幅度测量

在实验中，读者根据自己所用的示波器型号截图或者拍照记录，将结果填入表 3-9。

表 3-9 示波器测量结果记录

序 号	项 目	发送命令	示波器截图（PC 端/设备端）	数 据
1	向上速度参数 3F	FF010008003F48	PC 端示波器截图	波形高值：波形低值：波形中值：
			设备端示波器截图	
2	停止	FF010000000001	PC 端示波器截图	
			设备端示波器截图	

续　表

序　号	项　目	发送命令	示波器截图（PC 端/设备端）	数　据
3	向下 速度参数 05		PC 端示波器截图	
			设备端示波器截图	

（5）编制程序。

本书提供了一个测试程序，该程序基于"Pelco_And_Arduino"库改写。在进行编译上传之前，需要在库管理器中安装该库。图 3-33 所示为在库管理器中搜索"PELCO-D"关键字。

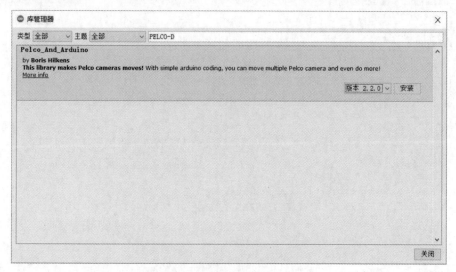

图 3-33　搜索"PELCO-D"关键字

该测试程序的代码如下，主程序从 33 行开始。

主程序中，控制云台依次执行动作并重复："以 3F 为参数，向左运动"保持 1 s→"以 3F 为参数，向右运动"保持 1 s→"以 3F 为参数，向上运动"保持 1 s→"以 3F 为参数，向下运动"保持 1 s→"镜头拉远"保持 1 s→"镜头拉近"保持 1 s。

```
程序清单 26
1.//  23b_YunTai
2.//  2022.9.15 WangYihang
3.//
4.//  功能描述：用实验仪测试云台是否能够动作
5.//
6.//  主控板    UNO 板
7.//  连线：  1.J33.1 (GND)  - - - - GND
8.//         2.J33.2 (VCC)  - - - - VCC
```

```
9.//          3.J33.3 (R)    - - - - D610.//          4.J33.4 (RE)   - - - - D8
11.//          5.J33.5 (DE)   - - - - D8
12.//          6.J33.6 (D)    - - - - D7
13.//
14.
15.# include "Arduino.h"
16.# include < Pelco_And_Arduino.h>
17.
18.PelcoBusMyPelcoBus(6,  // RX pin (Cam to Arduino)
19.7,   // TX pin (Arduino to Cam)
20.8); // RE pin for manual switching modules set to - 1 or nothing if it is a auto module (like
a groove one)
21.
22.
23.PelcoCamCamera1(&MyPelcoBus, //The pointer to the bus
24.1,            //Address of the camera
25.false);        //We are getting a response
26.
27.void setup() {
28.  Serial.begin(9600);
29.// Begin the bus communication at 9600 and enable logging
30.  MyPelcoBus.begin(PELCO_D9600,true);
31.}
32.
33.void loop() {
34.  Camera1.send_command(PAN_L,0x3F); //向左,最大速度运行 1 秒
35.  delay(1000);
36.  Camera1.send_command(STOP);
37.  delay(1000);
38.  Camera1.send_command(PAN_R,0x3F); //向右,最大速度运行 1 秒
39.  delay(1000);
40.  Camera1.send_command(STOP);
41.  delay(1000);
42.  Camera1.send_command(TILT_U,0x3F);//向上,最大速度运行 1 秒
43.  delay(1000);
44.  Camera1.send_command(STOP);
45.  delay(1000);
46.  Camera1.send_command(TILT_D,0x3F);//向下,最大速度运行 1 秒
47.  delay(1000);
48.  Camera1.send_command(STOP);
49.  delay(1000);
50.  Camera1.send_command(ZOOM_W,0x3F);//拉远,最大速度运行 1 秒
51.  delay(1000);
52.  Camera1.send_command(STOP);
53.  delay(1000);
54.  Camera1.send_command(ZOOM_T,0x3F);//向近,最大速度运行 1 秒
55.  delay(1000);
56.  Camera1.send_command(STOP);
57.  delay(1000);
58.}
```

程序中用到了软串口,第 18～20 行定义了软串口所占用的 IO 引脚。

(6)连线图。

图 3-34 所示为测试场景实物连线。

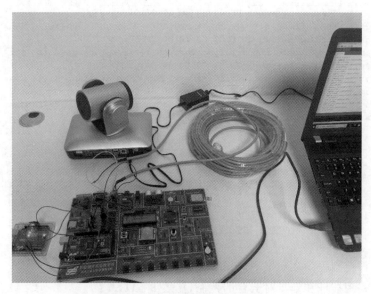

图 3-34　测试场景实物连线

读者可以根据程序前面的连线信息自行判读 UNO 主板和教学仪上的杜邦线连线并填入表 3-10 中。485 电缆的连接在前文中已有描述。

表 3-10　连线表

序 号	连接点 1	连接点 2	线 色
1			
2			
3			
4			
5			
6			
7			
8			
9			

(7)测试。

下载程序。程序下载完成后,应能够观察到云台执行 6 个动作。

打开串口监视器。串口监视器会打印图 3-35 所示的提示信息。打印这些提示信息的原因是“Pelco_And_Arduino”库会检查云台控制器的应答信号,实际上,实验用到的云台并没有应答。

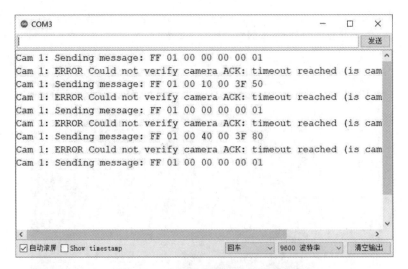

图 3 - 35　串口监视器打印提示信息

(8)编制摇杆控制程序。

编制程序,实现摇杆和键盘对云台的控制,见表 3 - 11。

表 3 - 11　程序编制要求

序　号	要求	功能确认
1	摇杆向上动作,云台向上动作,云台动作的速度和遥感向上的角度正相关,摇杆回到零位云台不再动作	
2	向下动作,要求类似1,仅方向不同	
3	向左动作,要求类似1,仅方向不同	
4	向右动作,要求类似1,仅方向不同	
5	按下"按键1",镜头推远,释放镜头保持	
6	按下"按键2",镜头拉远,释放镜头保持	
7	摇杆在零位时,云台不能缓慢"游动"或"抖动"	
8	按下"按键3",云台水平方向"巡航",低速情形下,向左转到头后向右转动,如此反复;再次按下"按键3"停止"巡航"	

(9)测试。按表 3 - 11 的程序编制要求进行测试,处理所遇到的问题。

4.实验记录和报告要求

(1)用文字描述实验的过程,完成实验报告。

(2)填写测试记录表。

(3)对实验过程中碰到的问题,尤其是个性化问题,最终有没有解决?是如何解决的?请尽量详细描述。

（4）分享实验感受，并讨论。

5. 思考题

（1）试着设计一个多机位控制，使用轻触按键，选择机号，灯亮起表示选中。

（2）如何设置云台的地址码为其他值？

（3）如何设置预置点？

（4）增加 3 只按键，完善程序，能够设置预置点，并快速切换到预置点。

（5）对 Mega2560，用 Serial0 之外的硬串口，完成该实验。

（6）如何设置示波器，才能捕获到一帧稳定的 485 信号波形？

（7）图 3-36 为在处理器侧截取的信号波形，试说明这是哪种类型的命令，DE_Ren 信号为什么会变低，以及图 3-35 的实验现象间的关联关系。

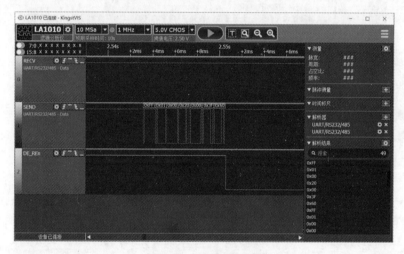

图 3-36　思考题（7）图

6. 客观测验题

（1）485 总线的匹配电阻为（　　）Ω。

　　A. 200　　　　　　　B. 120　　　　　　　C. 100　　　　　　　D. 75

（2）实验中，所用到的摄像头机位编号为（　　）。

　　A. 1　　　　　　　　B. 2　　　　　　　　C. 3　　　　　　　　D. 4

（3）实验中，485 总线上电压高值为（　　）。

　　A. 0 V　　　　　　　B. 1.3 V　　　　　　C. 3.9 V　　　　　　D. 5 V

（4）实验中，485 总线上电压低值为（　　）。

　　A. 0 V　　　　　　　B. 1.3 V　　　　　　C. 3.9 V　　　　　　D. 5 V

（5）实验中，所使用的 485 总线收发器封装为（　　）。

　　A. SO-8　　　　　　B. PDIP-8　　　　　C. TSSOP20　　　　D. SOP16

7. 参考资料

所使用云台的说明书扫描件见图 3-37。

信息通讯类高清摄像机

遥控器说明 >>>

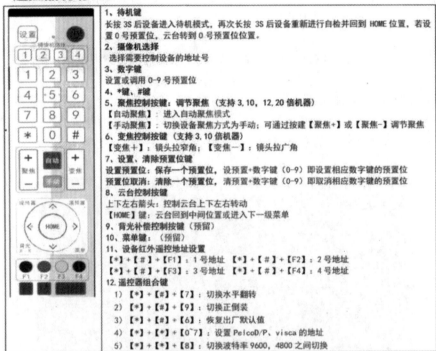

1、待机键
长按 3S 后设备进入待机模式，再次长按 3S 后设备重新进行自检并回到 HOME 位置，若设置 0 号预置位，云台转到 0 号预置位位置。

2、摄像机选择
选择需要控制设备的地址号

3、数字键
设置或调用 0-9 号预置位

4、*键、#键

5、聚焦控制按键：调节聚焦（支持 3,10,12,20 倍机器）
【自动聚焦】：进入自动聚焦模式
【手动聚焦】：切换设备聚焦方式为手动；可通过按键【聚焦+】或【聚焦-】调节聚焦

6、变焦控制按键（支持 3,10 倍机器）
【变焦+】：镜头拉窄角；【变焦-】：镜头拉广角

7、设置、清除预置位键
设置预置位：保存一个预置位，设预置+数字键（0~9）即设置相应数字键的预置位
预置位取消：清除一个预置位，清预置+数字键（0~9）即取消相应数字键的预置位

8、云台控制按键
上下左右箭头：控制云台上下左右转动
【HOME】键：云台回到中间位置或进入下一级菜单

9、背光补偿控制按键（预留）

10、菜单键：（预留）

11、设备红外遥控地址设置
【*】+【#】+【F1】：1 号地址　【*】+【#】+【F2】：2 号地址
【*】+【#】+【F3】：3 号地址　【*】+【#】+【F4】：4 号地址

12.遥控器组合键
1）【*】+【#】+【7】：切换水平翻转
2）【*】+【#】+【9】：切换正倒装
3）【*】+【#】+【6】：恢复出厂默认值
4）【*】+【*】+【0~7】：设置 PelcoD/P、visca 的地址
5）【*】+【*】+【8】：切换波特率 9600,4800 之间切换

摄像机上电后开始初始化，水平和垂直都转到中间位置，电机停止运转，初始化完毕。
（注意：若设置了 0 号预置位，则云台会置位到 0 号预置位）

技术参数

型号	USB2.0 高清会议摄像机
摄像机，镜头参数	
图像传感器	1/2.8 英寸高品质 HD CMOS 传感器
有效像素	16：9　210 万有效像素
视频格式	1080p30，720p30，800X600p30，640X480p30，320X240p30
视角	1x：　105°　　　　　3x：　31°　　95° 10x：55°　~ 5.3°　12x:5.2° ~ 62° 20x:3.2° ~ 58.7°
最低照度	0.1Lux
白平衡	自动
聚焦	1x.　手动 其它，自动
信噪比	>52dB
输入/输出接口	
高清视频接口	USB2.0 接口（U3 的 B 口母座）
控制信号接口	8 芯 mini DIN(RS232)，3.81 座子（RS485）
控制信号格式	起始位：1 位、数据位：8 位、停止位：1 位、波特率：9600/4800s

（a）

图 3-37　云台说明书扫描件

信息通讯类高清摄像机

电源接口	HEC3800 电源插座
支持操作系统	Windows 7, Windows 10
USB 协议	UVC1. 1
常规参数	
机械性能	水平转动：±170 度；俯仰转动：-30 度～+90 度
	水平控制速度：1-100°/秒；俯仰控制速度：1-60°/秒
	预置位速度：水平：100°/秒，俯仰：60°/秒
	预置位精度：0.5 度
	预置位数量：255 个用户可设置预置位
颜色	灰色
电源适配器	AC110V-AC220V 转 DC12V/2A
输入电压	DC12V (DC11. 5-DC12. 5V)
功耗	10W（最大）
储藏温度	-10℃到+60℃
工作温度	0℃到+45℃
使用环境	室内

产品接口图 >>>

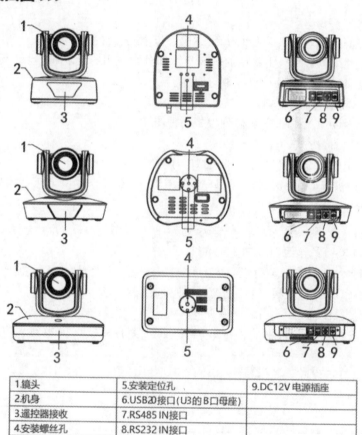

1.镜头	5.安装定位孔	9.DC12V 电源插座
2.机身	6.USB2.0接口(U3的B口母座)	
3.遥控器接收	7.RS485 IN接口	
4.安装螺丝孔	8.RS232 IN接口	

（b）

续图 3-37　云台说明书扫描件

3.4 SPI 总线时序测量实验

SPI 总线在板上芯片间互联的场合用得很多。与 I^2C 总线相比,SPI 总线将数据线分离为数据输入和数据输出,这使得其在速度方面更胜一筹。所以在数据采集领域用到的 ADC、DAC,在与处理器互联时,由早期的并行总线方式逐渐转向串行方式,这样做的好处是能够节约封装成本和 PCB 面积。

设计该实验的目的是通过 595 驱动数码管静态显示这种具体设计,来体现微处理器与 SPI 总线从设备互联时,处理器端不同的驱动方式(软件模拟、硬件方式)间的差异性,进而通过此种方式比较全面地认识和了解 SPI 总线。

1. 实验目的

(1)了解 SPI 接口的不同编程方式。

(2)了解软件模拟时序方式和硬件驱动方式,体会其技术实现差异性。

(3)通过仪器分析两种方式差异性。

2. 设计方案

硬件方面,通过 595 点亮 1 只数码管,完成一位数码管计数器功能。

在此基础上将 2 块(3 块)实验仪的 595 显示部分组成串行菊花链,设计程序显示 2~3 位数码管计数器功能。用逻辑分析仪抓取或时序。

SPI 程序应体现:

(1)使用 ShiftOut()函数;采用软件模拟时序方式。

(2)采用硬件时序方式。

(3)类似 ShiftOut 函数自己写一段模拟时序方式。

(4)实验室提供有 DAC 扩展板,和 DAC 板连起来,在 Arduino 上扩展模拟量输出功能。

3. 实验过程

(1)连线表。

连线表见表 3-12,接线图见图 3-38。

在这里,用 UNO 板作为主机设备,74HC595 是一片串行移位寄存器,在这里作为从机。主机和从机间 SPI 总线有 3 根,包括片选、时钟和数据主出从入(MOSI)。数据从出主入(MISO)没有连接到主机上。

74HC595 按共阳极方式驱动一位数码管,数码管的阳极直接接到 VCC,中间没有电子开关。

若要用逻辑分析仪应再插 4 根线(3 根信号,1 根 GND)。

表 3-12 连线表

序 号	连接点 1	连接点 2	线 色
1	GND 排针	J39/J65 任意位置	黑色
2	U2.5V	J64/J38 任意位置	红色
3	J9.1	J39/J65 任意位置	黑色
4	J9.2	J64/J38 任意位置	红色

续 表

序 号	连接点 1	连接点 2	线 色
5	J9.3	U2.D4	棕色
6	J9.4	U2.D2	绿色
7	J9.5	U2.D5	蓝色
8	J9.6	暂悬空处理	

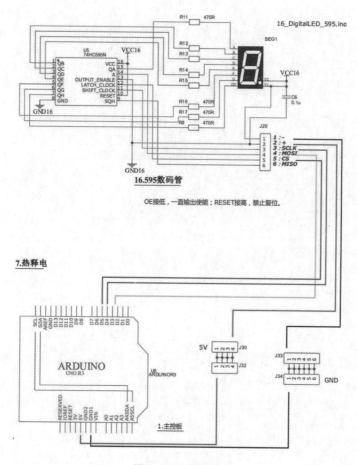

图 3 - 38 接线图

(2)准备软件代码。

代码中,数组 ZXM_code[]包含 10 个元素,依次为数字 0～9 的字型码。介绍字型码的资料网上有很多,这里不赘述。Setup()函数中初始化 3 个数字管脚为输出方式。在 loop()函数中,设置有 for 循环,作用是在数码管上依次显示 9～0,间隔为 1 s。

程序清单 27

```
1.//  16_DigitalLED_595.ino
2.//  西工大计算机基础教学与实验中心·智能硬件教学组
3.//  2020.8.20 WangYihang
```

```
4.//
5.//    功能描述: 使用 SPI 总线,通过 595 数码管驱动 8 字数码管
6.//         数码管使用共阳极形式
7.//    主控板    UNO 板
8.//    连线:    1.J9.1 - - - - GND
9.//            2.J9.2 - - - - VCC
10.//           3.J9.3 - - - - D4 shiftClock
11.//           4.J9.4 - - - - D2 A
12.//           5.J9.4 - - - - D5 latchClock
13.//           6.J9.4 - - - - N.C.
14.//
15.//    想更深入的了解 SPI 总线时序,用逻辑分析仪挂上三个通道
16.//
17.
18.int latchPin = 5;       //定义 D5 接 595 的脚位 12
19.int clockPin = 4;       //定义 D4 接 595 的脚位 11
20.int dataPin = 2;        //定义 D2 接 595 的脚位 14
21.void setup()
22.{
23.   pinMode(latchPin, OUTPUT);//引脚都为输出模式
24.   pinMode(clockPin, OUTPUT);
25.   pinMode(dataPin, OUTPUT);
26.}
27.const unsigned char ZXM_code[10] = {0x3f, 0x06, 0x5b, 0x4f, 0x66, 0x6d, 0x7d, 0x07,
0x7f, 0x6f};//共阴极码
28.void loop()
29.{
30.for (int i = 9; i > = 0; i- - ) {
31.    digitalWrite(latchPin, LOW);
32.    shiftOut(dataPin, clockPin, MSBFIRST, ~ ZXM_code[i]);//shiftOut 为软件模拟
方式
33.    digitalWrite(latchPin, HIGH);
34.    delay(1000);
35.  }
36.}
37.
```

shiftOut()函数为 Arduino 系统提供的模拟 SPI 时序的底层驱动函数,其 4 个参数依次为数据移出引脚、时钟引脚、最高位优先或最低位优先。因为电路设计中数码管是共阳极接法,所以字型码在这里用～符号做了按位取反。

shiftOut()函数如何实现? 可以在 wiring_shift.c 文件中找到答案。下面是 shiftOut()的源代码。这段代码相对较简单,读者应可以自行分析。

```
1.void shiftOut(uint8_t dataPin, uint8_t clockPin, uint8_t bitOrder, uint8_t val)
2.{
3.uint8_t i;
4.
5.for (i = 0; i < 8; i++) {
6.if (bitOrder == LSBFIRST) {
7.  digitalWrite(dataPin, val &1);
8.  val >>= 1;
9.  }else {
10.  digitalWrite(dataPin, (val &128) != 0);
11.  val <<= 1;
12.  }
13.
14.  digitalWrite(clockPin, HIGH);
15.  digitalWrite(clockPin, LOW);
16. }
17.}
```

（3）下载。

对上面的代码进行上传操作，注意选择 UNO 开发板和对应的串口号。

（4）记录实验现象。

上传完成后，在数码管上应依次显示 9~0，间隔为 1 s。一轮显示结束后，接着从 9 开始倒计数。

拍若干张照片，贴到实验报告原始记录表中。

拍一段视频，作为实验报告附件。

（5）逻辑分析仪测量操作。

接下来利用工具对 SPI 时序做详细探讨。

按表 3-13 接线，将逻辑分析仪探针挂在对应的测试点上。

表 3-13　连线表

序　号	连接点 1	线　色	逻辑分析仪通道
1	J9.1	黑色	GND
2	J9.2	红色	空
3	J9.3	棕色	CH0
4	J9.4	绿色	CH1
5	J9.5	蓝色	CH2
8	J9.6		CH4

打开逻辑分析仪软件。采样速率设置为 1 M，采样长度设置为 20 MSa，在"通道 1"上设置"下降沿"触发。如此设置，可以记录 20 s 的数据，理论上可以观察到两轮 9~0 的变化。因为第一次触发时并不一定对应显示数字 9 的时刻，所以需要在 20 s 中能够找出并记录一个完整

的 9～0 的变化。

点击播放键箭头开始采样,采样完成后点击放大镜工具显示波形全貌,如图 3-39 所示。

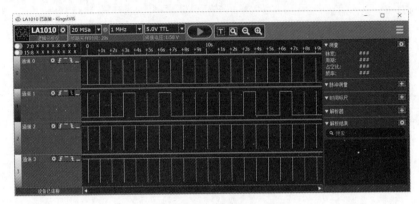

图 3-39　波形全貌

在右侧栏中找到"解析器",点击"＋",选择"SPI",弹出图 3-40 所示的界面。

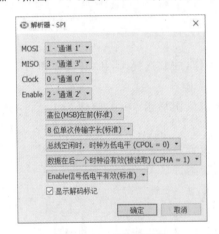

图 3-40　选择"SPI"

按界面中的内容逐项进行选择确认,单击"确定"按钮后右侧边栏中解析结果中有相应的 16 进制数内容,并且解析内容叠加显示在通道 1 和通道 3 信号波形上,如图 3-41 所示。

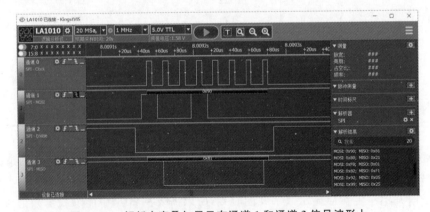

图 3-41　解析内容叠加显示在通道 1 和通道 3 信号波形上

　　在解析结果中找到"MOSI:0x90……"这一行,单击。0x90 的反码为 0x6F,对应数码管上
显示内容为数字 9。

　　将鼠标移到通道 0 上,右侧边栏最上方会显示脉冲宽度、周期、占空比和频率(见图
3-42)。将这 4 项内容记录到表 3-15 中。

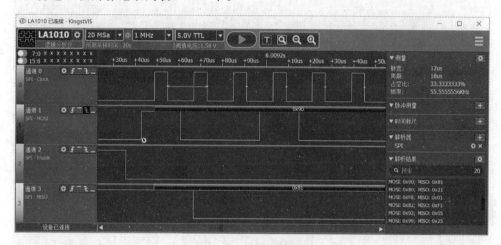

图 3-42　通道 0 的测量

　　按同样的方法,测量通道 2 的负脉冲宽度(见图 3-43)。记录到数据表中。

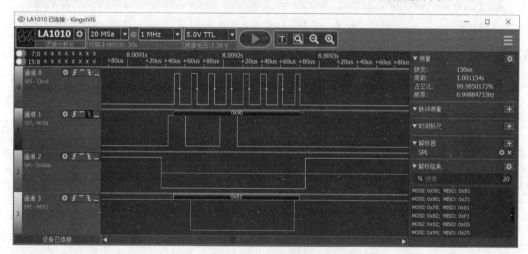

图 3-43　通道 2 的测量

　　调整逻辑分析仪软件显示高度(见图 3-44),让解析结果完全显示,找到"MOSI:0x90
……"这一行,接着往下找 9 行,将 10 行完整内容记录到表格中(可以截图)。

　　(6)修改代码。

　　修改代码中 SPI 传输部分为硬件工作驱动方式。示例代码见程序清单 28。

　　这种程序调用,需要注意以下 3 处:①需要包含"SPI.h"头文件;②在 setup()函数中,需
要初始化,具体为调用"SPI.begin()"类成员函数;③发送函数使用"SPI.transfer()"函数。这
个函数在完成发送的同时能够进行接收,返回数据为字节型。在下面的示例中,同时打印出待
显示数字的字型码和调用 transfer()的返回数据。理论上,如果 595 芯片的输出连接到主机的

数据输入,则本次接收数据为上次的发送数据。

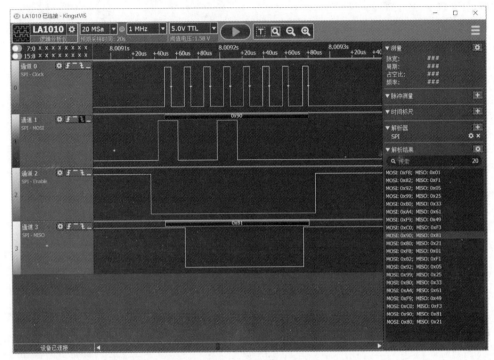

图 3 - 44　解析结果完全显示

```
程序清单 28
1.//  16a_DigitalLED_595.ino
2.//  西工大计算机基础教学与实验中心·智能硬件教学组
3.//  2020.8.20 WangYihang
4.//  2022.7.20 ..
5.//  功能描述:使用 SPI 总线,通过 595 数码管驱动 8 字数码管
6.//          数码管使用共阳极形式,使用硬件 SPI 方式
7.//  主控板     UNO 板
8.//  连线:   1.J9.1 - - - - GND
9.//          2.J9.2 - - - - VCC
10.//         3.J9.3 - - - - D13 shiftClock
11.//         4.J9.4 - - - - D11 data
12.//         5.J9.4 - - - - D10  latchClock
13.//         6.J9.4 - - - - D12
14.//
15.//  想更深入的了解 SPI 总线时序,用逻辑分析仪挂上三个通道
16.//  可以对比硬件方式和软件方式的速度差异
17.# include< SPI.h>
18.int latchPin =  10;      //定义 D5 接 595 的脚位 12
19.void setup()
20.{
```

```
21.    pinMode(latchPin, OUTPUT);//引脚都为输出模式
22.    SPI.begin();
23.}
24.
25.const unsigned char ZXM_code[10] = {0x3f, 0x06, 0x5b, 0x4f, 0x66, 0x6d, 0x7d, 0x07,
0x7f, 0x6f};//共阴段码
26.void loop()
27.{
28.for (int i =  9; i > =  0; i- - )  {
29.    Serial.println(~ ZXM_code[i], HEX);
30.    digitalWrite(latchPin, LOW);
31.char recv = SPI.transfer(~ ZXM_code[i]);//transfer 为硬件方式
32.    digitalWrite(latchPin, HIGH);
33.    Serial.println(recv, HEX);
34.    delay(1000);
35.  }
36.}
```

（7）修改连线。

　　硬件驱动方式的连线不像软件模拟时序方式那么随意，需要遵循一定规则，接到固定的管脚。线路图和连线表见图 3 - 45 和表 3 - 14。留意图 3 - 45 中，J29 的 6 号引脚不再悬空。

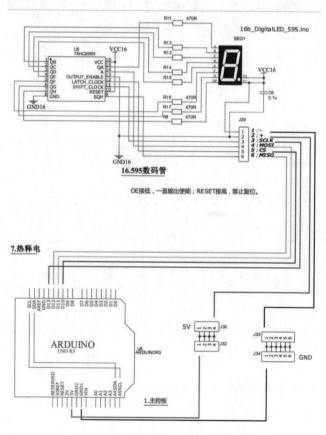

图 3 - 45　线路图

表 3 - 14 连线表

序 号	连接点 1	连接点 2	线 色
1	GND 排针	J39/J65 任意位置	黑色
2	U2.5V	J64/J38 任意位置	红色
3	J9.1	J39/J65 任意位置	黑色
4	J9.2	J64/J38 任意位置	红色
5	J9.3	U2.D13	棕色
6	J9.4	U2.D11	绿色
7	J9.5	U2.D10	蓝色
8	J9.6	U2.D12	灰色

连线完毕无误后,可以"上传"代码。

(8)实验数据记录。

上传完成后,在数码管上应依次显示 9~0,间隔为 1 s。一轮显示结束后,接着从 9 开始倒计数。

就实验现象而言,硬件驱动方式和软件驱动方式用肉眼观察到的现象没有差异。

打开串口监视器,设置波特率为 9 600 b/s。若 MISO 线没有连接,则得到图 3 - 46 所示的结果。

图 3 - 46 MISO 线没有连接所得结果

若 MISO 线连接,则得到图 3 - 47 所示的结果。

从串口监视器中的内容找到"FFFFFF90",拷贝一段,记录下来。

采样速率设置、采样长度设置、触发设置和上面参数保持一致。点击播放键按钮启动一次采样操作,等待 20 s 后得到类似图 3 - 48 的波形。

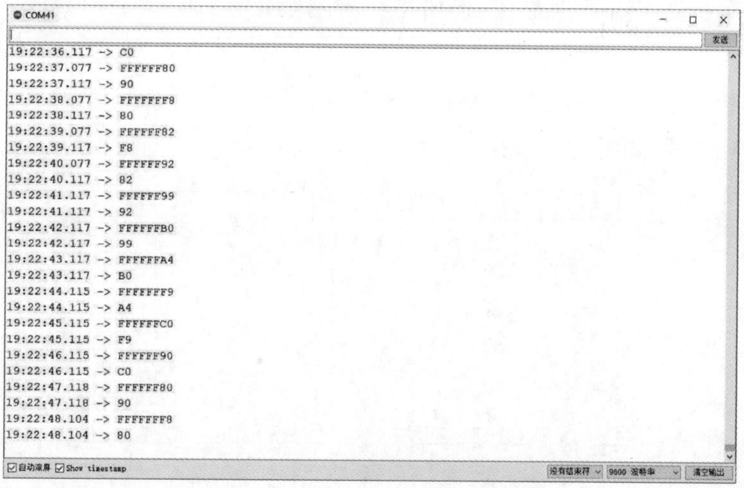

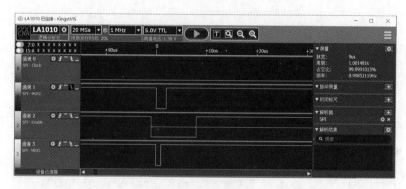

图 3 - 47　MISO 线连接所得结果

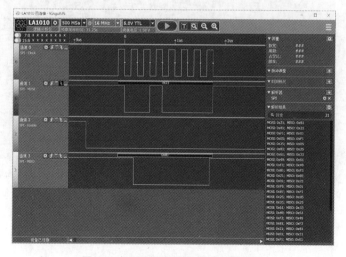

图 3 - 48　所得波形

通道 0 没有波形的原因是采样速率过低,重新设置采样长度 500 MSa,采样速率为 16 MHz,原因是控制板处理器主时钟为 16 MHz,如图 3 - 49 所示。

图 3 - 49　重新设置参数后所得波形

重新采样后解析结果有数据显示,但始终找不到"MOSI：0x90……"这一有标志意义的数据。

重新设置解析器中的参数,主要调整采样时钟的边沿,修改为"数据在前一个时钟沿有效(被读取)(CPHA＝0)",如图 3-50 所示。

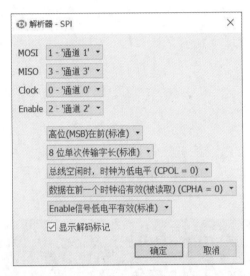

图 3-50　调整采样时钟的边沿

设置完成后,可以找到"MOSI：0x90……"这一有标志意义的数据,如图 3-51 所示。

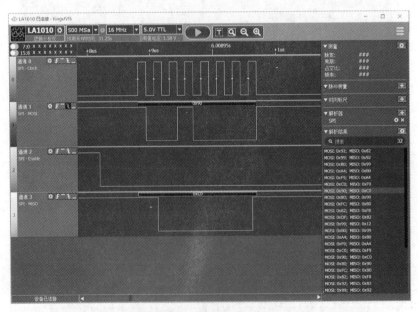

图 3-51　找到"MOSI：0x90……"

用前面描述过的操作方法测量片选信号(通道 2)的负脉冲宽度和时钟信号(通道 0)的脉宽、周期、频率等参数。

图 3-52 所示为测量显示 9 时片选信号参数的界面。

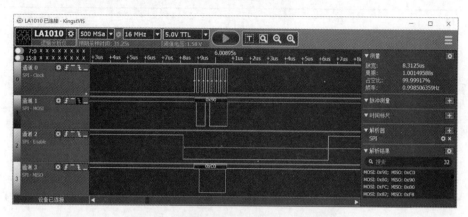

图 3-52 测量显示 9 时片选信号参数界面

图 3-53 所示为测量显示 9 时钟信号参数界面。

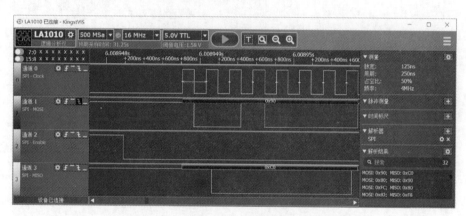

图 3-53 测量显示 9 时时钟信号参数界面

(9)更改分频系数。

SPI 硬件工作方式下时钟的速率可以通过软件进行更改。具体通过 SPI. setClockDivider ()函数实现,divider 默认是 4 分频,可以设置为其他值,如 SPI_CLOCK_DIV2,SPI_CLOCK _DIV8,…,SPI_CLOCK_DIV64, SPI_CLOCK_DIV128。

自行修改代码,9～0 显示的间隔从 1 s 调整为 0.1 s,完成 2 分频、8 分频功能测试。

4. 实验记录和报告要求

(1)用文字描述实验的过程,完成实验报告。

(2)对实验过程中碰到的问题,尤其是个性化问题,最终有没有解决? 是如何解决的? 请尽量详细描述。

(3)分享实验感受,并讨论。

(4)填写实验记录表。

(5)完成数据对比,对两种驱动方式、4 种测试下 SPI 总线的速度进行对比。实验结果记录见表 3-15。

表 3-15　实验结果记录

序　号	项　目	记　录	备　注
1	显示数字 9 照片	照片	
2	显示数字 0 照片	照片	
3	拍摄一个完整显示周期	视频存储文件	
4	软件模拟方式时序测量	片选信号负脉冲宽度	例:150 μs
5		时钟信号频率	
6		时钟信号周期	例:18 μs
7	硬件时序方式测量 (4 分频)	片选信号负脉冲宽度	
8		时钟信号频率	例:4 MHz
9		时钟信号周期	
10	硬件方式下串口 显示工具数据	贴一段完整数据	
11	2 分频时序测量	片选信号负脉冲宽度	截图
12		时钟信号频率	
13		时钟信号周期	

续表

序 号	项 目	记 录	备 注
14	8 分频时序测量	片选信号负脉冲宽度	截图
15		时钟信号频率	
16		时钟信号周期	
17	接收数据和上次发送数据是否一致		
18	计算 4 种工作方式下时钟速度差异		
19	计算 4 种工作方式下片选速度差异		

5.思考题

(1)制作一个 ms 分辨率的数码管显示计数器,显示量程为 0.000~9.999 s。(提示:用 4 台实验仪的 595 数码管电路头尾连接构成一个 32 位移位寄存器;为保证分辨率为 ms,需结合硬件定时器实现)。测试时,用手机的高速摄像功能,将录制好的视频用慢放功能逐帧查看显示效果是否清晰。有制板需求的同学,将 4 个数码管和 4 片 74HC595 设计到一块电路板上,用立创 EDA 软件完成。

(2)研究 SPI.c 文件和 SPI.h 文件,找到 SPI.begin()和 SPI.transfer()两个函数分析具体是怎么实现的。

```
1.// Write to the SPI bus (MOSI pin) and also receive (MISO pin)
2.inline static uint8_t transfer(uint8_t data) {
3.   SPDR = data;
4./*
5.   * The following NOP introduces a small delay that can prevent the wait
6.   * loop form iterating when running at the maximum speed. This gives
7.   * about 10% more speed, even if it seems counter- intuitive. At lower
8.   * speeds it is unnoticed.
9.   * /
10.asm volatile("nop");
11.while (! (SPSR & _BV(SPIF))) ; // wait
12.return SPDR;
13.   }
```

（3）对 MEGA2560 主控板，硬件工作方式时的专用引脚与 UNO 板不同，查资料求证之。

6. 客观测验题

（1）实验中用到的数码管为（　　）。

    A. 共阳级　　　　　　B. 共阴极

（2）实验中用到的 595 芯片为（　　）。

    A. 高速 CMOS 型　　　B. 低功耗肖特基型　　　C. 先进低功耗肖特基型

（3）对硬件驱动方式，SPI 总线的默认分频数是（　　）。

    A. 2　　　　　　　　B. 4　　　　　　　　C. 8　　　　　　　　D. 128

（4）对软件模拟时序方式，发送一个字节占用的时间接近（　　）。

    A. 2 μs　　　　　　B. 40 μs　　　　　　C. 130 μs　　　　　　D. 250 μs

（5）本实验中，SPI 发送时（　　）。

    A. 低位先发送　　　　B. 高位先发送　　　　C. 不清楚

（6）逻辑分析仪设置采样速率低于待观察信号，可以观察到原始波形，该说法（　　）。

    A. 不成立　　　　　　B. 成立　　　　　　C. 不清楚

3.5　I^2C 实验：RTC

计算机系统能够显示时、分、秒、年、月、日等走时信息靠的是内部的实时日历时钟功能。本实验借助该功能来了解 I^2C 总线。

1. 实验目的

（1）认识实时时钟。

（2）了解 I^2C 总线接口。

（3）通过逻辑分析仪解码 I^2C 总线时序。

2. 设计方案

（1）实时时钟。

实时时钟通常在计算机系统中计时，通俗地讲，保持年、月、日、时、分、秒信息并不断更新，就像表的功能。时间信息很有用，比如说存储文件时要记录下文件创建时间。

在计算机系统断电后，整机掉电，而实时时钟不能因为整机掉电而暂停工作或者复位到初始状态。整机掉电后仍保持计时正常进行所需的电源由电池提供，在 PC 主板中通常有一块 3 V 的一次性锂电池，该电池就是用来实现关机后维持计时的作用。该电池的体积大约为 1 元人民币硬币那么大，且为一次性电池，不可充电。如果电脑长期不开机，那么计时功能就一直靠电池维持，电池的电量必将耗尽，时间会归零到某个初始值。

一半的控制器级别 CPU 芯片不提供实时时钟功能，要实现该功能，必须借助单独的芯片。32 位的 SoC 多数提供该功能。对于单独的 RTC 芯片，达拉斯公司（DALLAS）公司应用较多，型号有 DS1307，DS1302 等。

（2）RTC 芯片。

DS1307 是一款经典的 RTC 芯片,与处理器的接口为 I²C 接口。其典型应用电路如图 3 - 54 所示。

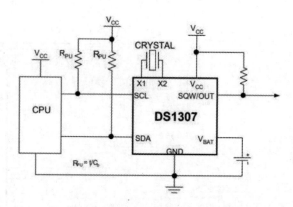

图 3 - 54 DS1307 典型应用电路

DS1307 芯片内部包含了地址 00～3FH 共 64 个字节单元的 RAM 存储区,其中后 56 个单元为一般 RAM,前 8 个单元为实时时钟的数据存储区。具体地址映射截图见图 3 - 55。

ADDRESS	BIT 7	BIT 6	BIT 5	BIT 4	BIT 3	BIT 2	BIT 1	BIT 0	FUNCTION	RANGE
00h	CH	10 Seconds			Seconds				Seconds	00–59
01h	0	10 Minutes			Minutes				Minutes	00–59
02h	0	12	10 Hour	10 Hour	Hours				Hours	1–12 +AM/PM
		24	PM/ AM							00–23
03h	0	0	0	0	0	DAY			Day	01–07
04h	0	0	10 Date		Date				Date	01–31
05h	0	0	0	10 Month	Month				Month	01–12
06h	10 Year				Year				Year	00–99
07h	OUT	0	0	SQWE	0	0	RS1	RS0	Control	—
08h–3Fh									RAM 56 x 8	00h–FFh

图 3 - 55 DS1307 存储区映射截图

秒存放在 0H 单元,数值范围为 00～59H,注意格式为 BCD 码,非十六进制格式或二进制格式。分存储在 01H 单元,时存储在 02H 单元。时分为 12 h 制或 24 h 制。03H 存放的是星期中的某一天。年、月、日存储在 06H,05H 和 04H 单元。07H 单元为控制字。

DS1307 的计时是靠一个频率为 32 768 Hz 的振荡器实现的。该频率的精度会影响倒计时的累加误差,表现为计时一天误差多少秒,一个月误差几分钟。

(3)驱动问题。

直接从器件说明书开始,开发 I²C 总线驱动,到完成应用很耗费时间。在 Arduino 生态中,有一个叫"Time"的库,作者为 Michael Margolis,使用该库,可以简化不少工作。

(4)总线时序的测量。

可以借助逻辑分析仪抓取总线波形,分析接口时序。通过逻辑分析仪的解码功能,观测总线上的通信数据。

I²C 总线上主机对从机的操作可以分为两类,第一类为读操作,第二类为写操作。每个 I²C 器件都在总线上有唯一的器件地址,该地址为 7 bit,包含在第一个字节中。

3.实验过程

(1)连线图见图 3-56,连线表见表 3-16。

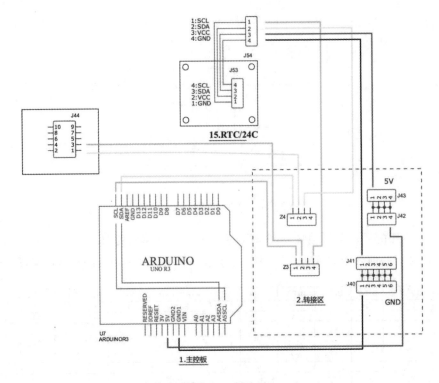

图 3-56 连线图

图 3-56 中,J44 是基础版教学仪上的逻辑分析仪。对进阶版教学仪,替换为外部的逻辑分析仪。

表 3-16 连线表

序　号	连接点 1	连接点 2	线　色
1	GND 排针	J4/J5 任意位置	黑色
2	U2.5V	J2/J3 任意位置	红色
3	J54.4	J4/J5 任意位置	黑色
4	J54.3	J2/J3 任意位置	红色
5	U2.SCL	Z2.1	绿色
6	U2.SDA	Z1.1	黄色
7	Z2.2	J37.1	绿色
8	Z1.2	J37.3	黄色
9	Z2.4	J54.2	绿色
10	Z1.3	J54.1	黄色

(2)准备软件代码。

该代码源自 Time 库提供的示例程序,未进行实质性改动。

在 setup()函数中,根据程序代码的编译时间初始化 DS1307 芯片。__TIME__是系统编译时的系统时间变量,__DATE__是系统编译时的日期变量。从开始编译到生成 elf 文件,再到烧写完成,需要几秒到十几秒到时间,所以实际上 DS1307 的计时比电脑计时滞后几秒。

在 loop()函数中,利用 Read()函数反复读取 RTC 计时信息。将计时信息通过串行口打印到串口监视器。两次读取间的时间间隔为 1 s。

程序清单 29

```
1.//   15_RTC.ino
2.//   西工大计算机基础教学与实验中心·智能硬件教学组
3.//   2020.8.20 WangYihang
4.//
5.//   功能描述:操作 RTC DS1307 芯片
6.//           用程序编译时的时间初始化 DS1307,然后通过串口打印时间
7.//   主控板    UNO 板
8.//   连线:    1.J54.1 - - - - SCL
9.//           2.J54.2 - - - - SDA
10.//          3.J54.3 - - - - VCC
11.//          4.J54.4 - - - - GND
12.//   注意需要额外在安装一个叫"Time"的库,作者为 Michael Margolis
13.//   Using the Arduino Library Manager, install "Time by Michael Margolis".
14.//
15.//   想更深入地了解 I2C 总线时序,用逻辑分析仪挂上两个通道,对照
16.//   DS1307 数据手册,理解命令字关系
17.//
18.# include< Wire.h>
19.# include< TimeLib.h>
20.# include< DS1307RTC.h>
21.
22.const char * monthName[12] =  {
23."Jan", "Feb", "Mar", "Apr", "May", "Jun",
24."Jul", "Aug", "Sep", "Oct", "Nov", "Dec"
25.};
26.
27.tmElements_t tm;
28.
29.void setup() {
30.bool parse= false;
31.bool config= false;
32.
33.// get the date and time the compiler was run
34.// 获取编译下载时的系统日期和时间
```

```
35.if (getDate(__DATE__) && getTime(__TIME__)) {
36.    parse = true;
37.// and configure the RTC with this info
38.if (RTC.write(tm)) {
39.      config = true;
40.    }
41.  }
42.
43.  Serial.begin(9600);
44.  while (! Serial) ; // wait for Arduino Serial Monitor
45.  delay(200);
46.  if (parse && config) {
47.    Serial.print("DS1307 configured Time= ");
48.    Serial.print(__TIME__);
49.    Serial.print(", Date= ");
50.    Serial.println(__DATE__);
51.  }else if (parse) {
52.    Serial.println("DS1307 Communication Error :- {");
53.    Serial.println("Please check your circuitry");
54.  }else {
55.    Serial.print("Could not parse info from the compiler, Time= \"");
56.    Serial.print(__TIME__);
57.    Serial.print("\", Date= \"");
58.    Serial.print(__DATE__);
59.    Serial.println("\"");
60.  }
61.}
62.
63.void loop() {
64.    tmElements_t tm;
65.
66.if (RTC.read(tm)) {
67.    Serial.print("Ok, Time = ");
68.    print2digits(tm.Hour);
69.    Serial.write(':');
70.    print2digits(tm.Minute);
71.    Serial.write(':');
72.    print2digits(tm.Second);
73.    Serial.print(", Date (D/M/Y) = ");
74.    Serial.print(tm.Day);
75.    Serial.write('/');
76.    Serial.print(tm.Month);
77.    Serial.write('/');
```

```
78.    Serial.print(tmYearToCalendar(tm.Year));
79.    Serial.println();
80.  }else {
81.if (RTC.chipPresent()) {
82.    Serial.println("The DS1307 is stopped.  Please run the SetTime");
83.    Serial.println("example to initialize the time and begin running.");
84.    Serial.println();
85.  }else {
86.    Serial.println("DS1307 read error!  Please check the circuitry.");
87.    Serial.println();
88.  }
89.  delay(9000);
90.  }
91.  delay(1000);
92.}
93.void loop1() {
94.}
95.
96.bool getTime(const char * str)
97.{
98.int Hour, Min, Sec;
99.
100.if (sscanf(str, "% d:% d:% d", &Hour, &Min, &Sec) ! = 3) return false;
101.  tm.Hour = Hour;
102.  tm.Minute = Min;
103.  tm.Second = Sec;
104.return true;
105.}
10.6.
107.bool getDate(const char * str)
108.{
109.char Month[12];
110.int Day, Year;
111.uint8_t monthIndex;
112.
113.if (sscanf(str, "% s % d % d", Month, &Day, &Year) ! = 3) return false;
114.for (monthIndex = 0; monthIndex < 12; monthIndex+ + ) {
115.if (strcmp(Month, monthName[monthIndex]) = = 0) break;
116.  }
117.if (monthIndex > = 12) return false;
118.  tm.Day = Day;
119.  tm.Month = monthIndex + 1;
120.  tm.Year = CalendarYrToTm(Year);
```

```
121.return true;
122.}
123.
124.void print2digits(int number) {
125.if (number > =  0 && number <  10) {
126.    Serial.write('0');
127.  }
128.  Serial.print(number);
129.}
```

（3）烧录程序。

选择对应的主控板（UNO 板/MEGA 板），下载程序。

（4）观察串口监视器。

程序下载完成后，打开串口监视器。打印效果如图 3-57 所示，勾选"自动滚屏"和"Show timestamp"。

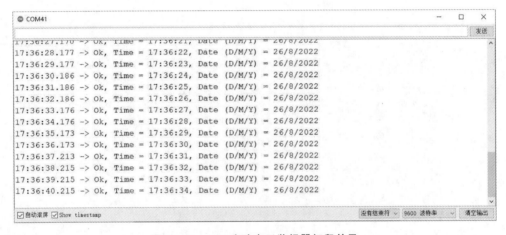

图 3-57　RTC 实验串口监视器打印效果

由图 3-57 可知，打印的信息为以"Ok,"开始的字符串，后面紧跟着时间和日期。

可以发现，实际打印的时间和行首的时间戳相差几秒钟，在这里为 6 s，说明从编译到程序完全迁移到主芯片内所用的时间为 6 s。程序真正工作起来的时间为程序编译时电脑端的主机时间。

（5）测量电池电压。

用万用表直流电压挡测量电池电压，记录电压值，如图 3-58 所示。该电压值提供给 DS1307 的 8 脚，注意该电压不是主控板电源电压（5.0 V 或 3.3 V）。电压和电池的新旧程度和使用时间有关，不同实验仪的测量结果不同。不必追求与图 3-58 显示数值完全相同。

（6）示波器测量振荡信号。

用示波器的两个通道分别勾选 32 K 晶体振荡器的两个管脚，测量其波形。

在设置示波器参数时，水平调整为 25 μs/格，垂直调整为 1 V/div，示波器探头上的 1X/10X 衰减选择为 10X 位置。

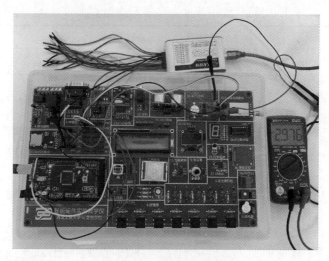

图 3 - 58　电池电压测量

图 3 - 59 所示为测量 32K 振荡器信号测量界面。

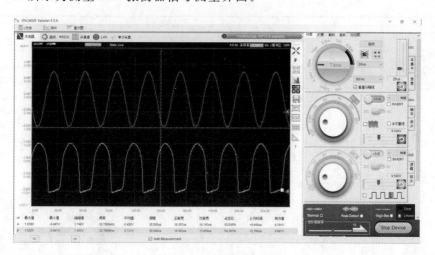

图 3 - 59　振荡器信号测量

图 3 - 59 中,通道 2(下方的黄色波形)为振子的输入,波谷在 0 V 左右,波峰在 2.5 V 左右;通道 1(上方的蓝色)为振荡器的输出,波谷在 -0.5 V 左右,波峰在 1.0 V 左右,形状接近正弦波。

实验记录时,如图 3 - 60 所示,将示波器显示区域颜色反色显示,使实验报告打印时,避免出现大面积黑色区域,以确保效果清晰。

实验中,用光标测量通道 1 和通道 2 的波形参数,填入表 3 - 17 中。

表 3 - 17　实验结果记录

序 号	项 目	记 录	备 注
1	CH1 波峰/V		
2	CH1 波谷/V		
3	CH1 峰值/V		

序 号	项 目	记 录	备 注
4	CH2 波峰/V		
5	CH2 波谷/V		
6	CH2 峰值/V		
7	频率/Hz		
8	波形截图		

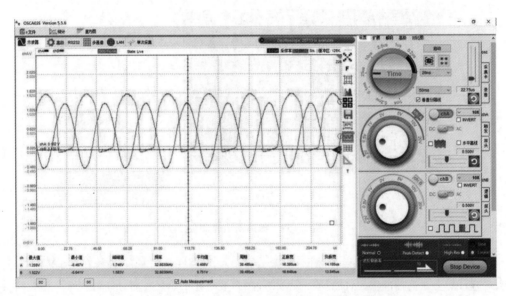

图 3-60 显示区域设置背景色为白色

(7)逻辑分析仪抓取总线数据。

用逻辑分析仪抓取总线数据时,逻辑分析仪参考设置为:采样率 1 MHz,采样深度 5 MSa,通道 0 接 SDA,通道 1 接 SCL。

参阅图 3-61 配置解析器为 I^2C 总线。

抓取 5 s 数据全屏显示,如图 3-62 所示,同时解析出总线数据。

抓取 0 时刻的数据放大显示,如图 3-63 所示。可以看到,在 SDA 波形上方叠加显示了所解析出的数据。

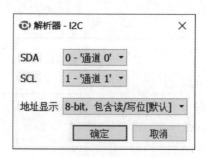

图 3 - 61　配置解析器为 I2C 总线

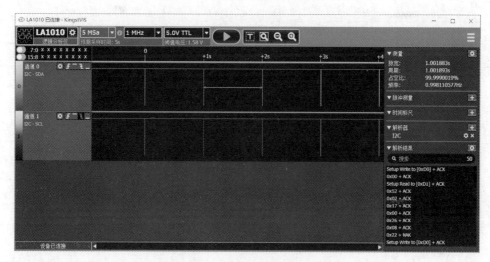

图 3 - 62　抓取 5 s 数据全屏显示

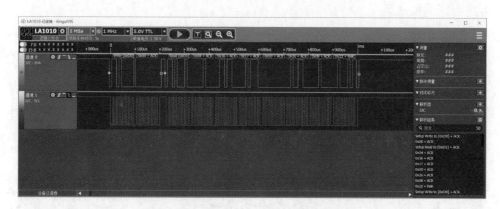

图 3 - 63　抓取 0 s 时刻的数据放大显示

（8）逻辑分析仪数据讨论。

以图 3 - 63 中数据为例，这个序列是"0xD0 - 0x00 - 0xD1 - 0x04 - 0x36 - 0x17 - 0x00 - 0x26 - 0x08 - 0x22"。结合 DS1307 的总线时序可知，从后往前读，为"22 年 8 月 26 日，空一个位置，17 点 36 分 4 秒"。DS1307 的器件地址为 0xD0 按二进制右移 1 位，即 1101000B，也即 68H。

将实验数据填入表 3 - 18 中。

表 3 - 18　实验结果记录表

序　号	项　目	记　录	备　注
1	器件地址		
2	总线时钟速率		
3	0 时刻写序列		
4	0 s 时刻读序列		
5	1 s 时刻写序列		
6	1 s 时刻读序列		
7	2 s 时刻写序列		
8	2 s 时刻读序列		
9	0 s 时刻波形截图		

4. 实验记录和报告要求

(1)用文字描述实验的过程,完成实验报告。

(2)对实验过程中碰到的问题,尤其是个性化问题,最终有没有解决? 是如何解决的,请尽量详细描述。

(3)分享实验感受,并讨论。

(4)填写实验记录表。

5. 思考题

(1)图 3 - 64 所示为读时序部分的放大图,解释"Read[0xD1]＋ACK"中 0xD1 和器件地址的关系。

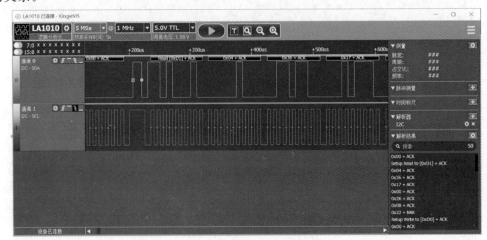

图 3 - 64　读时序放大部分

(2)查阅 DS1307 的手册,一节 46 mAh 的电池可以让 DS1307 计时多长时间?

(3)什么是 BCD 码?

(4)使用 1X 探头,能否得到稳定的波形?可以尝试下。

6.客观测验题

(1)实验中所用到的 DS1307 小板上的电池电压为(　　)。

　　A.1.5 V　　　　　　　　B.3.3 V　　　　　　　　C.3 V　　　　　　　　D.5 V

(2)实验中所用到的 DS1307 小板上的电池型号为(　　)。

　　A.AAA　　　　　　　　B.AA　　　　　　　　C.CR1220　　　　　　D.CR2032

(3)DS1307 芯片与 CPU 的接口为(　　)。

　　A.1-Wire　　　　　　　B.SPI　　　　　　　　C.I2C　　　　　　　　D.8 位并口

(4)DS1307 能否自动处理闰年?(　　)。

　　A.是　　　　　　　　　B.否　　　　　　　　C.不清楚

(5)32 K 晶体的两只管脚,波形特征为(　　)。

　　A.一只引脚接近正弦波　　　B.一只引脚接近方波　　　C.不好描述

3.6　DHT11 温湿度测量实验

本书基础实验部分,讨论过温度的测量方法,并做了实验。在家居环境、仓库、体感舒适度方面,表征环境特征时除了温度还有要湿度指标。在精密的电子装配车间、光学车间,维持适当的湿度可以显著降低摩擦引起的静电,避免 ESD 损伤,提高产品良率。在北方,冬天室内过低的湿度容易引起嗓子干燥等不适。那么如何检测温湿度呢?作为智能硬件课程,使用什么类型的传感器测量湿度呢?有一种温度和湿度复合的传感器可以解决这种需求。

1.实验目的

(1)认识复合型传感器 DHT11。

(2)了解单线协议。

2.设计方案

完成该实验需解决以下问题。

(1)传感器选型。

对温度敏感元件本书讲过 LM35,湿度测量还未涉及。

湿敏元件是最简单的湿度传感器。湿敏元件主要有电阻式、电容式两大类。湿敏电阻的特点是在基片上覆盖一层用感湿材料制成的膜,当空气中的水蒸气吸附在感湿膜上时,元件的电阻率和电阻值都会发生变化,利用这一特性即可测量湿度。湿敏电容一般是用高分子薄膜电容制成的,常用的高分子材料有聚苯乙烯、聚酰亚胺、酪酸醋酸纤维等。当环境湿度发生改变时,湿敏电容的介电常数会发生变化,使其电容量也发生变化,其电容变化量与相对湿度成正比。

DHT11 数字温湿度传感器是一款含有已校准数字信号输出的温湿度复合传感器,内部由一个 8 位单片机、一个电阻式感湿元件和一个 NTC 测温元件。DHT11 虽然也是采用单总线协议,但是该协议与 DS18B20 的单总线协议时序有差异,DS18B20 是一款典型的单总线协议的温度传感器,其时序具有代表性。相比于 DS18B20 只能测量温度,DHT11 既能检测温度又能检测湿度,不过 DHT11 测温的精度和测量范围都要低于 DS18B20,其温度测量范围为 0~50℃,误差为±2℃;湿度的测量范围为 20%~90%相对湿度(Relative Humidity,RH),相对湿度指空气中水气压与饱和水气压的百分比,误差为±5% RH。

与 DHT11 类似的产品有 DHT21,DHT22,SHT10,SHT11 和 SHT15 等。几种传感器在测量范围、精度和与处理器接口方面有差异。

DHT11 应用比较广泛,相比于工业领域带变送器输出的温湿度传感器,与处理器连接简单。

(2)传感器与处理器的接口。

DHT11 电路很简单,只需要将 Dout 引脚连接单片机的一个 IO 即可,不过该引脚需要上拉一个 5 K(1 K=1 000 Ω)的电阻,DHT11 的供电电压为 3~5.5 V。

(3)扩充性。

DHT11 没有 ROM 序列号编码,一根 IO 只能接一只传感器。不过对于温湿度测量,没必要在非常近距离内设置多只传感器,这一点与 DS18B20 不同。

3.实验过程

(1)连线图和连线表

所设计的线路图见图 3-65,整理成连线表,见表 3-19。

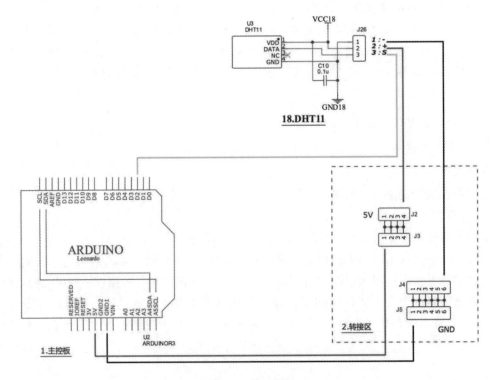

图 3-65 线路图

表 3 - 19　连线表

序　号	连接点 1	连接点 2	线　色
1	GND 排针	J4/J5 任意位置	黑色
2	U2.5V	J2/J3 任意位置	红色
3	J26.1	J4/J5 任意位置	黑色
4	J26.2	J2/J3 任意位置	红色
5	J26.3	U2.D2	绿色

(2)测试程序。

以下为测试用的程序代码。该代码改动自系统自带的 DHT Sensor Library → DHTtester 程序,支持 DHT11,DHT21 和 DHT22 共 3 种传感器。

第 25 行定义了和温湿度传感器通信的数字管脚,在这里是 2。

第 30、31、32 行为传感器类型,在这里用到是 DHT11,将另外两行前标记注释符号。

```
程序清单 30
1.//  18_DHTtester.ino
2.//  西工大计算机基础教学与实验中心·智能硬件教学组
3.//  2020.8.20 WangYihang
4.//  2020.8.30 WangYihang 需要两个库的支持
5.//  功能描述：使用 DHT11
6.//
7.//  主控板    UNO 板
8.//  连线：   1.J26.1 - - - - GND
9.//          2.J26.2 - - - - VCC
10.//            3.J26.3 - - - - D2
11.//
12.//  本例子完全基于系统自带的历程 DHT Sensor Library → DHTtester
13.//  可以用逻辑分析仪观察时序
14.//  注意 L21~ L23 的宏选择
15.//  需要两个库的支持:DHT_sensor_library  Adafruit_Unified_Sensor
16.// Example testing sketch for various DHT humidity/temperature sensors
17.// Written by ladyada, public domain
18.
19.// REQUIRES the following Arduino libraries:
20.// -  DHT Sensor Library:https://github.com/adafruit/DHT- sensor- library
21.// -  Adafruit Unified Sensor Lib:https://github.com/adafruit/Adafruit_Sensor
22.
23.# include "DHT.h"
24.
25.# define DHTPIN 2     // Digital pin connected to the DHT sensor
26.// Feather HUZZAH ESP8266 note: use pins 3, 4, 5, 12, 13 or 14 - -
```

```
27.// Pin 15 can work but DHT must be disconnected during program upload.
28.
29.// Uncomment whatever type you're using!
30.# define DHTTYPE DHT11    // DHT 11
31.//# define DHTTYPE DHT22   // DHT 22  (AM2302), AM2321
32.//# define DHTTYPE DHT21   // DHT 21 (AM2301)
33.
34.// Connect pin 1 (on the left) of the sensor to + 5V
35.// NOTE: If using a board with 3.3V logic like an Arduino Due connect pin 1
36.// to 3.3V instead of 5V!
37.// Connect pin 2 of the sensor to whatever your DHTPIN is
38.// Connect pin 4 (on the right) of the sensor to GROUND
39.// Connect a 10K resistor from pin 2 (data) to pin 1 (power) of the sensor
40.
41.// Initialize DHT sensor.
42.// Note that older versions of this library took an optional third parameter to
43.// tweak the timings for faster processors.  This parameter is no longer needed
44.// as the current DHT reading algorithm adjusts itself to work on faster procs.
45.DHT dht(DHTPIN, DHTTYPE);
46.
47.void setup() {
48.  Serial.begin(9600);
49.  Serial.println(F("DHTxx test!"));
50.
51.  dht.begin();
52.}
53.
54.void loop() {
55.  // Wait a few seconds between measurements.
56.  delay(2000);
57.
58.  // Reading temperature or humidity takes about 250 milliseconds!
59.  // Sensor readings may also be up to 2 seconds 'old' (its a very slow sensor)
60.  float h = dht.readHumidity();
61.  // Read temperature as Celsius (the default)
62.  float t = dht.readTemperature();
63.  // Read temperature as Fahrenheit (isFahrenheit = true)
64.  float f = dht.readTemperature(true);
65.
66.  // Check if any reads failed and exit early (to try again).
67.  if (isnan(h) || isnan(t) || isnan(f)) {
68.    Serial.println(F("Failed to read from DHT sensor!"));
69.return;
```

```
70.    }
71.
72.    // Compute heat index in Fahrenheit (the default)
73.    float hif = dht.computeHeatIndex(f, h);
74.    // Compute heat index in Celsius (isFahreheit = false)
75.    float hic = dht.computeHeatIndex(t, h, false);
76.
77.    Serial.print(F("Humidity: "));
78.    Serial.print(h);
79.    Serial.print(F("%    Temperature: "));
80.    Serial.print(t);
81.    Serial.print(F("°C "));
82.    Serial.print(f);
83.    Serial.print(F("°F   Heat index: "));
84.    Serial.print(hic);
85.    Serial.print(F("°C "));
86.    Serial.print(hif);
87.    Serial.println(F("°F"));
88.}
```

（3）编译、下载。

将与 UNO 板相连的 USB 线与宿主机连接好,插到宿主机的一个 USB 插座内。在设备管理器中确认串口号。

对程序进行编译、下载,观察 IDE 下部的打印信息,直到出现提示语"avrdude:done. Thank you.",表示完成操作,下载完毕。

（4）打开参考仪器。

温度和湿度的参照仪器为指针型温湿度计,如图 3 - 66 所示。

远程在线实验过程中,打开相机功能,温湿度计由教师提前摆放在实验仪旁边。

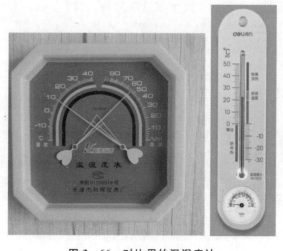

图 3 - 66　对比用的温湿度计

（5）观察实验结果。

打开"串口监视器"，设置波特率与程序代码中的 Serial. begin()函数中的参数一致。

（6）调试。

若不能复现应有的实验现象，请检查连线。

对于在线实验，实验室老师会提前准备好连线。

（7）测量与记录。

对线下实验环境，可用人体作为测试热源，用手指捏住 DHT11 的管壳。温湿度测量记录见表 3-20。

表 3-20　温湿度测量记录

序　号	测量条件	对比仪器读数	实验仪读数	备　注
1	时刻 1 环境温度			
2	时刻 1 环境湿度			
3	热平衡后			
4	估计热平衡时间			

对在线实验结果，填写表 3-21。

表 3-21　温湿度测量记录

序　号	测量条件	对比仪器读数	实验仪读数	时刻·天气
1	时刻 1 环境温度			
2	时刻 1 环境湿度			
3	时刻 2 环境温度			
4	时刻 2 环境湿度			

（8）逻辑分析仪时序测量。

用逻辑分析仪测量捕获完整的 1 次数据读取过程，对时序和手册中的时序进行分析。下面 3 幅截图是用 16 MHz 的时钟采集 10 s 的界面，全局显示（见图 3-67），RESET 时序信号界面（见图 3-68）和数据时序信号界面（见图 3-69）。DHT11 的时序和 DS18B20 不兼容，所以图中解析出的数据不可用。

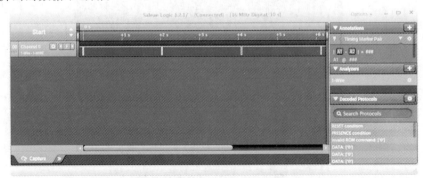

图 3-67　逻辑分析仪界面（全局）

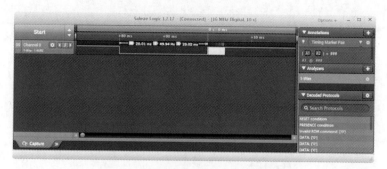

图 3 - 68　逻辑分析仪 RESET 时序界面

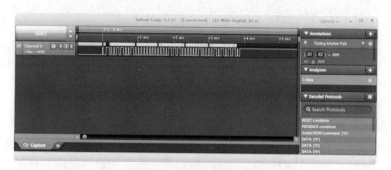

图 3 - 69　逻辑分析仪数据时宁时序界面

获取以上 3 幅截图时串口打印的数据见图 3 - 70。

```
17:52:04.155 -> DHTxx test!
17:52:06.185 -> Humidity: 46.00%  Temperature: 29.70°C 85.46°F  Heat index: 30.06°C 86.11°F
17:52:08.216 -> Humidity: 46.00%  Temperature: 29.70°C 85.46°F  Heat index: 30.06°C 86.11°F
17:52:10.279 -> Humidity: 46.00%  Temperature: 29.70°C 85.46°F  Heat index: 30.06°C 86.11°F
17:52:12.319 -> Humidity: 46.00%  Temperature: 29.70°C 85.46°F  Heat index: 30.06°C 86.11°F
17:52:14.351 -> Humidity: 46.00%  Temperature: 29.70°C 85.46°F  Heat index: 30.06°C 86.11°F
17:52:16.383 -> Humidity: 46.00%  Temperature: 29.70°C 85.46°F  Heat index: 30.06°C 86.11°F
17:52:18.449 -> Humidity: 47.00%  Temperature: 29.70°C 85.46°F  Heat index: 30.19°C 86.35°F
17:52:20.479 -> Humidity: 47.00%  Temperature: 29.70°C 85.46°F  Heat index: 30.19°C 86.35°F
17:52:22.537 -> Humidity: 47.00%  Temperature: 29.70°C 85.46°F  Heat index: 30.19°C 86.35°F
17:52:24.568 -> Humidity: 46.00%  Temperature: 29.70°C 85.46°F  Heat index: 30.06°C 86.11°F
17:52:26.609 -> Humidity: 46.00%  Temperature: 29.70°C 85.46°F  Heat index: 30.06°C 86.11°F
```

图 3 - 70　串口打印数据

读者可根据自己所处环境填写表 3 - 22。

表 3 - 22　温湿度测量记录

序　号	测量条件	实验仪读数	逻辑分析仪时序截图
1	时刻 1 环境温度		

序 号	测量条件	实验仪读数	逻辑分析仪时序截图
2	时刻 1 环境湿度		
3	时刻 2 环境温度		
4	时刻 2 环境湿度		

4. 实验记录和报告要求

(1)用文字描述实验的过程,完成实验报告。

(2)对实验过程中碰到的问题,尤其是个性化问题,最终有没有解决?是如何解决的?请尽量详细描述。

(3)分享实验感受,并讨论。

(4)填写实验记录表。

5. 思考题

(1)对比 DHT11,DHT21,DHT22,SHT10,SHT11,SHT15 共 6 种温湿度传感器的技术指标,填入表 3-23 中,留意指标间的差异性。

表 3-23　6 种典型传感器指标对照表

序 号	型 号	工作电压	温度测量范围	湿度测量范围	温度偏差	湿度偏差	接口形式	备 注
1	DHT11							
2	DHT21							
3	DHT22							
4	SHT10							
5	SHT11							
6	SHT15							

(2)测量环境的温度和湿度指标,有没有必要 1 s 更新一次数据或者 1 s 更新多次数据?以粮食仓库为例,查资料,给出合适的测量周期。

(3)试着分析时序。时序测量时需要增加连线,实物图见图 3 - 71。实物连线图相比图 3 - 65 的连线图,增加了两根绿线,绿线是 DHT11 的通信线,在 Z11 插针上做了转接,1 路连到逻辑分析仪的 CH0 上。时序分析时,要对比数据手册人工判读。

图 3 - 71 实物连线

(4)试着分析 1 - wire 总线部分底层驱动的写法。

6. 客观测验题

(1)实验中 DHT11 温湿度传感器的供电端电压为( )。

    A. 3. 3 V   B. 5. 0 V   C. 12. 0 V   D. 2. 5 V

(2)实验中 DHT11 温湿度传感器与处理器的接口形式为( )。

    A. 1 - Wire   B. I^2C C. SPI   D. 0～5 V

(3)DHT11 温湿度传感器内部感温元件为( )。

    A. 热敏电阻   B. 二极管   C. 片上半导体元件

第4章　进阶实验项目

本章为进阶实验项目,该部分内容所需的硬件只有进阶版实验仪具备。该部分的难度和综合性要求要高于前面的实验内容。

4.1　舵机实验

Arduino 官方库提供了两个舵机例程,远程在线实验使用 SG40 舵机,线下实验还可以使用大扭力金属舵机。本书使用摄像头视觉的方法测量舵机的相应时间。

1. 实验目的

(1)熟悉 Servo 库主要函数的使用。

(2)测量舵机的响应时间。

(3)能够用示波器测量舵机转动时带给电源的干扰。

(4)针对两个以上舵机的情形,会使用独立供电的方法将舵机供电与控制板供电分离。

2. 设计方案

完成该实验需解决以下问题。

(1)舵机的原理。

舵机是一种执行电机,称之为"舵"机主要是因为其广泛应用于航空器和船舶领域。对于船舶,舵用于控制前进的方向(航向),而飞机,除航向外,还可以改变俯仰和横滚。固定翼航模内部至少装了两个舵机,一个连接垂尾,一个连接襟翼。泡沫机航模使用的舵机型号多为 SG90(见图 4-1)。

舵机分为模拟舵机和数字舵机。SG90 为模拟舵机,控制信号为 20 ms 周期的 PWM 波,PWM 高电平时间范围为 0.5~2.5 ms,对应于旋转角度 0°~180°。

图 4-1　SG90 舵机外观

（2）SG90 舵机参数。

外观尺寸为 22.3 mm×11.8 mm×26.3 mm；线长为 25 cm；净重为（9±1）g；附件为 3 种功能舵盘和固定螺丝。工作电压为 4.5～6 V；使用温度为 −10～50℃；转角角度为 0°～180°；空转转速为 0.08 s/60°（4.8 V）～0.1 s/60°（6V）；扭矩为 1.6 kg·cm（4.8 V）。

对 SG90 舵机进行拆解，可以得到外壳、4 只齿轮，可以观察到电机、位置检测器和一块电路板，电路板上有一片 SO-8 的芯片（见图 4-2）。"位置检测器"本质上是一个可调的电位器，这也就解释了为什么该舵机不能实现 360°范围内的位置调节，因为电位器电阻膜的扇形结构不管怎么设计都无法达到 360°。位置检测器的轴是一个扁轴，在装配时注意对正才能插入电位器孔内。

图 4-2　SG90 舵机拆解

（3）模拟舵机的控制信号特征。

舵机转动的角度是通过调节 PWM 信号的占空比来实现的。舵机内部有一个基准电路，产生周期为 20 ms、宽度为 1.5 ms 的基准信号。

舵机将获得的直流偏置电压与电位器（位置检测）的电压比较，获得电压差输出。经过电路板 IC 方向判断，再驱动马达开始转动，透过减速齿轮将动力传至摆臂，同时由位置检测器送回信号，判断是否已经到位。

标准的 PWM 信号的周期固定为 20 ms，理论上脉宽分布应该在 1～2 ms 之间，实际上可在 0.5～2.5 ms 之间，脉宽与转角 0°～180°相对应。不同厂家不同型号的舵机会有所差异。SG90 舵机控制信号特征与转角关系，如图 4-3 所示。

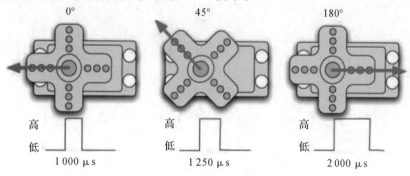

图 4-3　SG90 舵机控制信号特征与转角关系

也就是说,若用主控板去控制舵机旋转角度,就要生产一个周期为 20 ms,占空比为 0.5~2.5 ms 可调节的 PWM 波。若控制的精度为 1°,则 PWM 波的分辨率为 2 ms÷180×1 000＝11 μs。若为 0.5°,则 PWM 波的分辨率为 5.5 μs。

(4)Arduino 提供的 Servo 库。

Arduino 提供了 Servo 库,可以用来方便地生成舵机所需的 PWM 控制信号,对于 AVR328 控制器芯片,内部使用的是定时器 1,对于 Mega2560 控制器芯片,内部使用了定时器 5、定时器 1、定时器 3 和定时器 4。这些定时器都是 16 位分辨率,满足精度的要求。

在 Servo.h 头文件中,提供了使用 Servo 库的接口函数。包括 attach(),detach(),attached(),write(),writeMicroseconds(),readMicroseconds()。使用时,先用 attach()函数绑定待输出 PWM 波的数字管脚号,再使用 write()输出待旋转的角度值,其他函数使用的频度较低,可以查阅网上的资料。

以下为 Servo.h 头文件中关于接口函数的原型声明。

```
程序清单 31
1.typedef struct  {
2.uint8_t nbr       :6 ;   // a pin number from 0 to 63
3.uint8_t isActive   :1 ;   // true if this channel is enabled, pin not pulsed if false
4.} ServoPin_t ;
5.
6.typedef struct {
7.  ServoPin_t Pin;
8.volatile unsigned int ticks;
9.}servo_t;
10.
11.class Servo
12.{
13.public:
14.  Servo();
15.uint8_t attach(int pin);                // 绑定待输出 PWM 波的数字管脚号
16.uint8_t attach(int pin, int min, int max); // 绑定数字管脚号同时限定转角极限值.
17.void detach();
18.void write(int value);                  // 输出角度值,200 以内
19.void writeMicroseconds(int value); // 输出脉冲宽度,单位为 μs
20.int read();                            // 返回设置的转角值,0°~180°
21.int readMicroseconds();                // 返回脉冲宽度的设置值
22.bool attached();                       // 检查是否某管脚被 PWM 方式已占用
23.private:
24.uint8_t servoIndex;   // index into the channel data for this servo
25.int8_t min;   // minimum is this value times 4 added to MIN_PULSE_WIDTH
26.int8_t max;   // maximum is this value times 4 added to MAX_PULSE_WIDTH
27.};
```

3.实验过程

（1）准备软件代码。

下面的代码是实验用到的示例代码。

```
程序清单 32
1.//   29_SWeep.ino
2.//   西工大计算机基础教学与实验中心智能硬件教学组
3.//   2021.11.1 WangYihang
4.//   功能描述：  驱动 SG90 舵机(或金属舵机)反复改变位置,
5.//            用示波器观察控制信号上的电源不稳定现象
6.//            用相机测定舵机的响应时间
7.//   主控板      UNO 板/Mega2560
8.//            更换主控板后,COM 口编号会改变
9.//   连线：    1. D9 - - - -   橙色(舵机)
10.//           2. VCC - - -   红色(舵机)
11.//           3. GND - - -   棕色(舵机)
12.
13.# include< Servo.h>
14.
15.Servo myservo;// create servo object to control a servo
16.// twelve servo objects can be created on most boards
17.
18.int pos =  0;     // variable to store the servo position
19.
20.void setup() {
21.  myservo.attach(9);   // attaches the servo on pin 9 to the servo object
22.}
23.
24.void loop() {
25.for (pos =  0; pos < =  180; pos + =  1) { // goes from 0 degrees to 180 degrees
26.// in steps of 1 degree
27.    myservo.write(pos);// tell servo to go to position in variable 'pos'
28.    delay(15);              // waits 15ms for the servo to reach the position
29.  }
30.  delay(1000);    // 出于测量需要,要停止一段时间,防止摆幅不够
31.for (pos =  180; pos > =  0; pos - =  1) { // goes from 180 degrees to 0 degrees
32.    myservo.write(pos);// tell servo to go to position in variable 'pos'
33.    delay(15);              // waits 15ms for the servo to reach the position
34.  }
35.  delay(1000);
36.}
```

示例代码改动自 IDE 中提供的示例 Sweeep。可以通过"文件"→"示例"→"Servo"→"Sweep"打开该示例。在本实验中要求用摄像法测量舵机的响应时间,那么在第 30 行和第 35

行加上了两处延时,延时控制目前设定在 1 s。

该代码中 25~28 行,每 15 ms,pos 变量自增 1,那么从 0 自增到 180 需要 0.015 s×180＝2.7 s。第 31~34 行亦需要 2.7 s。对于该程序,实验的效果是舵机开始正转 180°,耗时 2.7 s,等待 1 s,然后从 180°反转到 0°,耗时 2.7 s,等待 1 s。一个 loop 循环下来需 6.4 s。

(2)线路设计与连线设计。

连接舵机时,线路图见图 4-4,连线表见表 4-1。

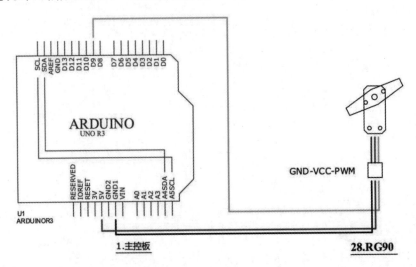

图 4-4 舵机实验线路图

表 4-1 舵机实验连线表

序 号	连接点 1	连接点 2	线 色	备 注
1	U2.GND1		棕色	针孔转接线 黑色
2	U2.D9		橙色	针孔转接线 橙色
3	U2.5 V		红色	针孔转接线 红色

(3)编译、下载。

将与 UNO 板相连的 USB 线与宿主机连接好,插到宿主机的一个 USB 插座内。在设备管理器中确认串口号。

对程序进行编译、下载,观察 IDE 下部的打印信息,直到出现提示语"avrdude:done. Thank you."表示完成操作,说明下载完毕。

(4)初步确认实验现象。

程序下载完成后,舵机的摆臂应该开始动作。摆臂能够顺时针转到头,再逆时针转到头,说明连线和程序基本正常,可以进行测试、测量工作。

(5)逻辑分析仪测量。

用逻辑分析仪测量 PWM 信号特征,连续记录至少 6.4 s。

从获得的采样结果中指出 PWM 脉宽逐渐变大的过程,找到脉宽最小值,测量其宽度为
_____ ms,找到脉宽的最大值,测量其宽度为_____ ms,PWM 脉冲的周期为_____ ms。

（6）示波器测量。

用示波器测量的目的在于观察 PWM 信号受污染时的波形特征（见图 4 - 5），而不在于测量其脉冲宽度和周期。

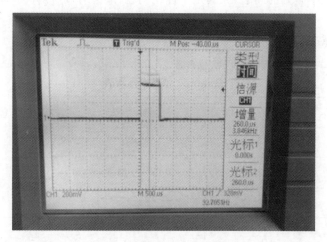

图 4 - 5　受污染的 PWM 波示例

测量若干个 PWM 信号受污染时的波形，并截取 5 张截图或拍短视频记录 10 s。

（7）修改源程序，测量舵机阶跃响应时间。

SG90 舵机的技术指标有"空转转速：0.08 s/60°（4.8V）～0.1 s/60°（6V）"，下面通过实验设计去求证该指标。

阶跃响应指给舵机一个从 0°～180°的突变指令，舵机旋转位置随时间变化的情况。

修改 loop()函数中为以下内容。

```
1.  void loop(){
2.    myservo.write(180);
3.    delay(2000);   // 出于测量需要,要停止一段时间,防止摆幅不够;
4.    myservo.write(0);
5.    delay(2000);
6.  }
```

（8）初步确认实验现象。

程序下载完成后，舵机的摆臂应该开始动作。摆臂能够顺时针转到头，再逆时针转到头，说明连线和程序基本正常，可以进行测试、测量工作。

（9）用相机测量阶跃时间。

相机拍摄视频时每秒钟会拍摄一定的帧数，每帧间的时间间隔固定。常见的帧速率为 30 帧、60 帧、25 帧和 50 帧，可以在相机里的"设置"选项中找到相关信息。

假设设置帧速率为 30 fps[①]。

用相机拍一段约 8 s 的视频，找一款视频编辑软件，对视频进行逐帧分析。记录从 0°～180°旋转所经历的帧数，记录从 180°～0°旋转所经历的帧数，计算出响应时间。

---

①　fps:每秒传输帧数,frames per second。

4.实验记录和报告要求

（1）用文字描述实验的过程，完成实验报告。

（2）对实验过程中碰到的问题，尤其是个性化问题，最终有没有解决？是如何解决的，请尽量详细描述。

（3）分享实验感受，并讨论。

（4）填写实验记录表。测试记录表见表4-2。

表4-2　测试记录表

序　号	测量项	测试方法	测量记录
1	PWM 周期	逻辑分析测量 D9	ms
2	PWM 最小脉宽		ms
3	PWM 最大脉宽		ms
4	受污染波形 第1张	示波器测量 D9	贴照片处
5	第2张		贴照片处
6	第3张		贴照片处
7	第4张		贴照片处
8	第5张		贴照片处
9	阶跃时间 $0°\sim180°$	视频记录，找到开始帧和结束帧，计算帧差值	ms
10	阶跃时间 $180°\sim0°$		ms

5.思考题

考察分离式供电。实际的系统中，因舵机回路电流大，通常与处理器供电回路分开供电，试结合实验举例说明。

4.2　OLED 与图形库编程

本节内容用到 U8glib 库。先学习 U89lib 库里提供的数个典型示例，然后自行完成设计，在屏上显示温、湿度信息，显示光照信息。

1.实验目的

(1)了解嵌入式界面设计。

(2)可以读懂 U8glib 界面库中几个典型的示例程序，包括字符串打印和画图功能。

(3)尝试进行简单的界面设计。

(4)测定显示屏的功耗。

2.设计方案

界面设计包含的内容很多，包括显示元素的大小、字体、是否有 3D 效果，风格(Windows 风格/UNIX 风格)、颜色的搭配等。从技术实现角度，需要开发者了解显示驱动器底层驱动、总线连接方式(如何接入微处理器系统)、抽象后的用户界面编程 API 函数等。

在早期的轻量级的微控制器系统中，点阵显示方式下如果要显示一个汉字，需要将汉字编码为一个 16×16 的点阵数据，如果显示西文字符，需要编码为 5×7 的点阵数据，然后将待显示的数据按某种行列规则填充到显示驱动器所管理的显存中。显示驱动器自动从显存内读取数据，映射到液晶界面。早期的单色显示液晶用显示驱动器与微处理器接口普遍为 8 位并行接口，再后来嵌入式领域用的小尺寸彩色液晶显示为 16 位的并行总线接口，采用 RGB565 格式，拼成 16 位。大一些尺寸的液晶显示接口普遍采用的是 LVDS 接口。

图 4-6 所示是在实验仪的黄绿色 OLED 屏上显示英文字符中的效果。留意到字符是由"点"组成。

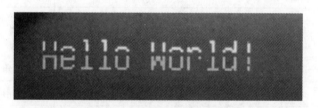

图 4-6　显示英文字符效果

(1)屏的选型。

当前，OLED 屏因为显示颜色鲜艳、亮度高，视角宽等特点被广泛应用，尺寸有 0.96 in[①]、1.3 in。因为 0.96 in 出货量最多、颜色有好几种可选，故选用 0.96 in 的 OLED 屏。

0.96 in 的 OLED 屏对应控制器为 SSD1306。

1.3 in 的 OLED 屏对应控制器为 SH1106。

SH1106 和 SSD1306 的接口是兼容的，软件初始化时略有差异。

(2)屏与微处理器的接口。

---

① 　1 in= 2.54 cm。

SSD1306 与处理器的接口比较灵活,可以是 8 位并行接口,也可以是 SPI 接口或 I²C 接口。具体是 3 种接口中的哪一种形式,由硬跳线决定。

Arduino UNO 提供的数字口共 14 根线,去掉调试通信占用了 D0,D1,剩 12 根线。若采用 8 位并行接口方式接线,8 位数据线要占用 8 根,还有片选、读使能、写使能、地址线,这样一来,就没有数字 I/O 可用了。所以推荐使用 SPI 接口或 I²C 接口。

在实验仪上,采用的是 I²C 接口。

(3)界面库。

界面库是一种软件,通过界面库,可以显示西文字体,其字体和字号可以设置;可以显示简单的图形,如画线、矩形、圆、椭圆、三角形、圆角矩形等;可以在某个显示区域进行填充(如显示图片)。应用界面库后,面向像素点的底层的操作被封装,开发者可以集中精力做上层的界面设计,从而降低了技术门槛。界面库有很多种,包括开源的和商业化的,这里选用 U8Glib。

界面库主要解决以下 4 个问题:①怎么显示字符?这里的字符指的是阿拉伯数字、大小写英文字母,西文标点符号,字符的字体是否可调? 字符的大小(字号)是否可调? ②几何操作,指的是显示几何图形的点、线、矩形、三角形、圆形、椭圆等基本形状,是否对封闭区域可以填充?③显示位图,在整片区域显示照片,照片可以是彩色、灰度图像。④显示汉字,这个问题比较特殊,对嵌入式显示设备,涉及是否有字库,一般的做法是把汉字用软件工具转为点阵数据,然后采取和照片一样的方式对待。

解决前两个问题所对应的常用函数见表 4-3。

表 4-3 常用函数

序 号	函 数	功 能
1	u8g. setFont(u8g_font_unifont);	更改显示字体
2	u8g. drawStr(0, 22, "Hello World!");	打印西文字符串
3	u8g. drawStr90(30,31+a, "90");	按 90°旋转显示字符串
4	u8g. drawLine(7+a, 10, 40, 55);	画线
5	u8g. drawTriangle(14,7, 45,30, 10,40);	画三角形
6	u8g. drawFrame(5,10+30,20,10);	画矩形
7	u8g. drawRFrame(5, 10,40,30, a+1);	画圆角矩形
8	u8g. drawCircle(10,18+30,9);	画圆
9	u8g. drawDisc(10,18,9);	填充画园形
10	u8g. drawBox(5,10,20,10);	填充画矩形

3.实验过程

(1)准备连线图和连线表。

线路图见图 4-7,连线表见表 4-4。

对基础版教学仪,OLED 模块不是标准配置,需要单独配。

对进阶版硬件,图 4-7 中主控板采用的 UNO R3,逻辑分析仪是外置的,按图中连线修改到 CH0 和 CH1 上。不论是外置或内置逻辑分析仪,信号连线时 GND 要接上。

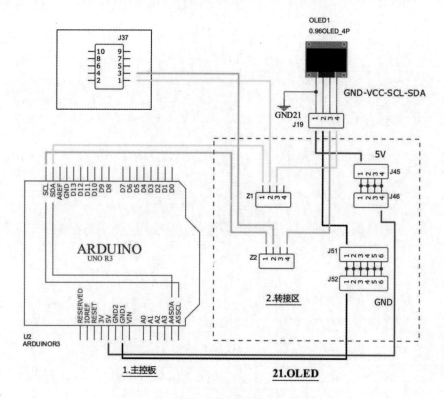

图 4 - 7 连线图

表 4 - 4 连线表

序　号	连接点 1	连接点 2	线　色
1	GND 排针	J4/J5 任意位置	黑色
2	U2.5V	J2/J3 任意位置	红色
3	J19.1	J4/J5 任意位置	黑色
4	J19.2	J2/J3 任意位置	红色
5	U2. SCL	Z2.1	绿色
6	U2. SDA	Z1.1	黄色
7	Z2.2	J37.1	绿色
8	Z1.2	J37.3	黄色
9	Z2.4	J19.3	绿色
10	Z1.3	J19.4	黄色

(2)字符显示测试程序。

程序清单 32

42.# include"U8glib.h"

```
    44.// setup u8g object, please remove comment from one of the following
constructor calls
    45.// IMPORTANTNOTE: The following list is incomplete. The complete list of supported
    46.// devices with all constructor calls is here: https://github.com/olikraus/
u8glib/wiki/device
    47.//U8GLIB_NHD27OLED_BW u8g(13, 11, 10, 9); // SPI Com: SCK = 13, MOSI = 11, CS = 10,
A0 = 9
    48.//U8GLIB_NHD27OLED_2X_BW u8g(13, 11, 10, 9); // SPI Com: SCK = 13, MOSI = 11, CS =
10, A0 = 9
    49.//U8GLIB_NHD27OLED_GR u8g(13, 11, 10, 9); // SPI Com: SCK = 13, MOSI = 11, CS = 10,
A0 = 9
    50.//U8GLIB_NHD27OLED_2X_GR u8g(13, 11, 10, 9); // SPI Com: SCK = 13, MOSI = 11, CS =
10, A0 = 9
    51.//U8GLIB_NHD31OLED_BW u8g(13, 11, 10, 9); // SPI Com: SCK = 13, MOSI = 11, CS = 10,
A0 = 9
    52.//U8GLIB_NHD31OLED_2X_BW u8g(13, 11, 10, 9); // SPI Com: SCK = 13, MOSI = 11, CS =
10, A0 = 9
    53.//U8GLIB_NHD31OLED_GR u8g(13, 11, 10, 9); // SPI Com: SCK = 13, MOSI = 11, CS = 10,
A0 = 9
    54.//U8GLIB_NHD31OLED_2X_GR u8g(13, 11, 10, 9); // SPI Com: SCK = 13, MOSI = 11, CS =
10, A0 = 9
    55.//U8GLIB_DOGS102 u8g(13, 11, 10, 9, 8);  // SPI Com: SCK = 13, MOSI = 11, CS = 10,
A0 = 9
    56.//U8GLIB_DOGM132 u8g(13, 11, 10, 9);  // SPI Com: SCK = 13, MOSI = 11, CS = 10, A0 = 9
    57.//U8GLIB_DOGM128 u8g(13, 11, 10, 9);  // SPI Com: SCK = 13, MOSI = 11, CS = 10, A0 = 9
    58.//U8GLIB_DOGM128_2X u8g(13, 11, 10, 9);  // SPI Com: SCK = 13, MOSI = 11, CS = 10,
A0 = 9
    59.//U8GLIB_ST7920_128X64_1X u8g(8, 9, 10, 11, 4, 5, 6, 7, 18, 17, 16);   // 8Bit Com:
D0..D7: 8, 9, 10, 11, 4, 5, 6, 7 en= 18, di= 17, rw= 16
    60.//U8GLIB_ST7920_128X64_4X u8g(8, 9, 10, 11, 4, 5, 6, 7, 18, 17, 16);   // 8Bit Com:
D0..D7: 8, 9, 10, 11, 4, 5, 6, 7 en= 18, di= 17, rw= 16
    61.//U8GLIB_ST7920_128X64_1X u8g(18, 16, 17); // SPI Com: SCK = en = 18, MOSI = rw =
16, CS = di = 17
    62.//U8GLIB_ST7920_128X64_4X u8g(18, 16, 17); // SPI Com: SCK = en = 18, MOSI = rw =
16, CS = di = 17
    63.//U8GLIB_ST7920_192X32_1X u8g(8, 9, 10, 11, 4, 5, 6, 7, 18, 17, 16);   // 8Bit Com:
D0..D7: 8, 9, 10, 11, 4, 5, 6, 7 en= 18, di= 17, rw= 16
    64.//U8GLIB_ST7920_192X32_4X u8g(8, 9, 10, 11, 4, 5, 6, 7, 18, 17, 16);   // 8Bit Com:
D0..D7: 8, 9, 10, 11, 4, 5, 6, 7 en= 18, di= 17, rw= 16
    65.//U8GLIB_ST7920_192X32_1X u8g(18, 16, 17); // SPI Com: SCK = en = 18, MOSI = rw =
16, CS = di = 17
    66.//U8GLIB_ST7920_192X32_4X u8g(18, 16, 17); // SPI Com: SCK = en = 18, MOSI = rw =
16, CS = di = 17
```

```
67.//U8GLIB_ST7920_192X32_1X u8g(13, 11, 10); // SPI Com: SCK = en = 13, MOSI = rw =
11, CS = di = 10
68.//U8GLIB_ST7920_192X32_4X u8g(10);   // SPI Com: SCK = en = 13, MOSI = rw = 11, CS
= di = 10, HW SPI
69.//U8GLIB_ST7920_202X32_1X u8g(8, 9, 10, 11, 4, 5, 6, 7, 18, 17, 16);   // 8Bit Com:
D0..D7: 8, 9, 10, 11, 4, 5, 6, 7 en= 18, di= 17, rw= 16
70.//U8GLIB_ST7920_202X32_4X u8g(8, 9, 10, 11, 4, 5, 6, 7, 18, 17, 16);   // 8Bit Com:
D0..D7: 8, 9, 10, 11, 4, 5, 6, 7 en= 18, di= 17, rw= 16
71.//U8GLIB_ST7920_202X32_1X u8g(18, 16, 17); // SPI Com: SCK = en = 18, MOSI = rw =
16, CS = di = 17
72.//U8GLIB_ST7920_202X32_4X u8g(18, 16, 17); // SPI Com: SCK = en = 18, MOSI = rw =
16, CS = di = 17
73.//U8GLIB_LM6059 u8g(13, 11, 10, 9);   // SPI Com: SCK = 13, MOSI = 11, CS = 10, A0 = 9
74.//U8GLIB_LM6063 u8g(13, 11, 10, 9);   // SPI Com: SCK = 13, MOSI = 11, CS = 10, A0 = 9
75.//U8GLIB_DOGXL160_BW u8g(10, 9);   // SPI Com: SCK = 13, MOSI = 11, CS = 10, A0 = 9
76.//U8GLIB_DOGXL160_GR u8g(13, 11, 10, 9); // SPI Com: SCK = 13, MOSI = 11, CS = 10,
A0 = 9
77.//U8GLIB_DOGXL160_2X_BW u8g(13, 11, 10, 9); // SPI Com: SCK = 13, MOSI = 11, CS =
10, A0 = 9
78.//U8GLIB_DOGXL160_2X_GR u8g(13, 11, 10, 9); // SPI Com: SCK = 13, MOSI = 11, CS =
10, A0 = 9
79.//U8GLIB_PCD8544 u8g(13, 11, 10, 9, 8);   // SPI Com: SCK = 13, MOSI = 11, CS = 10,
A0 = 9, Reset = 8
80.//U8GLIB_PCF8812 u8g(13, 11, 10, 9, 8);   // SPI Com: SCK = 13, MOSI = 11, CS = 10,
A0 = 9, Reset = 8
81.//U8GLIB_KS0108_128 u8g(8, 9, 10, 11, 4, 5, 6, 7, 18, 14, 15, 17, 16);   // 8Bit Com:
D0..D7: 8, 9, 10, 11, 4, 5, 6, 7 en= 18, cs1= 14, cs2= 15, di= 17, rw= 16
82.//U8GLIB_LC7981_160X80 u8g(8, 9, 10, 11, 4, 5, 6, 7,  18, 14, 15, 17, 16);   // 8Bit
Com: D0..D7: 8, 9, 10, 11, 4, 5, 6, 7 en= 18, cs= 14 , di= 15, rw= 17, reset = 16
83.//U8GLIB_LC7981_240X64 u8g(8, 9, 10, 11, 4, 5, 6, 7,  18, 14, 15, 17, 16);   // 8Bit
Com: D0..D7: 8, 9, 10, 11, 4, 5, 6, 7 en= 18, cs= 14 , di= 15, rw= 17, reset = 16
84.//U8GLIB_LC7981_240X128 u8g(8, 9, 10, 11, 4, 5, 6, 7,  18, 14, 15, 17, 16);   // 8Bit
Com: D0..D7: 8, 9, 10, 11, 4, 5, 6, 7 en= 18, cs= 14 , di= 15, rw= 17, reset = 16
85.//U8GLIB_ILI9325D_320x240 u8g(18, 17, 19, U8G_PIN_NONE, 16 );     // 8Bit Com: D0..D7:
0, 1, 2, 3, 4, 5, 6, 7 en= wr= 18, cs= 17, rs= 19, rd= U8G_PIN_NONE, reset = 16
86.//U8GLIB_SBN1661_122X32 u8g(8, 9, 10, 11, 4, 5, 6, 7, 14, 15, 17, U8G_PIN_NONE, 16);   //
8Bit Com: D0..D7: 8, 9, 10, 11, 4, 5, 6, 7 cs1= 14, cs2= 15, di= 17, rw= 16, reset = 16
87.//U8GLIB_SSD1306_128X64 u8g(13, 11, 10, 9); // SW SPI Com: SCK = 13, MOSI = 11, CS
= 10, A0 = 9
88.//U8GLIB_SSD1306_128X64 u8g(4, 5, 6, 7); // SW SPI Com: SCK = 4, MOSI = 5, CS = 6,
A0 = 7 (new white HalTec OLED)
```

89.//U8GLIB_SSD1306_128X64 u8g(10, 9);   // HW SPI Com: CS = 10, A0 = 9 (Hardware Pins are SCK = 13 and MOSI = 11)

90.//U8GLIB_SSD1306_128X64 u8g(U8G_I2C_OPT_NONE|U8G_I2C_OPT_DEV_0); // I2C / TWI

91.//U8GLIB_SSD1306_128X64 u8g(U8G_I2C_OPT_DEV_0|U8G_I2C_OPT_NO_ACK|U8G_I2C_OPT_FAST); // Fast I2C / TWI

92.//U8GLIB_SSD1306_128X64 u8g(U8G_I2C_OPT_NO_ACK); // Display which does not send AC

93.//U8GLIB_SSD1306_ADAFRUIT_128X64 u8g(13, 11, 10, 9); // SW SPI Com: SCK = 13, MOSI = 11, CS = 10, A0 = 9

94.//U8GLIB_SSD1306_ADAFRUIT_128X64 u8g(10, 9);   // HW SPI Com: CS = 10, A0 = 9 (Hardware Pins are SCK = 13 and MOSI = 11)

95.//U8GLIB_SSD1306_128X32 u8g(13, 11, 10, 9); // SW SPI Com: SCK = 13, MOSI = 11, CS = 10, A0 = 9

96.//U8GLIB_SSD1306_128X32 u8g(10, 9);   // HW SPI Com: CS = 10, A0 = 9 (Hardware Pins are SCK = 13 and MOSI = 11)

97.//U8GLIB_SSD1306_128X32 u8g(U8G_I2C_OPT_NONE); // I2C / TWI

98.//U8GLIB_SSD1306_64X48 u8g(13, 11, 10, 9); // SW SPI Com: SCK = 13, MOSI = 11, CS = 10, A0 = 9

99.//U8GLIB_SSD1306_64X48 u8g(10, 9);   // HW SPI Com: CS = 10, A0 = 9 (Hardware Pins are SCK = 13 and MOSI = 11)

100.//U8GLIB_SSD1306_64X48 u8g(U8G_I2C_OPT_NONE); // I2C / TWI

101.//U8GLIB_SH1106_128X64 u8g(13, 11, 10, 9); // SW SPI Com: SCK = 13, MOSI = 11, CS = 10, A0 = 9

102.//U8GLIB_SH1106_128X64 u8g(4, 5, 6, 7); // SW SPI Com: SCK = 4, MOSI = 5, CS = 6, A0 = 7 (new blue HalTec OLED)

103.//U8GLIB_SH1106_128X64 u8g(U8G_I2C_OPT_NONE); // I2C / TWI

104.//U8GLIB_SH1106_128X64 u8g(U8G_I2C_OPT_DEV_0|U8G_I2C_OPT_FAST); // Dev 0, Fast I2C / TWI

105.//U8GLIB_SH1106_128X64 u8g(U8G_I2C_OPT_NO_ACK); // Display which does not send ACK

106.//U8GLIB_SSD1309_128X64 u8g(13, 11, 10, 9); // SPI Com: SCK = 13, MOSI = 11, CS = 10, A0 = 9

107.//U8GLIB_SSD1327_96X96_GR u8g(U8G_I2C_OPT_NONE); // I2C

108.//U8GLIB_SSD1327_96X96_2X_GR u8g(U8G_I2C_OPT_NONE); // I2C

109.//U8GLIB_UC1611_DOGM240 u8g(U8G_I2C_OPT_NONE); // I2C

110.//U8GLIB_UC1611_DOGM240 u8g(13, 11, 10, 9, 8); // SW SPI Com: SCK = 13, MOSI = 11, CS = 10, A0 = 9, RST = 8

111.//U8GLIB_UC1611_DOGM240 u8g(10, 9);   // HW SPI Com: CS = 10, A0 = 9 (Hardware Pins are SCK = 13 and MOSI = 11)

112.//U8GLIB_UC1611_DOGM240 u8g(10, 9);   // HW SPI Com: CS = 10, A0 = 9 (Hardware Pins are SCK = 13 and MOSI = 11)

113.//U8GLIB_UC1611_DOGM240 u8g(8, 9, 10, 11, 4, 5, 6, 7, 18, 3, 17, 16);   // 8Bit Com: D0..D7: 8,9,10,11,4,5,6,7 en= 18, cs= 3, di/a0= 17, rw= 16

114.//U8GLIB_UC1611_DOGXL240 u8g(U8G_I2C_OPT_NONE); // I2C

115.//U8GLIB_UC1611_DOGXL240 u8g(13, 11, 10, 9, 8); // SW SPI Com: SCK = 13, MOSI = 11, CS = 10, A0 = 9, RST = 8

116.//U8GLIB_UC1611_DOGXL240 u8g(10, 9);   // HW SPI Com: CS = 10, A0 = 9 (Hardware Pins are SCK = 13 and MOSI = 11)

117.//U8GLIB_UC1611_DOGXL240 u8g(8, 9, 10, 11, 4, 5, 6, 7, 18, 3, 17, 16);   // 8Bit Com: D0..D7: 8,9,10,11,4,5,6,7 en= 18, cs= 3, di/a0= 17, rw= 16

118.//U8GLIB_NHD_C12864 u8g(13, 11, 10, 9, 8); // SPI Com: SCK = 13, MOSI = 11, CS = 10, A0 = 9, RST = 8

119.//U8GLIB_NHD_C12832 u8g(13, 11, 10, 9, 8); // SPI Com: SCK = 13, MOSI = 11, CS = 10, A0 = 9, RST = 8

120.//U8GLIB_LD7032_60x32 u8g(13, 11, 10, 9, 8); // SPI Com: SCK = 13, MOSI = 11, CS = 10, A0 = 9, RST = 8

121.//U8GLIB_LD7032_60x32 u8g(11, 12, 9, 10, 8); // SPI Com: SCK = 11, MOSI = 12, CS = 9, A0 = 10, RST = 8 (SW SPI Nano Board)

122.//U8GLIB_UC1608_240X64 u8g(13, 11, 10, 9, 8); // SW SPI Com: SCK = 13, MOSI = 11, CS = 10, A0 = 9, RST = 8

123.//U8GLIB_UC1608_240X64_2X u8g(13, 11, 10, 9, 8); // SW SPI Com: SCK = 13, MOSI = 11, CS = 10, A0 = 9, RST = 8

124.//U8GLIB_UC1608_240X64 u8g(10, 9, 8); // HW SPI Com: SCK = 13, MOSI = 11, CS = 10, A0 = 9, RST = 8

125.//U8GLIB_UC1608_240X64_2X u8g(10, 9, 8); // HW SPI Com: SCK = 13, MOSI = 11, CS = 10, A0 = 9, RST = 8

126.//U8GLIB_UC1608_240X u8g(13, 11, 10, 9, 8); // SW SPI Com: SCK = 13, MOSI = 11, CS = 10, A0 = 9, RST = 8

127.//U8GLIB_UC1608_240X64_2X u8g(13, 11, 10, 9, 8); // SW SPI Com: SCK = 13, MOSI = 11, CS = 10, A0 = 9, RST = 8

128.//U8GLIB_UC1608_240X64 u8g(10, 9, 8); // HW SPI Com: SCK = 13, MOSI = 11, CS = 10, A0 = 9, RST = 8

129.//U8GLIB_UC1608_240X64_2X u8g(10, 9, 8); // HW SPI Com: SCK = 13, MOSI = 11, CS = 10, A0 = 9, RST = 8

130.//U8GLIB_T6963_240X128 u8g(8, 9, 10, 11, 4, 5, 6, 7, 14, 15, 17, 18, 16); // 8Bit Com: D0..D7: 8,9,10,11,4,5,6,7, cs= 14, a0= 15, wr= 17, rd= 18, reset= 16

131.//U8GLIB_T6963_128X128 u8g(8, 9, 10, 11, 4, 5, 6, 7, 14, 15, 17, 18, 16); // 8Bit Com: D0..D7: 8,9,10,11,4,5,6,7, cs= 14, a0= 15, wr= 17, rd= 18, reset= 16

132.//U8GLIB_T6963_240X64 u8g(8, 9, 10, 11, 4, 5, 6, 7, 14, 15, 17, 18, 16); // 8Bit Com: D0..D7: 8,9,10,11,4,5,6,7, cs= 14, a0= 15, wr= 17, rd= 18, reset= 16

133.//U8GLIB_T6963_128X64 u8g(8, 9, 10, 11, 4, 5, 6, 7, 14, 15, 17, 18, 16); // 8Bit Com: D0..D7: 8,9,10,11,4,5,6,7, cs= 14, a0= 15, wr= 17, rd= 18, reset= 16

134.//U8GLIB_HT1632_24X16 u8g(3, 2, 4);   // WR = 3, DATA = 2, CS = 4

135.//U8GLIB_SSD1351_128X128_332 u8g(13, 11, 8, 9, 7); // Arduino UNO: SW SPI Com: SCK = 13, MOSI = 11, CS = 8, A0 = 9, RESET = 7 (http://electronics.ilsoft.co.uk/ArduinoShield.aspx)

136.//U8GLIB_SSD1351_128X128_332 u8g(76, 75, 8, 9, 7); // Arduino DUE: SW SPI Com: SCK = 13, MOSI = 11, CS = 8, A0 = 9, RESET = 7 (http://electronics.ilsoft.co.uk/ArduinoShield.aspx)

137.//U8GLIB_SSD1351_128X128_332 u8g(8, 9, 7); // Arduino: HW SPI Com: SCK = 13, MOSI = 11, CS = 8, A0 = 9, RESET = 7 (http://electronics.ilsoft.co.uk/ArduinoShield.aspx)
138.//U8GLIB_SSD1351_128X128_HICOLOR u8g(76, 75, 8, 9, 7); // Arduino DUE, SW SPI Com:

```
SCK = 76, MOSI = 75, CS = 8, A0 = 9, RESET = 7 (http://electronics.ilsoft.co.uk/Ar-
duinoShield.aspx)
    139.//U8GLIB_SSD1351_128X128_HICOLOR u8g(8, 9, 7); // Arduino, HW SPI Com: SCK = 76,
MOSI = 75, CS = 8, A0 = 9, RESET = 7 (http://electronics.ilsoft.co.uk/ArduinoShield.
aspx)
    140.//U8GLIB_SSD1351_128X128GH_332 u8g(8, 9, 7); // Arduino, HW SPI Com: SCK = 76, MO-
SI = 75, CS = 8, A0 = 9, RESET = 7 (Freetronics OLED)
    141.//U8GLIB_SSD1351_128X128GH_HICOLOR u8g(8, 9, 7); // Arduino, HW SPI Com: SCK =
76, MOSI = 75, CS = 8, A0 = 9, RESET = 7 (Freetronics OLED)
    142.
    143.
    144.void draw(void) {
    145.// graphic commands to redraw the complete screen should be placed here
    146.  u8g.setFont(u8g_font_unifont);
    147.//u8g.setFont(u8g_font_osb21);
    148.  u8g.drawStr(0, 22, "Hello World!");
    149.}
    150.
    151.void setup(void) {
    152.// flip screen, if required
    153.// u8g.setRot180();
    154.
    155.// set SPI backup if required
    156.//u8g.setHardwareBackup(u8g_backup_avr_spi);
    157.
    158.// assign default color value
    159.if ( u8g.getMode() = = U8G_MODE_R3G3B2 ) {
    160.    u8g.setColorIndex(255);     // white
    161.  }
    162.else if ( u8g.getMode() = = U8G_MODE_GRAY2BIT ) {
    163.    u8g.setColorIndex(3);           // max intensity
    164.  }
    165.else if ( u8g.getMode() = = U8G_MODE_BW ) {
    166.    u8g.setColorIndex(1);           // pixel on
    167.  }
    168.else if ( u8g.getMode() = = U8G_MODE_HICOLOR ) {
    169.    u8g.setHiColorByRGB(255, 255, 255);
    170.  }
    171.
    172.  pinMode(8, OUTPUT);
    173.}
    174.
    175.void loop(void) {
    176.// picture loop
    177.  u8g.firstPage();
```

```
178.do {
179.   draw();
180.  }while( u8g.nextPage() );
181.
182.// rebuild the picture after some delay
183.//delay(50);
184.}
```

代码中的第 1～39 行为代码项目信息说明,可以看到这是一个从 2013 年就有了开源项目,U8GL 是"Universal 8bit Graphics Library"的首字母缩写。

代码中的第 7 行提示在编译前去掉对应构造函数前的注释。

代码中的第 47～141 行为适应各种不同驱动器不同显示尺寸的构造函数。编译前,这些行前都有双斜线注释。对于实验仪,采用的驱动为 SSD1306,接线方式为 I^2C,所以要打开 91 行。

```
//U8GLIB_SSD1306_128X64 u8g(U8G_I2C_OPT_DEV_0|U8G_I2C_OPT_NO_ACK|U8G_I2C_OPT_FAST); //
Fast I2C / TWI
```

该行的作用是构造一个 SSD1306 类驱动器,128 列×64 行的对象,初始化参数为地址 0,不检测 ACK 应答,快速 I^2C 总线速率。

代码中第 144 行开始为 draw()函数,该函数中的第 146 行和第 148 行是这个示例程序的重点,第 146 行用于设置显示的字体,第 148 行用于在参数给定的坐标处显示字符串。

代码中第 151～173 行是 setup()函数,先不用理会。

代码中第 175 行开始是 loop()函数,第 177～180 行是 u8glib 的固定写法,无需修改。

(3)字符显示例程效果。

选定主控板为 UNO R3,上传编译后的程序。

例程的第 148 行中打印字符串"Hello World",该字符串首字母 H 左下角的位置位于坐标(第 0 行,第 22 列)。因为黄蓝屏中有 16 行是黄色,所以有 6 行显示到蓝色区域,如图 4-8 所示。

图 4-8　打印字符串"Hello World"

修改该行的坐标参数为 u8g. drawStr(0，16，"Hello World!")。显示效果如图 4-9 所示，全部显示到黄色区域。

图 4-9　修改坐标参数后的显示效果

（4）U8g 图标显示例程。

依次进行菜单操作，选择"文件"→"示例"→"U8glib"→"U8gLogo"，打开 U8gLogo 例程（见图 4-10）。

找到第 91 行前的

```
//U8GLIB_SSD1306_128X64 u8g(U8G_I2C_OPT_DEV_0|U8G_I2C_OPT_NO_ACK|U8G_I2C_OPT_FAST);//
Fast I2C / TWI.
```

去掉该行前的双斜线注释符号。

从第 162 行开始到第 201 行是该例程需要重点阅读的内容。

```
程序清单 33
162.void drawLogo(uint8_t d)
163.{
164.# ifdef MINI_LOGO
165.u8g.setFont(u8g_font_gdr17r);
166.u8g.drawStr(0+ d, 22+ d, "U");
167.u8g.setFont(u8g_font_gdr20n);
168.u8g.drawStr90(17+ d,8+ d,"8");
169.u8g.setFont(u8g_font_gdr17r);
170.u8g.drawStr(39+ d,22+ d,"g");
171.
172.u8g.drawHLine(2+ d, 25+ d, 34);
173.u8g.drawVLine(32+ d, 22+ d, 12);
174.# else
175.u8g.setFont(u8g_font_gdr25r);
176.u8g.drawStr(0+ d, 30+ d, "U");
177.u8g.setFont(u8g_font_gdr30n);
```

```
178.u8g.drawStr90(23+ d,10+ d,"8");
179.u8g.setFont(u8g_font_gdr25r);
180.u8g.drawStr(53+ d,30+ d,"g");
181.
182.u8g.drawHLine(2+ d, 35+ d, 47);
183.u8g.drawVLine(45+ d, 32+ d, 12);
184.# endif
185.}
186.
187.void drawURL(void)
188.{
189.# ifndef MINI_LOGO
190.u8g.setFont(u8g_font_4x6);
191.if ( u8g.getHeight() <  59 )
192.  {
193.u8g.drawStr(53,9,"code.google.com");
194.u8g.drawStr(77,18,"/p/u8glib");
195.  }
196.else
197.  {
198.u8g.drawStr(1,54,"code.google.com/p/u8glib");
199.  }
200.# endif
201.}
```

(5)例程显示效果。

对该例程进行编译上传,显示效果如图 4 - 10 所示。

注意字符 8 是"躺着"显示的,对应于代码中的旋转 90°显示,u8g. drawStr90(17＋d,8＋d,"8")。

图 4 - 10　打开 U8glib 例程

图 4-10 中,包含 3 个比较大的字符,其中 8 是"躺着"的。对应于 3 种不同的字体,分别是 u8g_font_gdr17r,u8g_font_gdr20n,u8g_font_gdr17r,或者是 u8g_font_gdr25r,u8g_font_gdr30n,u8g_font_gdr25r。

图 4-10 中画有两条线,横竖各一条。水平线长度为 34(或 47),竖直线长度为 12。

有一个字符串,对应代码中 u8g. drawStr(1,54,"code. google. com/p/u8glib")。

(6)画图例程。

依次进行菜单操作,选择"文件"→"示例"→"U8glib"→"GraphicsTest",打开 GraphicsTest 例程。

找到第 91 行前的

```
//U8GLIB_SSD1306_128X64
u8g(U8G_I2C_OPT_DEV_0|U8G_I2C_OPT_NO_ACK|U8G_I2C_OPT_FAST);// Fast I2C / TWI,
```

去掉该行前的双斜线注释符号。

```
程序清单 34
142.void u8g_prepare(void) {
143.    u8g.setFont(u8g_font_6x10);
144.    u8g.setFontRefHeightExtendedText();
145.    u8g.setDefaultForegroundColor();
146.    u8g.setFontPosTop();
147.}
148.
149.void u8g_box_frame(uint8_t a) {
150.    u8g.drawStr(0, 0, "drawBox");
151.    u8g.drawBox(5,10,20,10);
152.    u8g.drawBox(10+ a,15,30,7);
153.    u8g.drawStr(0, 30, "drawFrame");
154.    u8g.drawFrame(5,10+ 30,20,10);
155.    u8g.drawFrame(10+ a,15+ 30,30,7);
156.}
157.
158.void u8g_disc_circle(uint8_t a) {
159.    u8g.drawStr(0, 0, "drawDisc");
160.    u8g.drawDisc(10,18,9);
161.    u8g.drawDisc(24+ a,16,7);
162.    u8g.drawStr(0, 30, "drawCircle");
163.    u8g.drawCircle(10,18+ 30,9);
164.    u8g.drawCircle(24+ a,16+ 30,7);
165.}
166.
167.void u8g_r_frame(uint8_t a) {
168.    u8g.drawStr(0, 0, "drawRFrame/Box");
169.    u8g.drawRFrame(5, 10,40,30, a+ 1);
170.    u8g.drawRBox(50, 10,25,40, a+ 1);
171.}
172.
```

```
173.void u8g_string(uint8_t a) {
174.    u8g.drawStr(30+ a,31, " 0");
175.    u8g.drawStr90(30,31+ a, " 90");
176.    u8g.drawStr180(30- a,31, " 180");
177.    u8g.drawStr270(30,31- a, " 270");
178.}
179.
180.void u8g_line(uint8_t a) {
181.    u8g.drawStr(0, 0, "drawLine");
182.    u8g.drawLine(7+ a, 10, 40, 55);
183.    u8g.drawLine(7+ a* 2, 10, 60, 55);
184.    u8g.drawLine(7+ a* 3, 10, 80, 55);
185.    u8g.drawLine(7+ a* 4, 10, 100, 55);
186.}
187.
188.void u8g_triangle(uint8_t a) {
189.uint16_t offset = a;
190.    u8g.drawStr(0, 0, "drawTriangle");
191.    u8g.drawTriangle(14,7, 45,30, 10,40);
192.    u8g.drawTriangle(14+ offset,7- offset, 45+ offset,30- offset, 57+ offset,10
- offset);
193.    u8g.drawTriangle(57+ offset* 2,10, 45+ offset* 2,30, 86+ offset* 2,53);
194.    u8g.drawTriangle(10+ offset,40+ offset, 45+ offset,30+ offset, 86+ offset,53
+ offset);
195.}
196.
197.void u8g_ascii_1() {
198.char s[2] = " ";
199.uint8_t x, y;
200.    u8g.drawStr(0, 0, "ASCII page 1");
201.for( y = 0; y < 6; y+ + ) {
202.for( x = 0; x < 16; x+ + ) {
203.      s[0] = y* 16 + x + 32;
204.      u8g.drawStr(x* 7, y* 10+ 10, s);
205.    }
206.  }
207.}
208.
209.void u8g_ascii_2() {
210.char s[2] = " ";
211.uint8_t x, y;
212.    u8g.drawStr(0, 0, "ASCII page 2");
213.for( y = 0; y < 6; y+ + ) {
214.for( x = 0; x < 16; x+ + ) {
```

```
215.        s[0] = y* 16+ x + 160;
216.        u8g.drawStr(x* 7, y* 10+ 10, s);
217.    }
218.  }
219.}
220.
221.void u8g_extra_page(uint8_t a)
222.{
223.if ( u8g.getMode() = = U8G_MODE_HICOLOR || u8g.getMode() = = U8G_MODE_R3G3B2) {
224./*  draw background (area is 128x128) * /
225.u8g_uint_t r, g, b;
226.    b = a< < 5;
227.for( g = 0; g < 64; g+ + )
228.    {
229.for( r = 0; r < 64; r+ + )
230.        {
231. u8g.setRGB(r< < 2, g< < 2, b );
232. u8g.drawPixel(g, r);
233.      }
234.    }
235.    u8g.setRGB(255, 255, 255);
236.    u8g.drawStr(66, 0, "Color Page");
237.  }
238.else if ( u8g.getMode() = = U8G_MODE_GRAY2BIT )
239.  {
240.    u8g.drawStr(66, 0, "Gray Level");
241.    u8g.setColorIndex(1);
242.    u8g.drawBox(0, 4, 64, 32);
243.    u8g.drawBox(70, 20, 4, 12);
244.    u8g.setColorIndex(2);
245.    u8g.drawBox(0+ 1* a, 4+ 1* a, 64- 2* a, 32- 2* a);
246.    u8g.drawBox(74, 20, 4, 12);
247.    u8g.setColorIndex(3);
248.    u8g.drawBox(0+ 2* a, 4+ 2* a, 64- 4* a, 32- 4* a);
249.    u8g.drawBox(78, 20, 4, 12);
250.  }
251.else
252.  {
253.    u8g.drawStr(0, 12, "setScale2x2");
254.    u8g.setScale2x2();
255.    u8g.drawStr(0, 6+ a, "setScale2x2");
256.    u8g.undoScale();
```

```
257.  }
258.}
259.
260.
261.uint8_t draw_state = 0;
262.
263.void draw(void) {
264.  u8g_prepare();
265.switch(draw_state > > 3) {
266.case 0: u8g_box_frame(draw_state&7); break;
267.case 1: u8g_disc_circle(draw_state&7); break;
268.case 2: u8g_r_frame(draw_state&7); break;
269.case 3: u8g_string(draw_state&7); break;
270.case 4: u8g_line(draw_state&7); break;
271.case 5: u8g_triangle(draw_state&7); break;
272.case 6: u8g_ascii_1(); break;
273.case 7: u8g_ascii_2(); break;
274.case 8: u8g_extra_page(draw_state&7); break;
275.  }
276.}
277.
278.void setup(void) {
279.
280.// flip screen, if required
281.//u8g.setRot180();
282.
283.# if defined(ARDUINO)
284.  pinMode(13, OUTPUT);
285.  digitalWrite(13, HIGH);
286.# endif
287.}
288.
289.void loop(void) {
290.
291.// picture loop
292.  u8g.firstPage();
293.do {
294.    draw();
295.  }while( u8g.nextPage() );
296.
297.// increase the state
298.  draw_state+ + ;
299.if ( draw_state > = 9* 8)
```

```
300.    draw_state = 0;
301.
302.// rebuild the picture after some delay
303.//delay(150);
304.
305.    }
```

在主函数中第 298～300 行,对全局变量 draw_state 进行自增循环,将其约束到第 0～71 行的范围内。

从第 263 行开始的 draw() 函数,内部针对利用 draw_state 除以 8 以后的值(右移 3 次)组合起来作为多分支语句的分支条件,共分为 0～8 共 9 个分支。而 draw_state 的末 3 位(范围 0～7)则作为各个分支的入口参数。

第 266 行分支 0 调用 u8g_box_frame(draw_state&7);该函数在屏上画 4 个矩形,两个为实心填充,另两个为空心。对应程序的第 151 行、152 行、154 行和 155 行。第 151 行和第 154 行矩形的参数是固定的,而第 152 行和第 154 行的参数和入口参数是关联的,用于实现动态效果。分析可知,分支 0 共调用了 8 次,类似于动画有 8 张页面。

第 267 行分支 1,u8g_disc_circle(draw_state&7);该函数在屏上画 4 个圆形,两个为实心填充,另两个为空心。对应程序第 160 行、第 161 行、第 163 行和第 164 行。第 160 行和第 163 行圆形的参数是固定的,而第 162 行和第 164 行的参数和入口参数是关联的,用于实现动态效果。

第 268 行分支 2,u8g_r_frame(draw_state&7);该函数在屏上画 4 个圆角矩形,两个为实心填充,两个为空心。对应程序的第 169 行和第 170 行。两行的参数都是变化的,用于改变圆角的程度。

第 269 行分支 3,u8g_string(draw_state&7);该函数在屏上打印 4 字符串,这 4 个字符串的角度不同,分别为正常打印,旋转 90°,旋转 180°,旋转 270°,对应程序的第 174～177 行,参数都是变化的,用于实现动态效果。

第 270 行分支 4,u8g_line(draw_state&7);该函数在屏上画 4 条直线,对应程序的第 182～185 行。这 4 条直线的起始位置水平坐标和输入参数关联,用于实现动态效果。

第 271 行分支 5,u8g_triangle(draw_state&7);该函数在屏上画 4 个三角形,对应程序的第 191～194 行。这 4 个三角形的 3 个顶点坐标和输入参数关联,用于实现动态效果。

第 272 行、第 273 行分支 6 和分支 7 打印内置的西文字库内容。

第 274 行分支 8 执行的是第 251 行的判断分支代码,打印字符的比例放大 2 倍,参数为"setScale2×2"。

(7)例程显示效果。

编译上传后,OLED 画面不停地更新切换。

图 4-11 所示为函数 u8g_box_frame() 执行效果。屏上有 4 个矩形区域,有两个为实心填充,两个为空心。实心填充和空心填充各有一个矩形部分往右移动。

图 4-12 所示为函数 u8g_disc_circle() 执行效果。屏上有 4 个圆形区域,有两个为实心填充,两个为空心。实心填充和空心填充各有一个圆形部分往右移动。

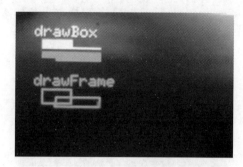

图 4 - 11 函数 u8g_box_frame( )执行效果

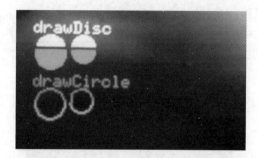

图 4 - 12 函数 u8g_disc_circle( )执行效果

图 4 - 13 所示为函数 u8g_r_frame( )执行效果,圆角的程度在改变。

图 4 - 13 函数 u8g_r_frame( )执行效果

图 4 - 14 所示为函数 u8g_string( )执行效果,字符串的位置在变化。

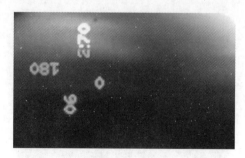

图 4 - 14 函数 u8g_string( )执行效果

图 4 - 15 所示为函数 u8g_line()执行效果，4 条直线左上角的水平坐标在发生变化。

图 4 - 15　函数 u8g_line()执行效果

图 4 - 16 所示为函数 u8g_drawTriangle()执行效果，4 个三角形区域面积在发生变化。

图 4 - 16　函数 u8g_drawTriangle()执行效果

图 4 - 17 所示为函数 void u8g_ascii_1() 和 void u8g_ascii_2() 执行效果。

图 4 - 17　函数 void u8g_ascii_1() 和 void u8g_ascii_2() 执行效果

图 4 - 18 所示为函数 u8g_extra_page()执行效果。

图 4 - 18　函数 u8g_extra_page()执行效果

（8）功耗测试。

将三用表电流档串联到 OLED VCC 供电线上，从图 4 - 19 中可以看到，显示 U8gLib 符号例程时的电流为 6.3 mA。

电流值和画面显示内容有关系，点亮的区域面积越多，所需要的电流越大。

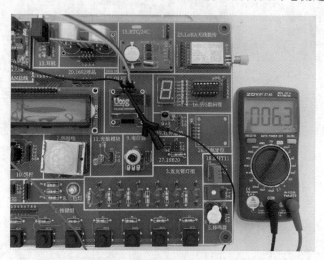

图 4 - 19　显示电流为 6.3 mA

对 GraphicsTest 例程，因为画面在不断变换，亮起部分的面积也在随时改变，所以电流值不是一个稳定读数，作者在测试时，最小值为 4.5 mA，最大值为 12.5 mA，供读者参考。

（9）总线速率测试。

图 4 - 20 所示为利用逻辑分析仪（外置型）对总线速率进行测试，可以看到时钟频率为 400 kHz。

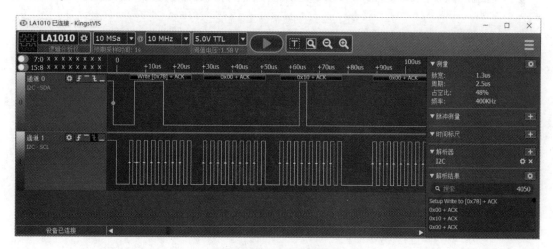

图 4 - 20　总线速率测试

图 4 - 21 所示为帧更新速率测试，通过标尺固定 A1 到时刻 0，固定 A2 到 200～300 ms 之间帧的起始时刻，可以看到帧更新周期为 258 ms。

修改构造函数，使能 U8GLIB_SSD1306_128X64 u8g(U8G_I2C_OPT_NONE|U8G_I2C_

OPT_DEV_0);

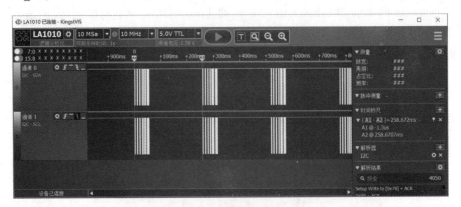

图 4-21　帧更新速率测试(一)

重新下载后通过逻辑分析仪测试,其时钟频率为 100 kHz。帧更新速率测试见图 4-22。

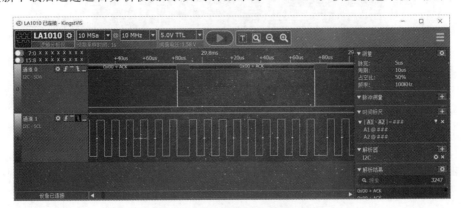

图 4-22　帧更新速率测试(二)

5.思考题

(1)结合 DHT11 传感器应用,如何将温度、湿度和光照信息显示到 OLED 屏上?

(2)找到显示图片的例子,复现后更改图片的内容。

6.客观测验题

(1)实验中用到的 OLED 屏尺寸为(　　)。

    A. 0. 96 in　　　　　　B. 4. 3 in　　　　　　C. 1. 3 in　　　　　　D. 2. 5 in

(2)实验中用到的 OLED 屏与主控板的总线连接形式为(　　)。

    A. I^2C　　　　　　B. SPI　　　　　　C. 8 位并行　　　　　　D. 4 位并行

(3)OLED 屏为(　　)发光。

    A. 主动　　　　　　B. 被动发光　　　　　　C. 不清楚

(4)实验中用到 OLED 屏分辨率为(　　)。

    A. 128×64　　　　　　B. 256×32　　　　　　C. 不清楚　　　　　　D. 128×64

(5)实验中用到 OLED 屏总线时钟频率为(　　)。

    A. 400 kHz　　　　　　B. 100 kHz　　　　　　C. 不清楚　　　　　　D. 10 kHz

4.3　导航定位实验

导航定位技术在生活和工业应用场景很普遍,但是从接口和应用编程角度能够相对全面了解该技术的人还比较少。本节从导航定位模块的接口、报文、冷启动和地图配合以及精度误差方面综合设计了本实验。

1.实验目的

(1)知悉 NEMA(National Marine Electronics Association)报文。

(2)了解导航定位模块的接口、实用特性。

2.设计方案

完成该实验需解决以下问题。

(1)模块选型。

相比以前很长一段时间,目前市面上的导航定位模块较多,价位不一,质量良莠不齐。在实验教学和以后的使用中,选型时要把握以下几点。

单模多模选择。单模指的是只支持一种定位体制,比如只支持 GPS。多模指同时支持两种及以上的定位体制。读者肯定会问多模的定位精度是不是一定比单模高。答案是不一定。在一些意外情况下,多模还可以继续工作。

报文输出速率问题。大部分的廉价模块 1 s 送出一次定位信息,产生一个 PPS 脉冲。这种特性对于需要连续、快速定位的场景不适用,目前可以买到每秒钟输出 10 次定位信息的模块。

内置/外置天线问题。定位模块需要能够接收到天空中的卫星信号,这个频段的无线电波按视距传播也即走"直线",中间不能有阻挡。根据不同的应用场景,空中可以选择定位模块和接收天线一体的产品,也可以选择定位模块和接收天线分体设计的产品。对于后者,在使用时一定要接上天线,并把天线朝向天空。

实验教学选用导航定位模块型号为 ATK1218 - BD(见图 4 - 23)。该模块支持 GPS 和中国北斗双模定位系统,接口为 UART - TTL 电平。

图 4 - 23　ATK1218 - BD 导航定位模块

通信协议：NEMA - 0183；

定位精度：2.5 m；

冷启动时间：30 s；

数据更新速率：1/2/4/5/8/10 Hz；

模块自带可充电后备电池，可以断电保持星历数据；

串口波特率：4 800,9 600,19 200,38 400(默认),57 600,115 200,230 400；

工作温度：工业级，为-40~85℃。

该模块在使用中从电路板到接收天线有一段大约 10 cm 长的转接线,转接线的一头为 SMA 插头,另一头为 IPEX 插头。在使用中注意控制连线的力度,IPEX 这一侧容易被扯断或者插座被扯掉,模块引脚说明见表 4-5。

表 4-5　模块引脚说明

序 号	名 称	说 明	电气属性
1	VCC	电源	3.3~5.0 V 供电
2	GND	地	
3	TXD	模块发送引脚	TTL 电平
4	RXD	模块接收引脚	TTL 电平
5	PPS	时钟脉冲输出脚	TTL 电平

(2)模块怎么接。

上文中谈到,所选用的模块为 TTL 电平的 UART 接口,需要 5 V 供电。

场景 1:如果连接到台式计算机使用,台式计算机(工控机)会有 RS232 电平的 9 针串口,可以从 USB 口取 5 V 直流供电。

场景 2:如果连接到笔记本计算机使用。需要借助 USB 转 TTL 电平的转换装置,此类转换装置通常能提供 5 V 直流供电。

Arduino 板上的 32U4 芯片提供了 USB 转 TTL 电平 UART 功能。仔细研究 UNO 板原理图(见图 4-24),会发现 32U4 芯片和 328P 芯片 UART 之间串接了 1 kΩ 的隔离电阻,328P 芯片的串口直接连接到外部插排的 D0 和 D1 上。该电阻是防止程序设计初期误将 328P 的这两个引脚(Pin2 和 Pin3)设计为 GPIO 输出状态,造成两个芯片间"打架"从而破坏 IO 功能。如果能够将 328P 芯片内部先烧写一段程序,让 Pin2 和 Pin3 成为高阻态,那么插排上的 D0 和 D1 就可以作为外部设备的 UART 使用。万一连接外部设备的连线错误,有隔离电阻的存在,也不至于破坏设备。

沿着这个思路,就可以将 USB 转 TTL 电平 UART 功能转给导航定位接收机使用。这样一来,就不需要额外的 USB 转 TTL 电平的转换装置。

(3)数据格式。

导航接收机输出的数据格式以 NMEA 格式最为典型,我国的北斗接收机输出也兼容此种格式。NEMA 是 National Marine Electronics Association 的首字母缩写,为美国海军为电子设备制定的标准格式,以 NEMA - 0183 在 GPS 接收机中应用最广泛。

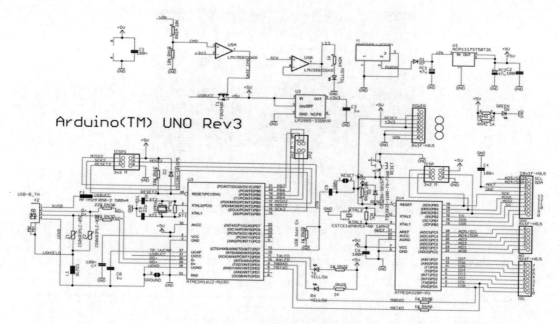

图 4－24　UNO 模块原理图(部分)

GPS 发生数据以行为单位,采用 ASCII 码,明文传输。每行以字符"＄"开头,以 CR 为结尾,数据格式为:

＄信息类型,X,X,X,……,X(CR)

信息类型有以下几种,见表 4－6。

表 4－6　信息类型说明

序　号	名　称	说　明
1	GPGSV	可见卫星信息
2	GPRMC	推荐最小定位信息
3	GPVTG	地面速度信息
4	GPGGA	GPS 定位信息
5	GPGSA	当前卫星信息
6	GPGLL	地理定位信息

3. 实验过程

(1)GPS 天线放到户外。

实验时应将 GPS 天线放到户外或者放到窗边,可以与天空通视的位置。GPS 天线若放到室内是接收不到卫星信号的。初学者最容易忽视这一点。

在本实验测试时,接收机天线放在窗户边,大约能看到 1/4 的天空,如图 4－25 所示。

像图 4－25 中的这种情形,冷启动捕获卫星信息的时间很长。

(2)模块连线。

图 4-25　接收天线的摆放示例

使用 UNO 板做实验时,导航定位模块和连线见表 4-7。

表 4-7　连线表

序 号	连接点 1	连接点 2	线 色
1	U2. GND1	J52.4	黑色
2	U2.5 V	J52.5	红色
3	U2. D8	J52.2	棕色
4	U2. D9	J52.3	灰色

实物连线如图 4-26 所示。

图 4-26　实物连线图

(3)准备软件代码。

NEMA 报文信息量很大,用户一般只关心经度、纬度和高程信息。如果是运动载体,还会关心速度信息。专业用户会关心信号质量、绝对时间以及可见卫星数等。

读者可以在第三方库的例子中查找 FuGPS(……),下载打开示例。

图 4-27 为加过注释的 FuGPS 示例,该例子中使用到了一个软串口。

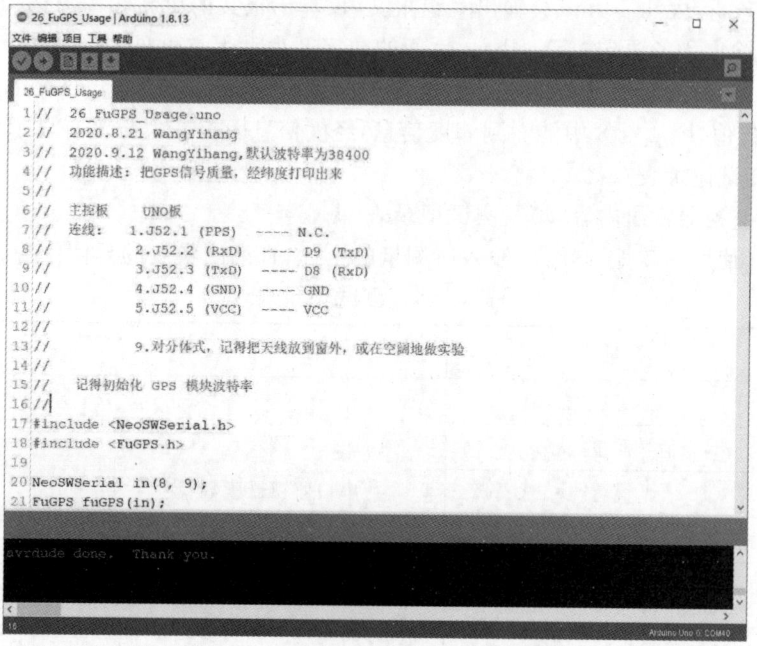

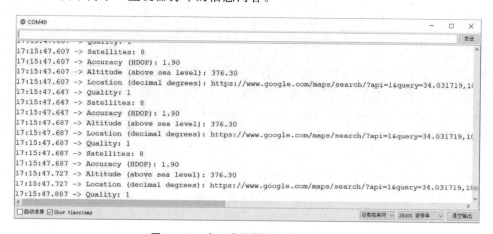

图 4 - 27　加过注释的 FuGPS 示例

（4）上传软件。

对例子进行构建，必要时，需要安装软串口库。

等待上传完成。

若定位接收机模块上的蓝色灯开始闪烁，说明定位成功，数据有效、可用。从蓝色灯亮起到开始闪烁一般情形下为 30 s，更换一个新环境时，所需的时间更长。

（5）打开串口监视器。

在 Arduino 环境中打开串口监视器。波特率选择 38 400 b/s，选中"Show timestamp"前的复选框。

图 4 - 28 所示为串口监视器打印的信息内容。

图 4 - 28　串口监视器打印的信息内容

从时间戳分析,大约 40 ms 会输出一组报文,反算出报文的更新频率为 25 Hz。

每 40 ms 输出 4 条语句。Satellites 后面的数字 8 表示天空可见 8 颗卫星,Accuracy 表示精度因子 HDOP,这个值越小表示定位越准确。Altitude(above sea level)表示海拔高度,Location 表示定位值,图 4-28 中能看到纬度信息,经度信息因报文太长没有显示出来。

(6)填写测试记录表。

根据串口监视器输出内容,填写测试记录表(见表 4-8)。

坐标比对,使用一款地图软件,输入所测量的坐标,查询测量点的具体位置。

表 4-8 测试记录表

序 号	测量项	测试方法	测量记录
1	可见卫星数		
2	信号质量因子		
3	高程	串口监视器读数	m
4	经度		
5	纬度		
6	报文	记录一组输出 完整报文	帖报文处
7	数据输出频率	串口监视器时间戳差值计算	ms
8	坐标对比	地图软件截图	

在百度地图(见图 4-29),可以输入坐标反查具体地理位置。图中仅仅是一个示例,不是真实坐标位置。读者可根据自己的实验信息进行求证,看是否能定位到楼宇。

该系统的链接为 https://api.map.baidu.com/lbsapi/getpoint/index.html。

接下来的步骤用第三方软件显示导航模块的全部输出报文,第三方软件为 GNSSViewer。

(7)上传空白程序。

将 UNO 板作为 USB 转串口使用。新建一个空白源程序,编译上传,如图 4-30 所示。

328P 在复位后,Pin2 和 Pin3 默认作为高阻态,所以上传一个空白程序模版可行。

(8)修改模块间连线。

空白程序上传完成后,UNO 板此时就称为出厂状态。

修改实验连线,导航定位模块的连线,见表 4-9。

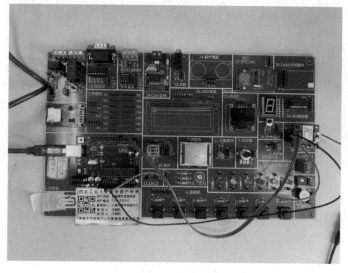

图 4 - 29　空白程序模版截图

表 4 - 9　连线表

序　号	连接点 1	连接点 2	线　色
1	U2.GND1	J52.4	黑色
2	U2.5V	J52.5	红色
3	U2.D0	J52.2	棕色
4	U2.D1	J52.3	灰色

实物连线如图 4 - 30 所示。

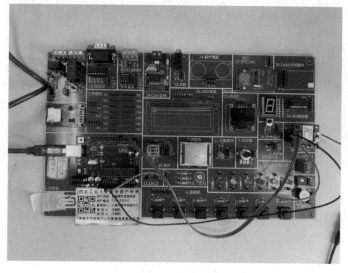

图 4 - 30　实物连线图

(9)打开串口监视器。

打开串口监视器,设置波特率为 38 400 b/s,打开时间戳功能。截取一段串口监视器输出内容,如图 4 - 31 所示。

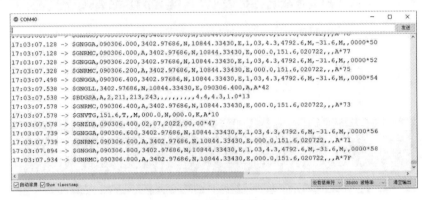

图 4 - 31 串口监视器输出内容

通过对时间戳的信息分析可知,每种类型报文每秒钟的输出速率不完全一致,如实记录 1 s 的报文内容(见表 4 - 9)。

表 4 - 9 1 s 的报文内容测试记录

序 号	测量项	测试方法	测量记录	报文含义
1	GNGGA		填写输出报文	对字段进行人工解读
2	GNRMC			
3	GNGLL			
4	BDGSA	串口监视器读数		
5	GNVTG			
6	GNZDA			
7	其他			

(10)查看星座信息。

用第三方软件显示导航模块的全部输出报文,第三方软件为 GNSSViewer。

记下关闭串口监视器对应的串口号,关闭串口监视器,然后打开该软件。在这个示例中,串口监视器为 COM40。

在该软件中,选择对应的 ComPort 和波特率,然后点击 Connect 图标。此时 Message 框内会输出导航模块输出的所有报文,并自动滚动显示。右侧 Information 标签还显示时间、经度、纬度、海拔、方向和速度信息,同时有 Hdop 因子值。

　　GPS 标签位置显示了 10 颗星的信息,包含地面接收信号强度。Beidu 标签位置显示了 10 颗星的信息,包含了地面接收信号强度。由此可见,这是一款双模接收机。

　　图 4-32～图 4-34 给出了时刻相接近的 3 幅截图,留意 Hdop 值和高程信息。

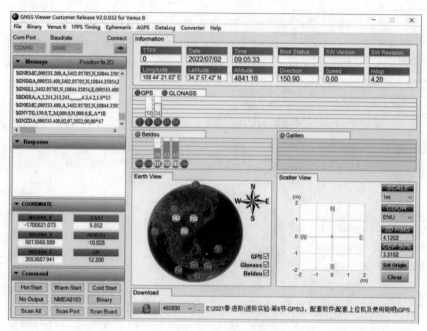

图 4-32　报文解析界面 1

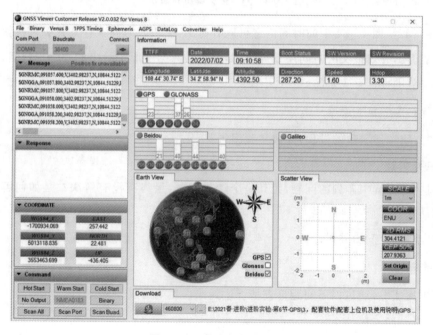

图 4-33　报文解析界面 2

图 4-32 中的数据是接收机模块上蓝色的灯常亮未闪烁时截取的,高程信息明显不对。图 4-33 中除了明显的高程信息错误外,还有速度信息,实际上接收机并未安装在运动载具上。图 4-34 中的数据是合理的。

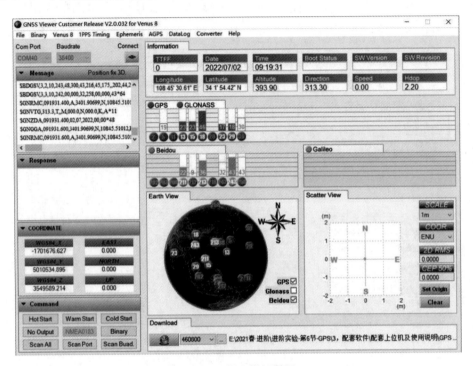

图 4-34 报文解析界面 3

从图 4-32～图 4-34 中的时间信息可以分析出,模块长时间保存开封后首次使用时从上电到能够解析出有效报文的时间还是挺长的,并不是数据手册中给出的 30 s。当然,这个参数和可见天空范围也是有关系的。

4.实验记录和报告要求

(1)用文字描述实验的过程,完成实验报告。

(2)填写实验记录表。

(3)对实验过程中碰到的问题,尤其是个性化问题,最终有没有解决? 是如何解决的? 请尽量详细描述。

(4)分享实验感受,并讨论。

5.思考题

回顾本次实验,通过以下问题自查是否达到课程预期的成效。

(1)了解基站定位技术。

(2)手机上的定位功能往往是多源融合的,如移动通信基站、WiFi 等。可以关掉 WiFi 4G 功能后看看定位效果是否有变化。

(3)为什么使用导航软件开车时系统会让司机确认是在辅道和还是在主道上?

(4)了解下 RTK 差分导航方式下对精度的影响。

6.客观测验题

(1)实验中,导航模块的供电电压为(　　)。

　　A.3.3 V　　　　　　　B.2.5 V　　　　　　　C.5.0 V　　　　　　　D.7.2 V

(2)实验中,导航模块的串口电平为(　　)。

　　A.TTL　　　　　　　B.LVTTL　　　　　　　C.CMOS5.0 V　　　　　D.7.2 V

(3)描述接收机信号灵敏度能力的单位是,导航模块的串口电平为(　　)。

　　A.dB　　　　　　　　B.dBm　　　　　　　　C.dBi

(4)1 W 功率等于(　　)dBm。

　　A.30　　　　　　　　B.0　　　　　　　　　C.10

4.4　L610 移动通信实验

在物联网应用领域,设备入网,欲与公共网络交换数据的方式基本上是两种形式,第一种形式为 WiFi,第二种形式是移动无线网络。两种方式根据不同的应用场景和网络条件,各有优势。

使用移动无线网络的场景为周围没有 WiFi 热点可以接入,地广人稀,没有引入基础设施建设的必要,或者是引入 WiFi 的经济成本过高。

类似于手机,使用移动无线网络首先需要一张 SIM 卡(不同的运营商具体叫法有差异),如果是纯粹的数据业务,可以使用一种称为"物联网"的 SIM 卡。通常情况下有,SIM 卡是一张小卡片,目前用的是称为 nano 卡,还有一种"小卡",比 nano 卡略微大一圈。卡座有标准卡座和小卡座之分,如果需要在标准卡座中装入"小卡"或者 nano 卡,需要卡托进行转换。

本实验让读者熟悉 AT 指令操作移动通信模块,未涉及用 C 语言编程。

如果是物联网设备,除了使用可拆除的 nano 卡外,更常见的一种形式是将电子芯片直接焊接贴装到设备电路板上,这种形式称为 ESIM。

1.实验目的

(1)认识移动通信模块。

(2)会使用 AT 指令操作 L610 移动通信模块。

(3)用移动通信模块向自己的手机发短信。

2.设计方案

利用移动无线模块发送、接收短信,拨出电话,需要使用手机卡,不能使用物联网数据卡。

L610 模块的 USB 接口有 7 个串口。以下操作使用第一个串口。

实验不编程序,使用串口调试助手练习 AT 指令,L610 模块外观如图 4-35 所示。旁边放了一张手机卡。

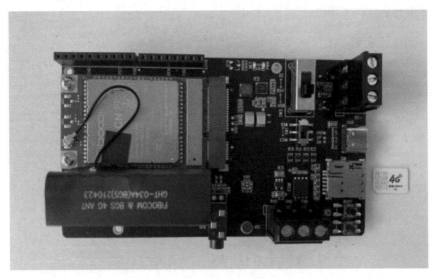

图 4-35　L610 模块外观及 nano 卡片

3.实验过程

(1) 确认 L610 状态和驱动正常。

开关位置和连线确认。①将 SIM 卡选择开关(SW1)拨到 ESIM 位置。②将 L610 主板上的三位电源开关(SW3)拨到 USB 位置。③用 TypeC 连接线连接 L610USB 插座至主机 USB接口。

通电后,红色的 PWR 指示灯先亮起,接下来,蓝色的 NET 指示灯会亮起慢闪,大约闪 5下后会保持快闪状态。

打开主机的设备管理器,在"端口(COM 和 LPT)"中,应该能找到类似图 4-36 的 7 个虚拟串口。

说明:若蓝色指示灯一直保持慢闪状态,原因是 SW1 的位置拨到了 SIM 位置,并且卡托里没有 SIM 卡。

若是远程在线实验,本步骤由实验室教师提前准备好。

(2)发送短信。

打开 SSCOM 软件,点击菜单"多字符串",界面如图 4-37 所示。

在菜单"通讯端口"中选择"COMxxUnisocUsbSerialPort0"虚拟串口,后缀一定是"Port0",如图 4-38 所示。然后点击"打开串口"按钮。

在右侧点击"检测模块"按钮,左侧窗口显示内容如图 4-39 所示。其中"AT"是主机发送给 L610 模块的内容,"OK"是 L610 模块反馈给主机的内容。

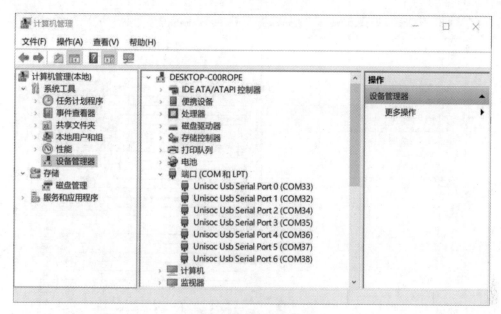

图 4 - 36　7 个虚拟串口

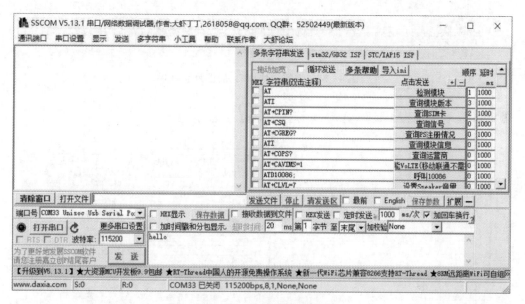

图 4 - 37　"多字符串"界面

勾选"加时间戳和分包显示"前的复选框。重新在右侧点击"检测模块"按钮,左侧窗口显示内容如图 4.40 所示。此时的收发关系已经很明显。

按表 4 - 10 所要求的序列输入,然后记录并分析。

表 4 - 10 中第 4 列是笔者的测试记录,请读者根据自己实验情况修改。

图 4 - 41 是某场景的测试过程截图,根据自身场景如实记录,该测试场景使用的是中国移动的 4G LTE 手机卡,所处的位置信号不是特别好。

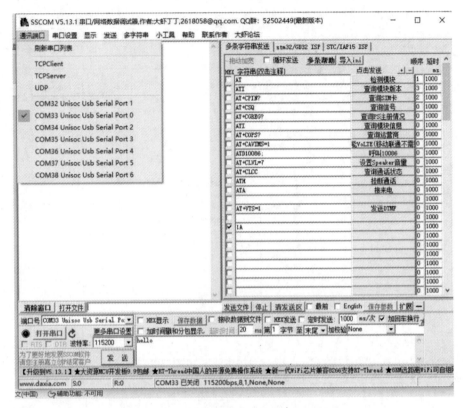

图 4-38　选择虚拟串口,后缀为 port 0

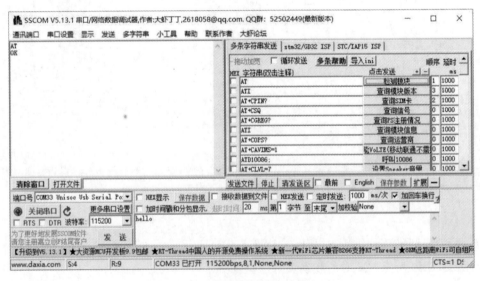

图 4-39　"检测模块"显示内容(一)

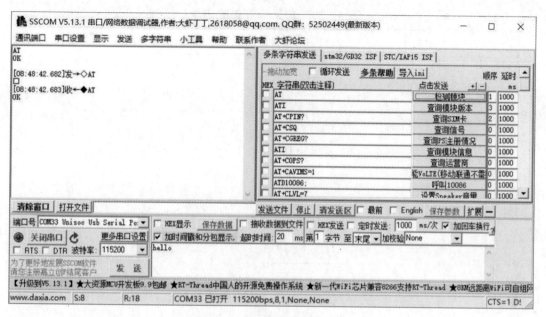

图 4－40 "检测模块"显示内容(二)

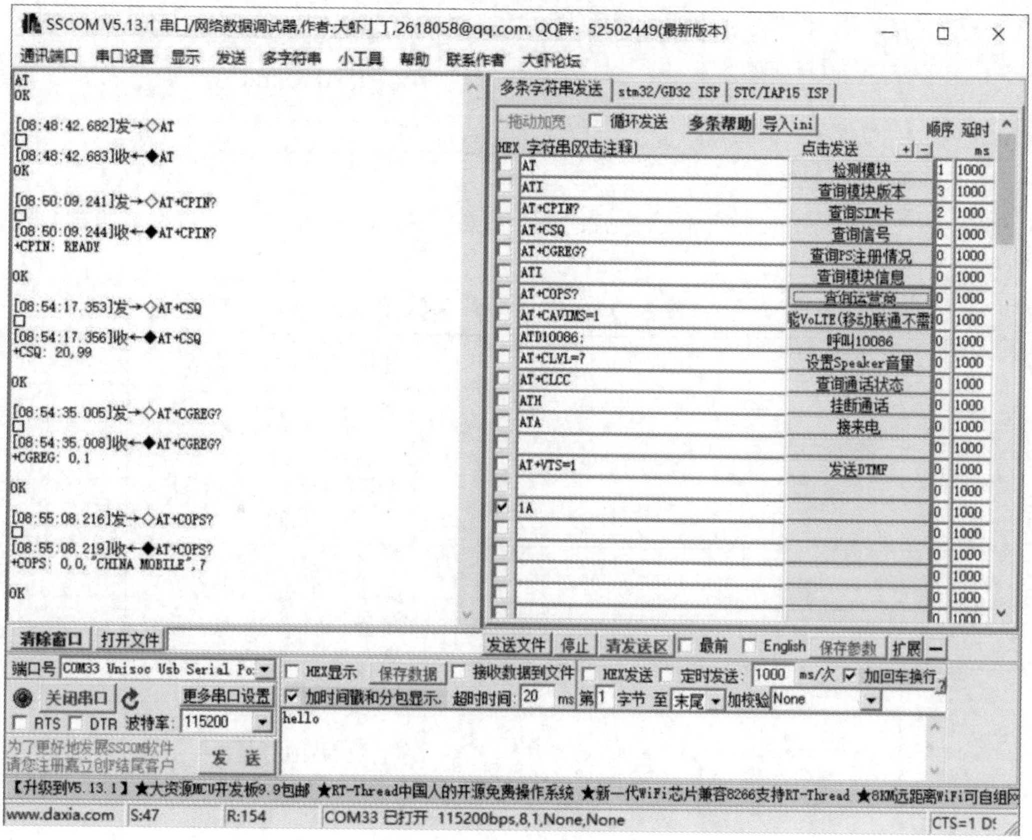

图 4－41 某场景的测试过程

表 4 - 10 前置检查实验记录

序 号	项 目	主机→L610 发送	L610→主机 上报	解 释
1	检测模块	AT	AT OK	
2	查 SIM 卡状态	AT+CPIN?	AT+CPIN? +CPIN：READY OK	
3	查信号强度	AT+CSQ?	AT+CSQ? +CSQ：20,99 OK	
4	查 PS 注册情况	AT+CGREG?	AT+CGREG? +CGREG：0,1 OK	
5	查运营商	AT+COPS?	AT+COPS? +COPS?：0,0, "CHINAMOBILE",7 OK	

按表 4-11 所要求的序列输入，然后记录并分析。表 4-11 中第 4 列请读者根据自己实验数据修改。

表 4 - 11 发送短信实验记录

序 号	项 目	主机→L610 发送	L610→主机 上报	解 释
1	查短信中心号码	AT+CSCA?	AT+CSCA? +CSCA： "+861380029××××",145 OK	
2	短信存储位置	AT+CPMS="SM"	AT+CPMS="SM" +CPMS：15,50,15,50,15,50 OK	
3	上报收到的短信编号	AT+CNMI=2,1,0,0,0	AT+CNMI=2,1,0,0,0 OK	
4	文本短信模式	AT+CMGF=1	AT+CMGF=1 OK	

序　号	项　目	主机→L610 发送	L610→主机 上报	解　释
5	有效期 24 h	AT＋CSMP＝17,167,0,0	AT＋CSMP＝17,167,0,0 OK	
6	设置接收 号码	AT＋CMGS＝" 1331097××××"	AT＋CMGS＝" 1331097××××"	
7	TXT 短信 内容	hello,2022,Message sending test.	Hello,2022,Message sending test.	
8	结束符,不加 回车换行	1A	＋CMGS:2	
9	接收端手机 应该收到 短信			
9	上报收到的 短信编号		OK ＋CMTI:"SM",16	收到的短 信存储在 第 16 条 位置

正常情况下,接收端手机应能收到所发短信(见图 4-42)。

测试场地信号不好的情况下,可能会出现短信延迟接收。填写实验记录表时,只留存发送时刻和接收时刻的截图,方便核对时间。(写实验报告时,对手机号做局部加密处理。)

(3)接收短信。

在网络正常的情况下,用接收端手机编辑一条短信发送到 L610 手机卡号码,如图 4-43 所示。

图 4-42　接收到短信

图 4-43　编辑待接收的短信

正常情况下，L610 会上报"＋CMTI：'SM'，16"消息。主机使用"AT＋CMGR"读取短信内容。图 4‑44 为测试截图。

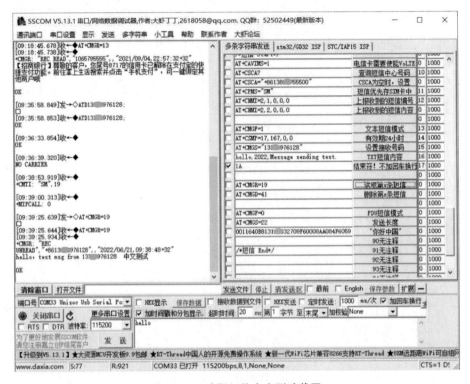

图 4‑44　读取短信内容测试截图

填写测试记录表，见表 4‑12。

表 4‑12　接收短信实验记录

序号	项目	主机→L610 发送	L610→主机 上报	解释
1	用手机发送短信			
2	上报收到的短信编号		OK ＋CMTI："SM"，16	收到的短信存储在第 16 条位置
3	读取第 x 条短信	AT＋CMGR＝15	AT＋CMGR＝15 短信内容……	
4	删掉第 x 条短信	AT＋CMGD＝15		

续 表

序　号	项　目	主机→L610 发送	L610→主机 上报	解　释
5	读取第 y 条短信	AT＋CMGR＝14	＋CMGR："REC READ","1069179605557",," 2021/09/05,08:07:54＋32" 【菜鸟裹裹】快递员171×××4306 将在 9 月 5 日(周日)9—11 点内上门,上门后给寄件码 5067。寄快递,就用菜鸟裹裹 OK	
6	删掉第 x 条短信	AT＋CMGD＝15		

(4)拨打电话。

按表 4－13 所列出的序列进行拨打电话的测试。注意留存拨号呼出时间和来电时间的截图(见图 4－45)。

表 4－13　呼出语音实验记录

序　号	项　目	主机→L610 发送	L610→主机 上报	解　释
1	拨号	ATD133×××6128	ATD133×××6128； OK	
2	对方接听		OK	
3	对方挂断		NO CARRIER	
4	拨号			
5	对方拒接			
6	拨号			

序 号	项 目	主机→L610 发送	L610→主机 上报	解 释
7	对方接听			
8	挂断			

图 4-45 来电时间

4.实验记录和报告要求

(1)用文字描述实验的过程,完成实验报告。

(2)根据实际测试场景的手机号码填写测试记录表(见表 4-14～表 4-17),并留存必要截图。

表 4-14 前置检查实验记录

序 号	项 目	主机→L610 发送	L610→主机 上报	解 释
1	检测模块	AT		
2	查 SIM 卡状态	AT+CPIN?		
3	查信号强度	AT+CSQ?		
4	查 PS 注册情况	AT+CGREG?		
5	查运营商	AT+COPS?		

表 4 - 15　发送短信实验记录

序　号	项　目	主机→L610 发送	L610→主机 上报	解　释
1	查短信中心号码			
2	短信存储位置			
3	上报收到的短信编号			
4	文本短信模式			
5	有效期 24 h			
6	设置接收号码			
7	TXT 短信内容			
8	结束符,不加回车换行			
9	接收端手机应该收到短信			

正常情形,接收端手机应能收到所发短信。

表 4 - 16　接收短信实验记录

序　号	项　目	主机→L610 发送	L610→主机 上报	解　释
1	用手机发送短信			
2	上报收到的短信编号			
3	读取第 x 条短信			
4	删掉第 x 条短信			
5	读取第 y 条短信			
6	删掉第 x 条短信			

表 4 - 17　呼出语音实验记录

序　号	项　目	主机→L610 发送	L610→主机 上报	解　释
1	拨号			
2	对方接听			
3	对方挂断			
4	拨号			
5	对方拒接			
6	拨号			
7	对方接听			
8	挂断			

（3）对实验过程中碰到的问题,尤其是个性化问题,最终有没有解决,是如何解决的,请尽量详细描述。

（4）分享实验感受,并讨论。

（5）填写实验记录表。

5.思考题

回顾本次实验,通过以下问题自查是否达到课程预期的成效。

（1）查资料,回答为什么会出现短信接收延迟。

（2）了解 nano 卡片的尺寸。

6.客观测验题

（1）实验中,L610 使用（　　）虚拟串口收发 AT 指令。

    A.0　　　　　　　　B.1　　　　　　　　C.2　　　　　　　　D.3

（2）实验中,L610 教学板的供电电压为（　　）。

    A.5 V　　　　　　　B.7～12 V　　　　　　C.3.3 V　　　　　　D.2.5 V

（3）实验中,L610 卡托使用的是（　　）。

    A. nano 卡　　　　　B. 小卡　　　　　　　C. 正常卡

4.5　1－Wire DS18B20

DS18B20 是一种集成度高、测温范围宽的数字化温度传感器,在工业与民用领域内应用非常广泛。

1.实验目的

（1）认识 1－Wire 总线。

（2）会使用 DS18B20 进行测温。

（3）了解 DS18B20 测温的优势。

2.设计方案

DS18B20 是一种接口特殊的温度传感器,其采用 1 根数据线与 MCU 的 IO 脚进行通信,传递温度信息,与传统的铂电阻,二极管、模拟电压输出型温度传感器相比,工作机制很特别,很典型。电缆中通信采用数字量,所以相比模拟量传感器,抗干扰比较好。一条 1－Wire 总线,最多挂 8 个点,每个器件有唯一的 ID,防伪性好。测温范围为 −55～125℃,覆盖了军温器件的全域工作温度,分辨率最高可到 0.062 5℃,精度在 ±0.5°。

DS18B20 与 MCU 采用数字量进行通信,如果从零开发通信程序,需要详细了解其脉冲时序关系,其工作量不小。借助 Arduino 生态,可以选用成熟的开源库,避免从头设计。本次实验使用了 DS18B20 库,该库的贡献者为 Mathias Munk Hansen。

3.实验过程

（1）线路图和接线表。

图 4 - 46 为连线图,使用了外部上拉电阻,阻值为 4.7 kΩ,连线表见表 4 - 18。

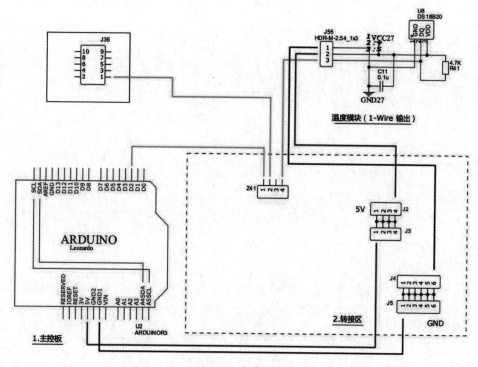

图 4 - 46　连线图

表 4 - 18　连线表

序　号	连接点 1	连接点 2	线　色
1	GND 排针	J4/J5 任意位置	黑色
2	U2.5 V	J2/J3 任意位置	红色
3	J55.1	J4/J5 任意位置	黑色
4	J55.2	J2/J3 任意位置	红色
5	J55.3	Z41 任意位置	绿色
6	J36.1	Z41 任意位置	绿色
7	U2.D2	Z41 任意位置	绿色

(2)准备程序。

程序代码如下。

程序清单 35

```
1.//  27_DS18B20.ino
2.// 西工大计算机基础教学与实验中心·智能硬件教学组
3.// 2020.8.20 WangYihang
4.// 2022.8.28 WangYihang
5.//        修改测温间隔为 2s
6.//        修改地址打印为 HEX 格式
7.// 功能描述: 使用 DS18B20
```

```
8.//
9.//   主控板    UNO 板
10.//   连线：  1.J28.1 - - - - GND
11.//          2.J28.2 - - - - VCC
12.//          3.J28.3 - - - - D2
13.//
14.//  本例子完全基于系统自带的历程 18B20→Multiple
15.//  可以用逻辑分析仪观察时序
16.
17.# include < DS18B20.h>
18.
19.DS18B20 ds(2);
20.
21.void setup() {
22.Serial.begin(9600);
23.Serial.print("Devices: ");
24.Serial.println(ds.getNumberOfDevices());
25.Serial.println();
26.}
27.
28.void loop() {
29.while (ds.selectNext()) {
30.switch (ds.getFamilyCode()) {
31.case MODEL_DS18S20:
32.Serial.println("Model: DS18S20/DS1820");
33.break;
34.case MODEL_DS1822:
35.Serial.println("Model: DS1822");
36.break;
37.case MODEL_DS18B20:
38.Serial.println("Model: DS18B20");
39.break;
40.default:
41.Serial.println("Unrecognized Device");
42.break;
43.    }
44.
45.    uint8_t address[8];
46.    ds.getAddress(address);
47.
```

```
48.Serial.print("Address:");
49.for (uint8_t i = 0; i < 8; i++) {
50.Serial.print(" ");
51.Serial.print(address[i],HEX);
52.    }
53.Serial.println();
54.
55.Serial.print("Resolution: ");
56.Serial.println(ds.getResolution());
57.
58.Serial.print("Power Mode: ");
59.if (ds.getPowerMode()) {
60.Serial.println("External");
61.    }else {
62.Serial.println("Parasite");
63.    }
64.
65.Serial.print("Temperature: ");
66.Serial.print(ds.getTempC());
67.Serial.print(" C / ");
68.Serial.print(ds.getTempF());
69.Serial.println(" F");
70.Serial.println();
71.  }
72.
73.  delay(2000);
74.}
```

(3)安装必要的库。

本程序使用了 DS18B20 库,该库的贡献者为 Mathias Munk Hansen。而 DS18B20 库又引用了 OneWire 库。

在首次编译时,工具栏会提示报错找不到文件,原因是这两个库没有安装。在库管理器中安装这两个库,如图 4 - 47 和图 4 - 48 所示。

(4)上传程序。

选择对应的开发板型号,选择对应的串口。

编译程序并上传。

(5)串口监视器观察实验数据。

程序上传后,打开串口监视器,设置波特率与程序中一致,串口监视器显示如图 4 - 49所示。

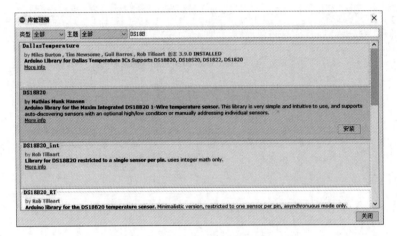

图 4‑47 搜索并安装 DS18B20 库

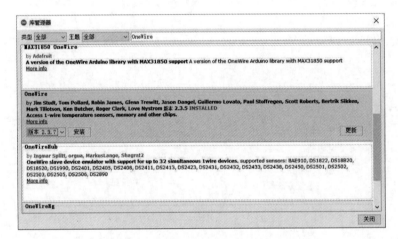

图 4‑48 搜索并安装 OneWire 库

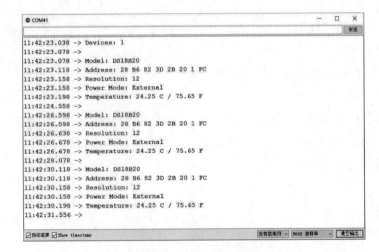

图 4‑49 串口监视器数据

(6)逻辑分析仪观测数据。

打开逻辑分析仪软件进行配置：

采样率 1 MHz，采样深度 10 MSa，电平为 5.0 V TTL，配置通道 0 为下降沿触发。

打开解析器，配置协议为"1 - Wire"总线，DAT 选择"0 -'通道 0'"(见图 4 - 50)。

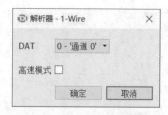

图 4 - 50　配置解析器

单击三角形采集按钮，采集 10 s 数据，如图 4 - 51 所示。

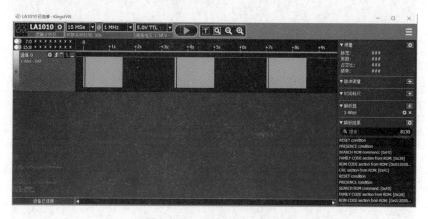

图 4 - 51　采集 10 s 钟数据

图 4 - 52 中，有 3 个时序集中活跃区域。使用光标测量一次测温所需的时间。鼠标单击逻辑分析仪软件右侧时间标尺栏中 A1，此时 A1 光标出现在时序波形区域，利用鼠标拖动 A1 游标到 0 时刻；用同样的操作，拖动 A2 图标到第一个时序活跃区最末尾。此时 |A1－A2| 即为本程序一次测温所需的时间，在此截图中为 1.500 966 s，记录该数值，填入表格中。

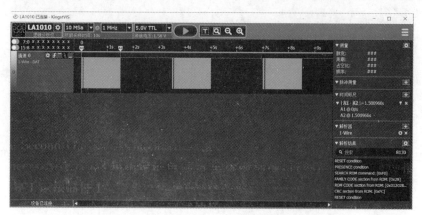

图 4 - 52　示例中完成一次测量所需的时间

第一次活动时序和第二次活动时序的间隔为 2 s,这和程序中"delay(2000)"是相符合的。而 1.5 s 的测量时序是 1-Wire 总线方式所特有的,相比于以前使用 LM35 进行测温,1.5 s 的时间确实比较长,尤其当系统中有多个传感器时这一点更明显。

对 0 时刻处波形进行放大,测量复位脉冲宽度,如图 4-53 所示,将数值记入记录表中。

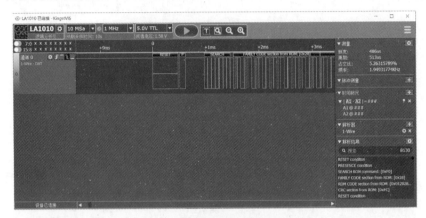

图 4-53 测量复位脉冲宽度

找到 ROMCODE 这一段,如图 4-54 所示,记录 ROM 数据。

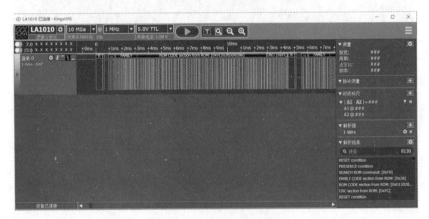

图 4-54 ROM 编码数据

4. 实验记录和报告要求

(1)用文字描述实验的过程,完成实验报告。

(2)对实验过程中碰到的问题,尤其是个性化问题,最终有没有解决? 是如何解决的? 请尽量详细描述。

(3)分享实验感受,并讨论。

(4)填写实验记录表(见表 4-19)。

表 4-19 实验记录

序 号	项 目	测量记录	备 注
1	一次测量时间		
2	复位脉冲宽度		
3	ROM CODE		

5.思考题

(1)如何多点测温？

(2)能否压缩不必要的时序，加快单次测量时间？

6.客观测验题

(1)实验中，DS18B20 的封装为(　　　)。

　　A. TO - 92　　　　　　　B. TO - 3　　　　　　C. SOIC - 8　　　　　D. DIP - 8

(2)实验中，DS18B20 是否使用上拉电阻(　　　)？

　　A. 是　　　　　　　　　B. 否　　　　　　　　C.不清楚

(3)实验中，复位脉冲的宽度在(　　　)数量级。

　　A. 500 μs　　　　　　B. 100 μs　　　　　C. 1 ms　　　　　　D. 10 ms

4.6　LoRa 通信延迟测定

远距离无线电(Long Range Radio，LoRa)是 Semtech 公司提出的的低功耗局域网无线标准，该项技术在物联网领域获得了成功应用。它最大的特点是在同样的功耗条件下比其他无线方式传播的距离更远，实现了低功耗和远距离的统一。它在同样的功耗下比传统的无线射频通信距离扩大 3~5 倍。

1.实验目的

(1)了解 LoRa 通信技术。

(2)会使用 LoRa 模块进行数据通信。

(3)了解无线信道特征，测量数据通信延迟，形成感性认识。

2.设计方案

LoRa 在物联网中获得了成功的应用，本实验在于测定 LoRa 网络的节点间数据延迟。

完成该实验需解决以下问题。

(1)模块选型。

AS32 - TTL - 100 是一款 433 MHz，100 mW，具有高稳定性，工业级的无线串口模块。该模块采用 Semtech 方案 SX1278 设计开发，LoRA 扩频调制，TTL 电平输出，大大提高了抗干扰性和稳定性。模块具有 4 种工作状态，并可以在运行时自由切换，在省电工作状态下，消耗电流极低，非常适合超低功耗应用。

(2)测试方案。

AS32 - TTL - 100 与 MCU 间的接口为 TTL UART 串口。在 Arduino 的串口监视器中，可以打开时间戳功能，时间戳功能可以显示到 ms 量级。但是限于编程工作体制方面的原因，通常的时间戳功能精确不到 1 ms。本次测试将采用数字示波器/逻辑分析仪的方法测试延迟。

(3)测试场景构建。

构建的测试场景 1 如图 4 - 55 所示，在该场景中。发送站发送不同长度的数据包(连续字节数不同)，测量接收站 1 收到首字节相对于发送时的延迟，观察数据是否被分包传送。

对该场景，数字示波器/逻辑分析仪的一个通道接在发送站 AS32 的数据输入端，另一个通道接在接收站 AS32 的数据输出端。

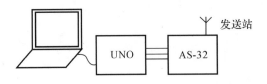

图 4 - 55　测试场景 1

构建的测试场景 2 如图 4 - 56 所示,在该场景中,发送站发送不同长度的数据包(连续字节数不同),测量接收站 1 和接收站 2 收到首字节时的延迟差值(抖动),观察数据是否被分包传送。

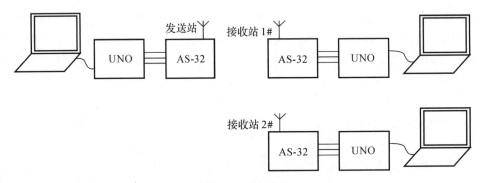

图 4 - 56　测试场景 2

对该场景,数字示波器/逻辑分析仪的一个通道接在接收站 1♯ AS32 的数据输出端,另一个通道接在接收站 2♯ AS32 的数据输出端。

如果有频谱仪,可以观测跳频信号的无线信道特征。

测试场景实物照片如图 4 - 57 所示。

图 4 - 57　测试场景实物照片

3. 实验过程

(1)线路图和接线表。

图 4-58 所示为连线图。注意测试中需要 3 台实验仪,这 3 台实验仪的连线是相同的。

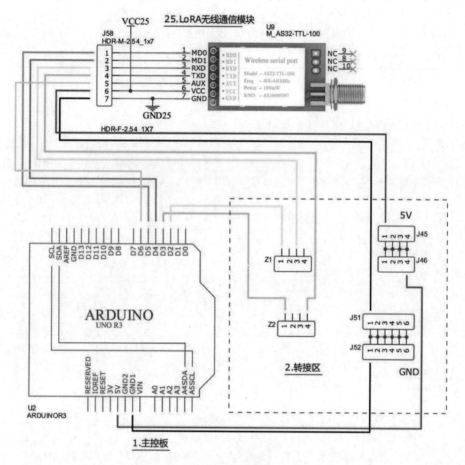

图 4-58　连线图

连线表见表 4-20。将通信模块的 RXD 和 TXD 先连到 Z1/Z2 上进行转接的目的是方便示波器或逻辑分析仪探头连接。

表 4-20　连线表

序　号	连接点 1	连接点 2	线　色
1	U2. GND1	J51/J52 任意位置	黑色
2	U2. 5V	J45/J46 任意位置	红色
3	U2. D2	Z41 任意位置	黄色
4	U2. D3	Z42 任意位置	绿色
5	U2. D4	J58.2	蓝色
6	U2. D5	J58.1	橙色
7	U2. D6	J58.5	灰色

序 号	连接点 1	连接点 2	线 色
8	J58.6	J45/J46 任意位置	红色
9	J58.7	J51/J52 任意位置	黑色
10	J58.3	Z41 任意位置	黄色
11	J58.4	Z42 任意位置	绿色

（2）准备程序。

准备程序见代码"25_LoRA_Uart.uno"。

```
程序清单 36
1.//   25_LoRA_Uart.uno
2.//   2020.8.26 WangYihang
3.//
4.//   功能描述：通过读取 AS32 模块内部信息，判定连接是否正常
5.//
6.//   主控板     UNO 板
7.//   连线：   1.J58.1 (MD0)  - - - - D5
8.//           2.J58.2 (MD1)  - - - - D4
9.//           3.J58.3 (RXD)  - - - - D2
10.//          4.J58.4 (TXD)  - - - - D3
11.//          5.J58.5 (AUX)  - - - - D6
12.//          6.J58.6 (VCC)  - - - - VCC
13.//          7.J58.7 (GND)  - - - - GND
14.//
15.//   LoRa 模块的串口波特率默认为 9 600b/s
16.//   需要使用逻辑分析仪（或示波器）协助调试
17.//   若要互发数据，需要使用两个以上的 AS32 板，单板只能通过配置信息实现自检
18.# include< NeoSWSerial.h>
19.
20.NeoSWSerialAS32(3, 2); // 3- rx,2- tx
21.
22.int AS32_MD1 =  4;
23.int AS32_MD0 =  5;
24.int AS32_AUX =  6;
25.
26.void setup()
27.{
28.  pinMode(AS32_MD0, OUTPUT);
29.  pinMode(AS32_MD1, OUTPUT);
30.  pinMode(AS32_AUX, INPUT_PULLUP);
31.  Serial.begin(9600);
32.// AS32.begin(9600);
```

```
33.    AS32.begin(9600);
34.    delay(1000);
35.    AS32.listen();
36.    digitalWrite(AS32_MD0,1);  //MD0:MD1= 00 正常工作模式
37.    digitalWrite(AS32_MD1,1);
38.    Serial.println("Demo 25_LoRA_Uart.");
39.//   while (digitalRead(AS32_AUX) = = 0)  delay(20); //等待变高
40.    AS32.write(0xC2);
41.    AS32.write(0x01);
42.    AS32.write(0x01);
43.    AS32.write(0x1a);
44.    AS32.write(0x17);
45.    AS32.write(0x40);
46.
47.//   while (digitalRead(AS32_AUX) = = 0)
48.    delay(1000); //等待变高
49.    digitalWrite(AS32_MD0,0);   //MD0:MD1= 00 正常工作模式
50.    digitalWrite(AS32_MD1,0);
51.}
52.
53.void loop()
54.{
55.if (AS32.available()) {
56.char c = AS32.read();
57.    Serial.print(c);
58.  }
59.if (Serial.available()) {
60.char c = Serial.read();
61.    AS32.print(c);
62.  }
63.}
```

代码中的第 36 行、第 37 行将 AS32 模块设置为正常工作模式。

代码中的第 40～45 行,设置模块参数,该命令设置的参数断电后不保存。第 41 行表示地址高 8 位为 01 H,第 42 行表示地址低 8 位为 01 H,第 43 行 1AH 表示串口帧格式为 8 N1,速率为 9 600 b/s,空中速率为 2.4 K,第 44 行 17H 表示通信频率为 433 MHz,第 45 行 40 H 表示透明传输,TXD,AUX 推挽输出,RXD 上拉输入,无线唤醒时间为 250 ms,发射功率为 20 dBm。这一组参数除 16 位地址码修改为 0101 H 外,其他参数都保持上电默认值。

在从第 53 行开始的主程序中,将软串口接收数据转发到 USB 虚拟串口,同时将 USB 虚拟串口接收数据转发到软串口。搜索并安装"NeoSWSerial"库,如图 4 - 59 所示。

选取一款串口调试软件,要求能够按照 16 进制数发送,可以控制行尾不添加"回车""换

行"符。

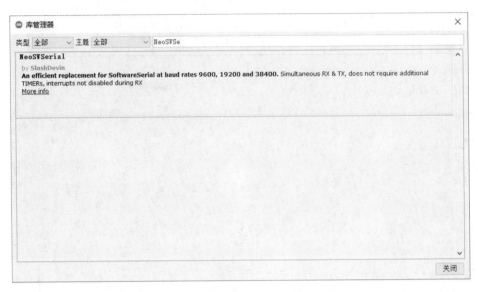

图 4 - 59　搜索并安装"NeoSWSerial"库

(3)测试场景 1。

数据发送端发送一个字节,在此发送内容为 0x30,测量接收延迟如图 4 - 60 所示,图中测量结果为 114.5 ms,记入测试记录表。

图 4 - 60 中 CH1 为发送端 AS32 的输入信号(TX),CH2 为接收方 AS32 的输出信号(RX)。

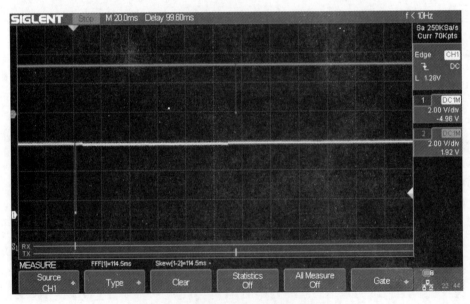

图 4 - 60　发送 1 个字节,测量接收延迟

数据发送端发送 4 个字节,在此发送内容为 0x30 - 0x31 - 0x32 - 0x33,测量接收延迟如

图 4 - 61 所示,测量结果为 138.3 ms,记入测试记录表。

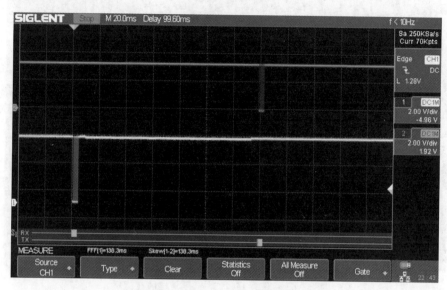

图 4 - 61　发送 4 个字节,测量接收延迟

数据发送端发送 8 个字节,在此发送内容为 0x30 - 0x31 - 0x32 - 0x33 - 0x34 - 0x35 - 0x36 - 0x37,测量接收延迟如图 4 - 62 所示,图中测量结果为 142.9 ms,记入测试记录表。

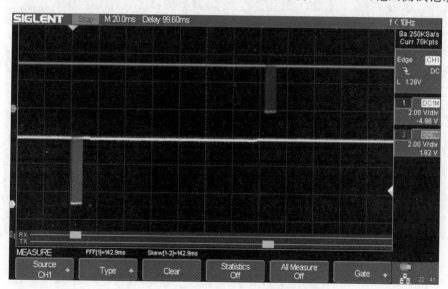

图 4 - 62　发送 8 个字节,测量接收延迟

数据发送端发送 16 个字节,在此发送内容为"0123456789ABCDEF",测量接收延迟如图 4 - 63 所示,图中测量结果为 190 ms,记入测试记录表。

数据发送端发送 58 个字节,在此发送内容为"0123456789ABCDEF0123456789ABCDEF0123456789ABCDEF0123456789",测量接收延迟如图 4 - 64 所示,测量结果为 400 ms,记入测试记录表。

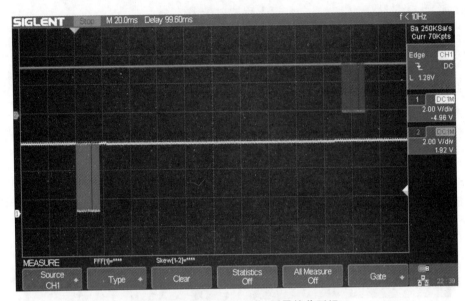

图 4 – 63　发送 16 个字节，测量接收延迟

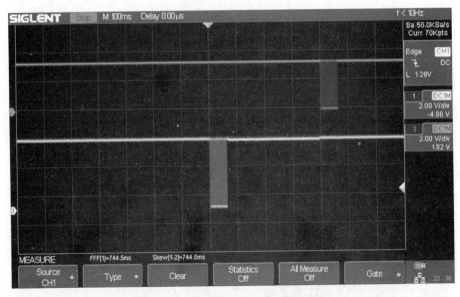

图 4 – 64　发送 58 个字节测量接收延迟

（4）测试场景 2。

测试场景 2 用于评估不同接收终端间的数据是否到达抖动。在本场景中，接收站 1 和接收站 2 都在室内桌面上，离得很近，姑且认为所处的空间干扰噪声是一致的，对于实际的物理场景，情况将变得复杂，不见得有如此一致的条件。

发送 58 个字节，"0123456789ABCDEF"重复 3 次＋"0123456789"，测量接收抖动的波形，如图 4 – 65 所示，图中显示接收抖动 0.376 ms。

再次发送 58 个数据，测量接收抖动的波形如图 4 – 66 所示，图中显示 0.402 ms。

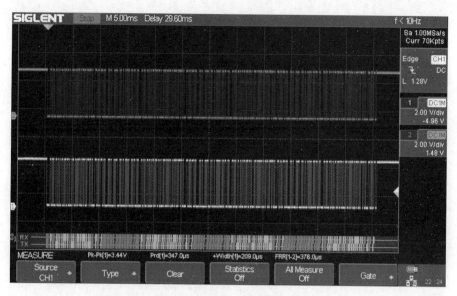

图 4-65　发送 58 个字节,测量接收抖动(第 1 次)

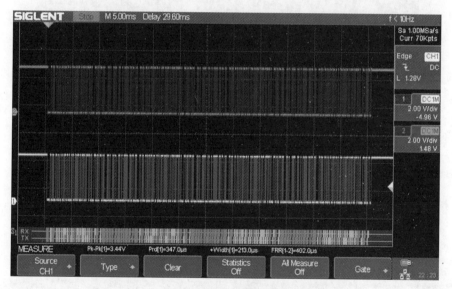

图 4-66　发送 58 个字节,测量接收抖动(第 2 次)

(5)场景 2 长包测试。

在场景 2 下发送 64 个字节,"0123456789ABCDEF"重复 3 次+"0123456789"+"ABC-DEF",测试照片如图 4-67 所示。能观察到分包传输,包间延迟 45 ms。

发送远多于 64 个字节,测试照片如图 4-68 所示。接收能观察到分包传输,大包间延迟170 ms,最后一个小包延迟 130 ms。

(6)读取 RSSI 值。

发送命令(AF-AF-73-00-AF-F3),读取当前数据的 RSSI 值(见图 4-69 和图4-70),记录到表格中。

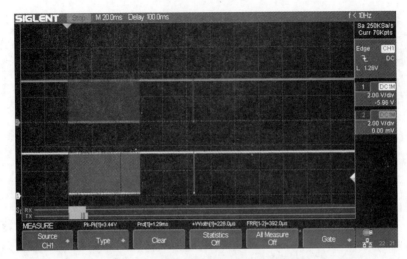

图 4 - 67　发送 64 个字节,包间延迟测试

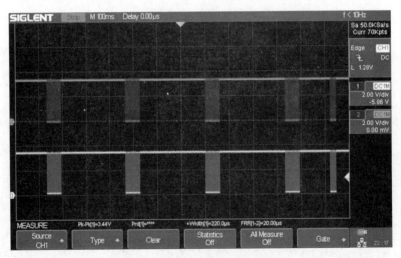

图 4 - 68　连续发送,包间延迟测试

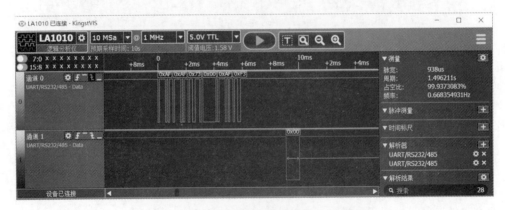

图 4 - 69　逻辑分析仪测量时序读取数据 RSSI 值

发送命令(AF－AF－74－00－AF－F4)，读取当前环境的 RSSI 值(见图 4-71 和图 4-72)，记录到表格中。

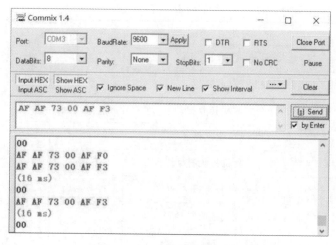

图 4-70　读取数据 RSSI 值

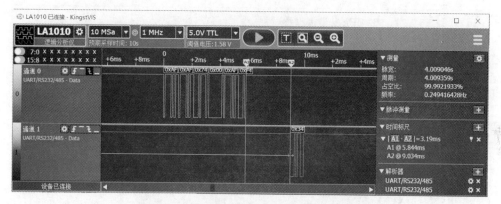

图 4-71　读取环境 RSSI 值逻辑分析仪截图

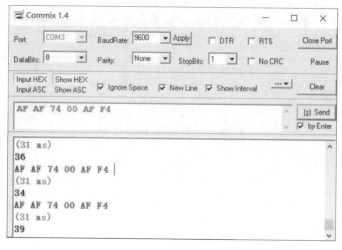

图 4-72　读取环境 RSSI 值

(7)填写测试记录表。

填写测试记录表(见表 4 - 21)。当不具备示波器条件时,可以采用逻辑分析仪测试。

表 4 - 21 实验记录表 1(空中速率 2 400 b/s)

序 号	项 目	测量记录	备 注
1	环境 RSSI 值/数据 RSSI 值		
2	单字节发送接收延迟		贴截图处
3	单字节两台接收机接收抖动		
4	4 字节发送接收延迟		贴截图处
5	4 字节两台接收机接收抖动		
6	8 字节发送接收延迟		贴截图处
7	8 字节两台接收机接收抖动		
8	16 字节发送接收延迟		贴截图处
9	16 字节两台接收机接收抖动		
10	32 字节发送接收延迟		贴截图处
11	32 字节两台接收机接收抖动		
12	58 字节发送接收延迟		贴截图处
13	58 字节两台接收机接收抖动		
14	64 字节发送接收延迟		贴截图处
15	64 字节两台接收机接收抖动		

(8)变更空中速率。

查阅 AS32 的手册,变更空中速率为 19 200 b/s,接口速率为 9 600 b/s 不变,重复测试,填写测试记录表(见表 4 - 22)。

表 4 - 22 实验记录表 2(空中速率 19 200 b/s)

序 号	项 目	测量记录	备 注
1	环境 RSSI 值/数据 RSSI 值		
2	单字节发送接收延迟		贴截图处
3	单字节两台接收机接收抖动		
4	4 字节发送接收延迟		贴截图处
5	4 字节两台接收机接收抖动		
6	8 字节发送接收延迟		贴截图处
7	8 字节两台接收机接收抖动		

续 表

序 号	项 目	测量记录	备 注
8	16 字节发送接收延迟		贴截图处
9	16 字节两台接收机接收抖动		
10	32 字节发送接收延迟		贴截图处
11	32 字节两台接收机接收抖动		
12	58 字节发送接收延迟		贴截图处
13	58 字节两台接收机接收抖动		
14	64 字节发送接收延迟		贴截图处
15	64 字节两台接收机接收抖动		

（9）软串口的不足。

图 4-73 所示为测试场景。对本实验，软串口在 UNO 板上测试，对 Mega2560 板软串口的波特率不是应有的 9 600b/s，如果手头是 Mega2560 板，则修改程序，使用硬串口完成。

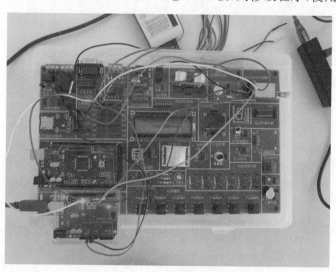

图 4-73 测试场景

4．实验记录和报告要求

（1）用文字描述实验的过程，完成实验报告。

（2）对实验过程中碰到的问题，尤其是个性化问题，最终有没有解决？是如何解决的？请尽量详细描述。

（3）分享实验感受，并讨论。

（4）填写测试记录表。

5．思考题

（1）远距离测试（选做）。条件具备时，一台接收机放到实验室窗口，另两台放到图书馆或自己宿舍,进行通讯信。感受天线位置和通信距离带来的影响。

(2)查资料,计算433 MHz频段视距无线电通信,其信道的衰减为多少分贝。

(3)找一台433 MHz的遥控器(或汽车钥匙),在进行延迟测试时按下遥控器,感受对Lo-Ra通信的影响。

(4)了解透明广播、定点传输、定点传输下的广播、定点传输下的监听这4个概念。

(5)对远距离测试,如何获得多个接收通道间的抖动。提示,可用GPS PPS信号做时间参考。

6.客观测验题

(1)实验中,AS32的发射功率为(   )。
    A. 20 dBm   B. 0 dBm   C. 30 dBm   D. 40 dBm

(2)实验中,AS32占用的通信频段为(   )。
    A. 2.4 GHz   B. 1.2 GHz   C. 433 MHz   D. 900 MHz

(3)实验中,AS32默认空中速率为(   )。
    A. 2 400 b/s   B. 9 600 b/s   C. 115 200 b/s   D. 1 200 b/s

(4)实验中,AS32接口速率为(   )。
    A. 2 400 b/s   B. 9 600 b/s   C. 115 200 b/s   D. 1 200 b/s

(5)棒状天线的增益为(   )。
    A. 0 dBi   B. 6 dBi   C. 12 dBi

(6)棒状天线有无方向性?(   )。
    A. 无   B. 有   C. 不清楚

4.7 CAN

控制局域网(Controller Area Network,CAN)总线在汽车行业获得了广泛的应用,构成了车身控制网络的基础。本节通过几个有趣的实例让读者能够通过简单的硬件接入车辆网络,获取车辆和发动机的基本工作参数。

1.实验目的

(1)了解CAN总线在汽车领域的应用,对车辆控制网络有一个概要认识。

(2)会使用CAN模块截取车辆一部分关键状态信息。

2.设计方案

(1)CAN总线简介。

CAN是ISO国际标准化的串行通信协议。在汽车产业中,出于对安全性、舒适性、方便性、低功耗、低成本的要求,各种各样的电子控制系统被开发了出来。由于这些系统之间通信所用的数据类型及对可靠性的要求不尽相同,由多条总线构成的情况很多,线束的数量也随之增加。为满足"减少线束的数量""通过多个LAN,进行大量数据的高速通信"的需要,1986年德国电气商博世公司开发出面向汽车的CAN通信协议。此后,CAN基于ISO 11898及ISO 11519进行了标准化,在欧洲已是汽车网络的标准协议。

CAN的高性能和可靠性已被认同,除车辆领域外,已被广泛地应用于工业自动化、船舶、医疗设备、工业设备等领域。

（2）接入车辆网络所需的硬件。

类似于 INS8250＋MAX232 的串口实现组合，CAN 的接口芯片以 SJA1000 和 MCP2515 最广泛，物理层电平驱动器为 SJA1050。SJA1000 为一款独立的 8 位 CAN 总线协议接口芯片，与 CPU 的接口为 8 位并行总线，MCP2515 为 SPI 总线，SJA1050 为物理层电平转换收发器。MCP2515＋SJA1050 的组合占用 CPU I/O 少，适合 UNO 和 MEGA 的应用场合，SJA1000 目前已经被集成在 ESP32 中。

MCP2515 是一款独立控制器局域网络协议控制器，完全支持 CAN V2.0B 技术规范。该器件能发送和接收标准和扩展数据帧以及远程帧。MCP2515 自带的两个验收屏蔽寄存器和 6 个验收滤波寄存器可以过滤掉不想要的报文，因此减少了主单片机的开销。MCP2515 与 MCU 的连接是通过业界标准串行外设接口（Searial Peripheral Interface，SPI）实现的。

实验仪上 CAN 接口模块采用的是 MCP2515＋SJA1050 的组合。

（3）库和必要的驱动程序。

MCP2515 的驱动程序从头编写工作量还是相当大的，好在 Arduino 生态中已经有学者做了库的开发，并提供了一定数量的示例。图 4－74 所示为在库管理器中搜索关键字"CAN"得到的结果，选择"CAN"库，点击"安装"按钮。

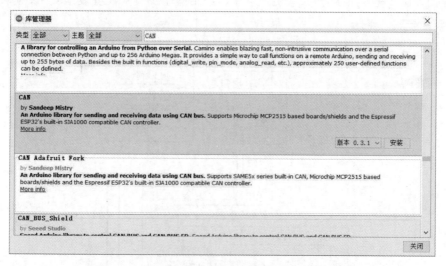

图 4－74　在库管理器中搜索关键字"CAN"得到的结果

（4）如何接入车辆网络。

没有接触过车辆网络的读者可能会提出，是不是先要找到车辆的线路图，看看从哪股线束哪个插头拨开，再把 CAN 总线的两个信号线夹上去。其实不必要，现在的车辆都提供有诊断接口，在 4S 店或修车店能见到这样的场景，修车前师傅将一台便携式电脑通过专用插头连接到驾驶员座位腿部前方某个位置，然后读取某些数据，根据故障码指导维修。这个接口称为 OBD－Ⅱ（the Second On-Board Diagnostics）接口，是美国汽车工程师协会（Society of Automotive Engineers，SAE）1988 年制定的电喷汽车诊断标准，该标准规定了一种接插件，其中 CAN 总线引导了该接插件上。

图 4－75 所示为本实验在车内进行测试的场景，注意 CAN 模块上的黑色线延伸到了驾驶员一侧，最终接到了 OBD－Ⅱ插座上。

图 4 - 75　在车内的测试场景

3. 实验过程

(1)线路图和连线表。

线路图如图 4 - 76 所示,连线表见表 4 - 23。注意连线表中没有表示 CAN 模块到 OBD 接口间的连线。

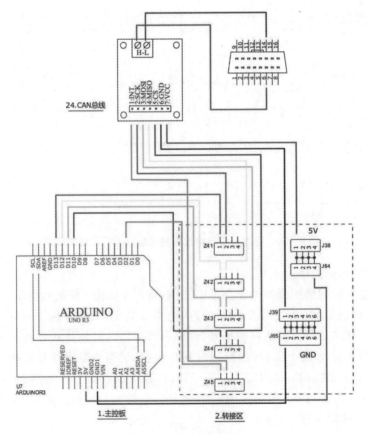

图 4 - 76　线路图

表 4 - 23　连线表

序　号	连接点 1	连接点 2	线 色
1	U2.GND1	J39/J65 任意位置	黑色
2	U2.5V	J38/J64 任意位置	红色
3	U2.13	Z41 任意位置	紫色
4	CAN.2:SCK	Z41 任意位置	紫色
5	U2.12	Z42 任意位置	黄色
6	CAN.4:MISO	Z42 任意位置	黄色
7	U2.11	Z43 任意位置	绿色
8	CAN.3:MOSI	Z43 任意位置	绿色
9	U2.10	Z44 任意位置	蓝色
10	CAN.5:CS	Z44 任意位置	蓝色
11	U2.2	Z45 任意位置	橙色
12	CAN.1:INT	Z45 任意位置	橙色
13	CAN.6:GND	J39/J65 任意位置	黑色
14	CAN.7:VCC	J38/J64 任意位置	红色

OBD 插头和 CAN 模块的实物连线如图 4 - 77 所示,注意红色线接 CANH 信号,蓝色线接 CANL 信号,屏蔽层这里没有接任何信号,悬空处理即可。

说明:OBD 插头内有两排共计 16 个插针,其中有两个插针稍微长一些,是地线位置,不是插针松脱变形。

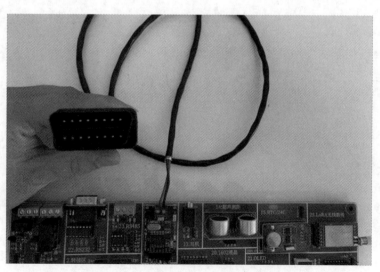

图 4 - 77　OBD 插头和 CAN 模块的实物连线

(2)读取车架号示例代码。

下述示例程序用于读取车架号。

程序清单 37

```
1.// Copyright (c) Sandeep Mistry. All rights reserved.
2.// Licensed under the MIT license. See LICENSE file in the project root for full li-
cense information.
3.//
4.//
5.// This examples queries the ECU for the car's Vehicle Identification Number
(VIN) and
6.// prints it out to the serial monitor using Mode 09 and OBD- II PID 0x02
7.//
8.# include< CAN.h>
9.
10.// Most cars support 11- bit adddress, others (like Honda),
11.// require 29- bit (extended) addressing, set the next line
12.// to true to use extended addressing
13.const bool useStandardAddressing =  true;
14.
15.void setup() {
16.   Serial.begin(9600);
17.
18.   Serial.println("CAN OBD- II VIN reader");
19.
20.// start the CAN bus at 500 kbps
21.if (! CAN.begin(500E3)) {
22.    Serial.println("Starting CAN failed!");
23.while (1);
24.   }
25.
26.// add filter to only receive the CAN bus ID's we care about
27.if (useStandardAddressing) {
28.CAN.filter(0x7e8);
29.   }else {
30.CAN.filterExtended(0x18daf110);
31.   }
32.}
33.
34.void loop() {
35.// send the request for the first chunk
36.if (useStandardAddressing) {
37.CAN.beginPacket(0x7df, 8);
38.   }else {
39.CAN.beginExtendedPacket(0x18db33f1, 8);
40.   }
41.CAN.write(0x02); // Number of additional bytes
42.CAN.write(0x09); // Request vehicle information
43.CAN.write(0x02); // Vehicle Identification Number (VIN)
```

```
44.CAN.endPacket();
45.
46.// wait for response
47.while (CAN.parsePacket() = = 0 ||
48.CAN.read() ! = 0x10 || CAN.read() ! = 0x14 || // correct length
49.CAN.read() ! = 0x49 ||                        // correct mode
50.CAN.read() ! = 0x02 ||                        // correct PID
51.CAN.read() ! = 0x01);
52.
53.// print out
54.while (CAN.available()) {
55.    Serial.write((char)CAN.read());
56.  }
57.
58.// read in remaining chunks
59.for (int i = 0; i < 2; i+ + ) {
60.// send the request for the next chunk
61.if (useStandardAddressing) {
62.CAN.beginPacket(0x7e0, 8);
63.    }else {
64.CAN.beginExtendedPacket(0x18db33f1, 8);
65.    }
66.CAN.write(0x30);
67.CAN.endPacket();
68.
69.// wait for response
70.while (CAN.parsePacket() = = 0 ||
71.CAN.read() ! = (0x21 + i)); // correct sequence number
72.
73.// print out
74.while (CAN.available()) {
75.    Serial.write((char)CAN.read());
76.    }
77.  }
78.
79.  Serial.println("That's all folks!");
80.
81.while (1); // all done
82.}
```

（3）读取车架号实验结果。

测试时，将 OBD 插头插到车上的 OBD 插座位置，OBD 插座一般在驾驶员座位腿部的位置，头伸到该位置往上看就可以找到。ODB 插头插座有防差错设计，不会插反。

将车钥匙拧到第一档,车身上电,发动机不用点火。

下载,运行程序,应得到类似图 4-78 的效果。

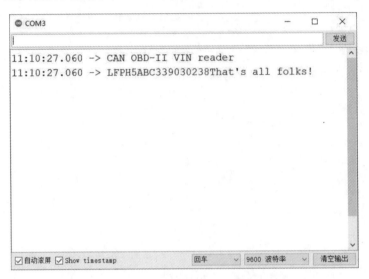

图 4-78　读取车架号实验结果

车架号一般在车前窗玻璃的右下侧,如图 4-79 所示。可以将从 CAN 总线读出的车架号和车身上的车架号相互比对,看是否一致。

有的车型车架号需要打开发动机机舱盖(可在车身上明显位置找到)。

图 4-79　车架号

(4)输出发动机转速示例程序。

通过以下程序可以在串口中打印发动机转速。

程序清单 38

```
1.//  24_EngineRPM.uno
2.//  2020.8.21 WangYihang
3.//
```

```
 4.//    功能描述：把车发动机转速通过串口打印出来
 5.//
 6.//    主控板      UNO 板
 7.//    连线：   1.J43.1 (INT)  - - - - D2
 8.//            2.J43.2 (SCK)  - - - - D13
 9.//            3.J43.3 (DI)   - - - - D12
10.//            4.J43.4 (DO)   - - - - D11
11.//            5.J43.5 (CS)   - - - - D10
12.//            6.J43.6 (GND)  - - - - GND
13.//            7.J43.7 (VCC)  - - - - VCC
14.//
15.//              9.OBD 头要查到车上的 OBD 接口
16.//
17.//      注意改变下波特率，扩展板上的晶振频率低一半
18.//
19.
20.// Copyright (c) Sandeep Mistry. All rights reserved.
21.// Licensed under the MIT license. See LICENSE file in the project root for full li-
cense information.
22.//
23.//
24.// This examples queries the engine RPM (OBD- II PID 0x0c) once a seconds and
25.// prints the value to the serial monitor
26.//
27.# include< CAN.h>
28.
29.// Most cars support 11- bit adddress, others (like Honda),
30.// require 29- bit (extended) addressing, set the next line
31.// to true to use extended addressing
32.const bool useStandardAddressing =  true;
33.
34.void setup() {
35.  Serial.begin(9600);
36.
37.  Serial.println("CAN OBD- II engine RPM");
38.
39.// start the CAN bus at 500 kbps
40.if (! CAN.begin(1000E3)) {
41.    Serial.println("Starting CAN failed!");
42.while (1);
43.  }
44.
45.// add filter to only receive the CAN bus ID's we care about
46.if (useStandardAddressing) {
47.CAN.filter(0x7e8);
48.  }else {
49.CAN.filterExtended(0x18daf110);
50.  }
```

```
51.}
52.
53.void loop() {
54.if (useStandardAddressing) {
55.CAN.beginPacket(0x7df, 8);
56.  }else {
57.CAN.beginExtendedPacket(0x18db33f1, 8);
58.  }
59.CAN.write(0x02); // number of additional bytes
60.CAN.write(0x01); // show current data
61.CAN.write(0x0c); // engine RPM
62.CAN.endPacket();
63.
64.// wait for response
65.while (CAN.parsePacket() == 0 ||
66.CAN.read() < 3 ||              // correct length
67.CAN.read() != 0x41 ||         // correct mode
68.CAN.read() != 0x0c);          // correct PID
69.
70.float rpm = ((CAN.read() * 256.0) + CAN.read()) / 4.0;
71.
72.  Serial.print("Engine RPM = ");
73.  Serial.println(rpm);
74.
75.  delay(1000);
76.}
```

（5）实验结果。

下载程序前，需要修改"MCP2515.h"文件中的内容。打开 MCP2515.h 文件，在第 13 行找到宏定义"MCP2515_DEFAULT_CLOCK_FREQUENCY"。在笔者电脑上，文件"MCP2515.h"的位置在"C:\Users\WangYH-E550\Documents\Arduino\libraries\CAN\src"下。修改晶振频率参数，如图 4-80 所示。

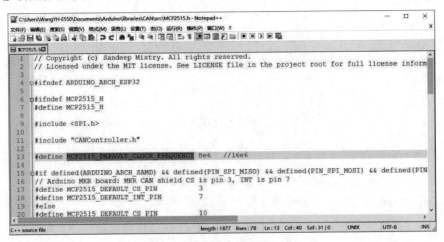

图 4-80　修改晶振频率参数

修改宏"MCP2515_DEFAULT_CLOCK_FREQUENCY"后的时钟参数,原宏定义为"16e6",修改后为"8e6",原因是实验仪上装的 CAN 模块晶振为 8.000 000 MHz,不是驱动程序默认的 16.000 000 MHz。

下载该程序,打开串口绘图器(见图 4-81),波特率设置为 9 600 b/s。

车没打着火时,发动机转速为 0。保持 20 多秒后(记录一段时间)拧车钥匙打火,可以从串口绘图器中观察到,发动机转速短时间内冲到 1 500 r,软后迅速回落到 100 r,接着慢慢滑落到 800 r 左右,对应图中 160 s 左右。

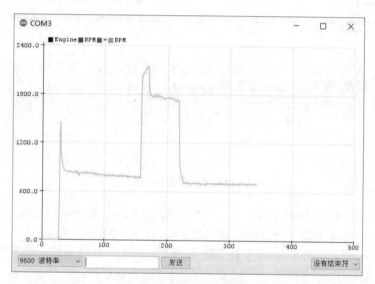

图 4-81　打开串口绘图器

不要挂挡,在空挡条件下踩油门踏板给油,可以看到图 4-82 中曲线上冲到 2 100 r 左右,保持大约 50 s,然后松开油门踏板,此时对应图中大约 220 s。可以看到从 220 s 以后,发动机转速维持在 750 r/min 左右不再下降,说明发动机已经完全预热,此时的转速为怠速。

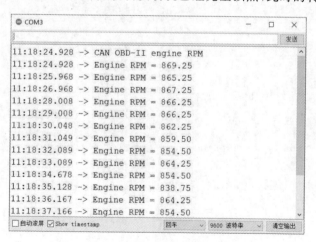

图 4-82　空挡条件下踩油门踏板给油

(6)示例程序——OBD1-SupportedPIDs。

从库管理器安装 OBD2 库,如图 4-83 所示。

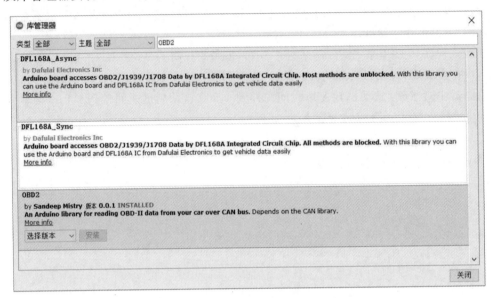

图 4-83　搜索并安装 OBD2 库

打开示例程序,依次选择"文件"→"示例"→"OBD2"→"OBD2-01-SupportedPIDs",该程序将从 00～95 查询共 96 个 PID 码,对车辆支持的 PID 号进行打印。

程序清单 39

```
1.// Copyright (c) Sandeep Mistry. All rights reserved.
2.// Licensed under the MIT license. See LICENSE file in the project root for full li-
cense information.
3.
4.# include< CAN.h>  // the OBD2 library depends on the CAN library
5.# include< OBD2.h>
6.
7.void setup() {
8.  Serial.begin(9600);
9.while (! Serial);
10.
11.  Serial.println(F("OBD2 Supported PIDs"));
12.
13.while (true) {
14.    Serial.print(F("Attempting to connect to OBD2 CAN bus ... "));
15.
16.if (! OBD2.begin()) {
17.      Serial.println(F("failed!"));
18.
19.      delay(1000);
20.    }else {
21.      Serial.println(F("success"));
22.break;
```

```
23.    }
24.   }
25.
26.   Serial.println();
27.
28.// loop through PIDs 0 to 95, reading and printing the names of the supported PIDs
29.for (int pid = 0; pid < 96; pid+ + ) {
30.if (OBD2.pidSupported(pid)) {
31.       Serial.println(OBD2.pidName(pid));
32.     }
33.   }
34.}
35.
36.void loop() {
37.}
```

（7）实验结果。

下载程序，打开串口监视器，显示效果如图 4-84 所示。

程序共查询了 96 个可能的 PID，图 4-84 显示实际支持的并不多。大多为专业名词，挑选其中几个比较容易理解的项目对应中文含义为：

Engine coolant temperature，发动机冷却液温度

Engine PRM，发动机转速，单位为 r/min

Vehicle speed，车辆速度

Intake air temperature，进气温度

MAF，air flow rate，进气流量

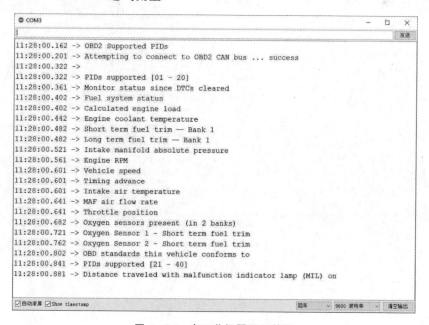

图 4-84　串口监视器显示效果

（8）程序示例——OBD2-02-KeyStats。

打开示例程序，依次选择"文件"→"示例"→"OBD2"→"OBD2 - 02 - KeyStats"。

这个程序将在串口监视器中打印发动机关键信息。

程序清单40

```
1.// Copyright (c) Sandeep Mistry. All rights reserved.
2.// Licensed under the MIT license. See LICENSE file in the project root for full license information.
3.
4.# include< CAN.h>  // the OBD2 library depends on the CAN library
5.# include< OBD2.h>
6.
7.// array of PID's to print values of
8.const int PIDS[] =  {
9.  CALCULATED_ENGINE_LOAD,
10.  ENGINE_COOLANT_TEMPERATURE,
11.  ENGINE_RPM,
12.  VEHICLE_SPEED,
13.  AIR_INTAKE_TEMPERATURE,
14.  MAF_AIR_FLOW_RATE,
15.  THROTTLE_POSITION,
16.  RUN_TIME_SINCE_ENGINE_START,
17.  FUEL_TANK_LEVEL_INPUT,
18.  ABSOLULTE_BAROMETRIC_PRESSURE,
19.  ABSOLUTE_LOAD_VALUE,
20.  RELATIVE_THROTTLE_POSITION
21.};
22.
23.const int NUM_PIDS =  sizeof(PIDS) / sizeof(PIDS[0]);
24.
25.void setup() {
26.  Serial.begin(9600);
27.while (! Serial);
28.
29.  Serial.println(F("OBD2 Key Stats"));
30.
31.while (true) {
32.    Serial.print(F("Attempting to connect to OBD2 CAN bus ... "));
33.
34.if (! OBD2.begin()) {
35.      Serial.println(F("failed!"));
36.
```

```
37.        delay(1000);
38.    }else {
39.        Serial.println(F("success"));
40.break;
41.    }
42.  }
43.
44.  Serial.println();
45.}
46.
47.void loop() {
48.// loop through all the PID's in the array
49.//
50.for (int i = 0; i < NUM_PIDS; i++ ) {
51.int pid = PIDS[i];
52.
53.    printPID(pid);
54.  }
55.  Serial.println();
56.
57.  delay(1000);
58.}
59.
60.void printPID(int pid) {
61.// print PID name
62.  Serial.print(OBD2.pidName(pid));
63.  Serial.print(F(" = "));
64.
65.// read the PID value
66.float pidValue = OBD2.pidRead(pid);
67.
68.if (isnan(pidValue)) {
69.    Serial.print("error");
70.  }else {
71.// print value with units
72.    Serial.print(pidValue);
73.    Serial.print(F(" "));
74.    Serial.print(OBD2.pidUnits(pid));
75.  }
76.
77.  Serial.println();
78.}
```

9)实验结果

下载程序，发动机熄火后，打印信息，如图 4-85 所示。可以看到，发动机转速"Engine PRM"为 0，表示发动机并没有启动。

图 4-85　发动机未点火数据

发动机点火后，挂空挡，一段时间打印的数据如图 4-86 所示。可以看到，发动机在怠速状态，转速为 727 r/min 左右。"Throttle position"为节气门开度（油门开度），为 17% 左右。

图 4-86　发动机点火空挡怠速情形数据

维持空挡，踩油门，一段时间打印的数据如图 4-87 所示。可以看到，发动机转速为 1 620 r/min 左右。"Throttle position"为节气门开度（油门开度），为 26% 左右。"Vehicel speed"为 0，车并没有行进。

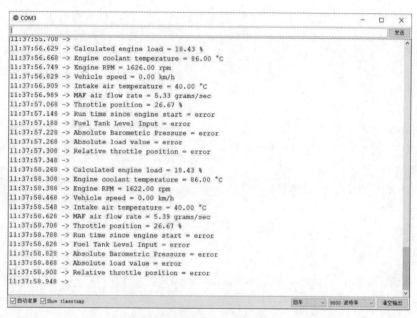

图 4-87　发动机点火空挡踩油门踏板情形数据

（10）程序示例——OBD2-03-DataPrinter。

打开示例程序，依次选择"文件"→"示例"→"OBD2"→"OBD2-03-DataPrinter"。

这个程序将在串口监视器中打印发动机关键数据。

程序清单 41

```
1.// Copyright (c) Sandeep Mistry. All rights reserved.
2.// Licensed under the MIT license. See LICENSE file in the project root for full license information.
3.
4.# include < CAN.h> // the OBD2 library depends on the CAN library
5.# include < OBD2.h>
6.
7.void setup() {
8.  Serial.begin(9600);
9.  while (! Serial);
10.
11.  Serial.println(F("OBD2 data printer"));
12.
13.  while (true) {
14.    Serial.print(F("Attempting to connect to OBD2 CAN bus ... "));1
15.
16.if (! OBD2.begin()) {
17.      Serial.println(F("failed!"));
```

```
18.
19.    delay(1000);
20.   }else {
21.    Serial.println(F("success"));
22.break;
23.   }
24.  }
25.
26.  Serial.println();
27.  Serial.print("VIN = ");
28.  Serial.println(OBD2.vinRead());
29.  Serial.print("ECU Name = ");
30.  Serial.println(OBD2.ecuNameRead());
31.  Serial.println();
32.}
33.
34.void loop() {
35.// loop through PIDs 0 to 95, reading and printing the values
36.for (int pid =  0; pid <  96; pid+ + ) {
37.    processPid(pid);
38.  }
39.  Serial.println();
40.
41.// wait 5 seconds before next run
42.  delay(5000);
43.}
44.
45.void processPid(int pid) {
46.if (! OBD2.pidSupported(pid)) {
47.// PID not supported, continue to next one ...
48.return;
49.  }
50.
51.// print PID name
52.  Serial.print(OBD2.pidName(pid));
53.  Serial.print(F(" = "));
54.
55.if (OBD2.pidValueRaw(pid)) {
56.// read the raw PID value
57.    unsigned long pidRawValue =  OBD2.pidReadRaw(pid);
58.
59.    Serial.print(F("0x"));
```

```
60.    Serial.print(pidRawValue, HEX);
61.  }else {
62.// read the PID value
63.    float pidValue =  OBD2.pidRead(pid);
64.
65.if (isnan(pidValue)) {
66.      Serial.print("error");
67.  }else {
68.// print value with units
69.
70.      Serial.print(pidValue);
71.      Serial.print(F(" "));
72.      Serial.print(OBD2.pidUnits(pid));
73.    }
74.  }
75.
76.  Serial.println();
77.}
```

(11)实验结果。

下载程序,发动机点火维持在怠速状态,挂空挡。

打印数据如图 4-88 所示。部分数据解读如下:

"Engine coolant temperature =88.00℃",表示发动机冷却液温度为 88℃,此时发动机已完全预热。

"Engine PRM = 687.50 rpm",表示怠速发动机转速为 687.5 r/min。

图 4-88　发动机怠速状态数据

（12）逻辑分析仪截取数据。

用逻辑分析仪记录一段时间总线上的数据，用作离线分析。

打开逻辑分析仪，设置采样率为 5 MHz，采样长度为 100 MSa，此时对应的记录长度为 20 s。信号 CH0 接 CAN 模块上的 H 线位置插针，GND 接 GND 插排，设置触发电平为"自定义 I/O"，阈值电压填"3.00 V"，点击播放按钮开始记录。

记录 20 s 后，波形如图 4 - 89 所示。

数据存储为文件以备后用。

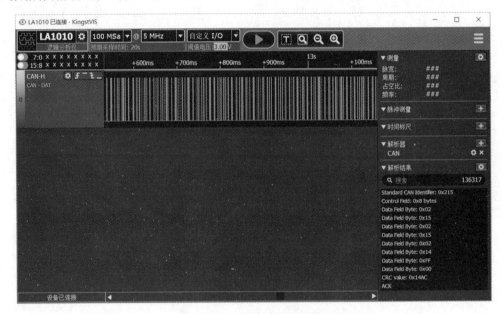

图 4 - 89　记录 20 s 后的波形

添加协议解析功能，设置波特率为 500 000 b/s，解析后图形界面中会显示解析结果。图中显示的解析结果含义为：

"Standard CAN Identifier：0x215"表示这是一个标准帧，帧 ID 为 0x215；

"Control Field：0x8 Bytes"表示本帧里有 8 字节数据；

"DataField：0x02"表示第一个数据为 0x02，以下类同，共 8 个数据。

4. 实验记录和报告要求

（1）用文字描述实验的过程，完成实验报告。

（2）对实验过程中碰到的问题，尤其是个性化问题，最终有没有解决？是如何解决的，请尽量详细描述。

（3）分享实验感受，并讨论。

（4）填写实验记录表。

5. 思考题

（1）自动挡汽车在换挡时，发动机转速会在换挡瞬间产生跳变，利用这个特征，结合 TF 卡模块，编制程序，记录一段行驶数据。在电脑上对该记录进行分析，估计该段时间内的换挡次数。

（2）为什么说 CAN 总线具有自仲裁特征？

（3）485 总线有自仲裁特征吗？和 CAN 总线相比，都是差分形式，各有何优劣？

（4）需要深入研究的读者可以在逻辑分析仪记录的数据中找出请求 PID 和 PID 相应的数据帧。

（5）图 4 - 90 所示是运行示例程序"SupportedPIDs"的串口监视器截图，读者可自行分析。

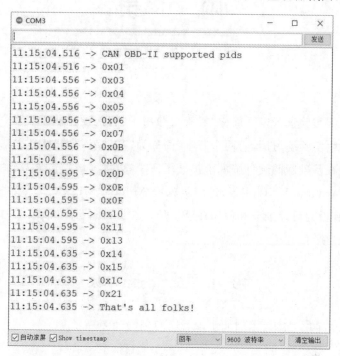

图 4 - 90　运行示例程序"SupportedPIDs"的串口监视器截图

6. 客观测验题

（1）实验中，CAN 总线模块的晶振频率为（　　）。

    A. 16 MHz　　　　　　B. 8 MHz　　　　　　C. 48 MHz　　　　　　D. 11.059 2 MHz

（2）实验中，CAN 总线通信速率为（　　）。

    A. 500 kHz　　　　　B. 250 kHz　　　　　C. 1 MHz　　　　　　D. 125 kHz

（3）在 OBD - Ⅱ 接口中，PIN - 14 脚为（　　）。

    A. CAN - H　　　　　B. CAN - L　　　　　C. SGND　　　　　　D. 12 V

（4）在 CAN 标准帧中，ID 号长度为（　　）位。

    A. 29　　　　　　　　B. 11　　　　　　　　C. 8　　　　　　　　D. 32

（5）小汽车（乘用车），蓄电池标称电压为（　　）。

    A. 48 V　　　　　　　B. 6 V　　　　　　　C. 12 V　　　　　　D. 24 V

（6）CAN 总线数据帧中，最多有（　　）个数据字节。

    A. 4　　　　　　　　B. 8　　　　　　　　C. 255　　　　　　　D. 16

（7）实验中，发动机怠速为（　　）r/min。

    A. 800　　　　　　　B. 750　　　　　　　C. 1 000　　　　　　D. 3 000

附　录

　　"智能硬件教学实验仪"(以下简称"实验仪")用于"智能硬件基础实验"和"智能硬件进阶实验"两门课程学生实验练习用,有两个版本,简称为"基础版""进阶版"。基础版包含 20 个模块(区域),进阶版在基础版的硬件资源上扩展了 7 个模块(区域),包含基础版的全部功能。

　　基础版配置 Arduino UNO 主板,进阶版配置 Arduino MEGA 2560 主板。

　　本章介绍实验板的设计细节和使用注意事项。在进行远程/在线实验时,大多数情形使用该实验仪完成实验项目。

附.1　主　控　板

　　UNO 主控板有两个版本,不同的版本有一些细微的差异。

　　(1)UNO R3。

　　UNO 版本是官方的标准版本,PCB 采用官方公布的资料进行加工。这个版本的特点是板上的 USB 转串口采用 Atmel 公司的 32U4,主芯片有一个 IC 插座,主芯片采用 PDIP28 窄体封装的 ATmega328P,如图 5 - 1 所示。

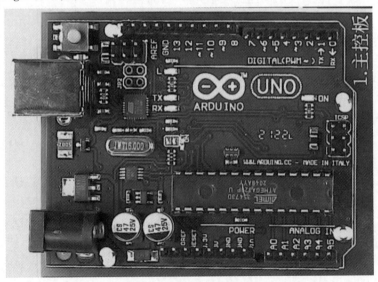

图 5 - 1　UNO 主控板

在进行线下实验时,偶尔会发生 328P 芯片个别 IO 脚损坏的情形,也发生过 32U4 芯片冒烟的情况。32U4 芯片因为采用 QFN 封装,一般的教学实验室条件下很难更换;328P 损坏时可以方便地用平口螺丝刀或者尖镊子进行更换。

注意更换 328P 芯片后需要通过 ICSP 接口烧录 Bootloader,否则会出现可以识别串口但是无法下载程序的情况。

(2)MEGA 板。

对进阶版实验仪,默认的主控板为 MEGA 板,主 CPU 采用 100 引脚的 TQFP 封装。MEGA 板,具有 52 个数字 IO,16 个模拟量输入通道。相比 UNO 板,多出来 3 个硬串口,如图 5-2 所示。

图 5-2　MEGA 主控板

附.2　转　接　区

转接区提供了若干组插针,用于实现电路图上的分支符号功能。插针旁边印有类似"Z11"的符号,同符号内的插针 4 位或者 6 位,在电气上是连接到一起的,可以把实验仪翻过来看或者查证 PCB 设计稿来确认。

标记有"5 V""3V3"和"GND"的插针按照规定连接到 5 V 电源、3.3V 电源和地线上。在本课程中,约定与"5 V"的所有连接线采用红色外皮,与"GND"连接的全部连接线采用黑色外皮。基础版转接区插针排布和进阶版插针排布如图 5-3 所示。

需要留意的是,转接区中标记"GND"和"5 V"的插针,并没有默认连接到主控板的"＋5 V"信号或者"GND"信号上。

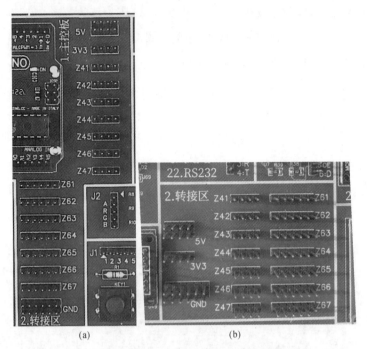

图 5-3   基础版转接区插针排布和进阶版插针排布

附.3   发光管灯组

该单元提供了 6 只颜色不同的发光二极管,以指示电路状态。每只发光二极管串联了一只 390 Ω、额定功率 0.25 W、容差±5% 的电阻。发光管灯组实物照片和原理图如图 5-4 所示。

图 5-4   发光管灯组实物照片和原理图

附.4   继电器组

该单元提供了两只继电器,两只继电器的有效电平驱动方式和触点容量有差异。

插针 J23 对应的继电器采用 NPN 三极管驱动,所配继电器型号为"HFD23-005-1ZS",触点容量为 0.5 A/125 Vac 或 30 Vdc,触点对应接线柱位号 P1,3 个端子从左往右依次为

COM - NC - NO。

插针 J25 对应继电器采用 PNP 三极管驱动,继电器型号为"HF33F - 005 - ZS3",常闭触点容量为 3A/250 Vac 或 30 Vdc,常开触点容量为 5A/250 Vac 或 30 Vdc,触点对应接线柱位号 P2,3 个端子从左往右依次为 COM - NO - NC。

两种继电器的线包电压均为 5 V。

留意 J23 和 J23 的①脚为 GND、②脚为 5 V,③脚为控制信号。这种位置排布方式(见图 5 - 5)借鉴了航模领域的接插件定义设计思想。

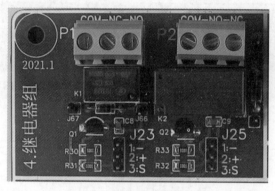

图 5 - 5　引脚位置排布方式

附.5　蜂　鸣　器

该部分采用的蜂鸣器为有源蜂鸣器。所谓有源蜂鸣器,指内部集成有振荡电路,只要给引脚加上规定电压的直流电,就以固有的频率发声,而发声频率不可变。因一般的数字输出引脚驱动能力不够,故增加了 NPN 三极管进行扩流。使用时,控制信号为高电平时发声,反之不发声。

与有源蜂鸣器对应的是无源蜂鸣器,无源蜂鸣器需要外加交变信号才能发声,发声的频率和交变信号的频率一致。对一般情形,交变信号为方波。从外观上不易区分无源蜂鸣器和有源蜂鸣器。无源蜂鸣器也可以用 NPN 三极管进行驱动,不过要把方波信号加到三极管的基极,而不能是固定的高电平。蜂鸣器模块实物照片和原理图如图 5 - 6 所示。

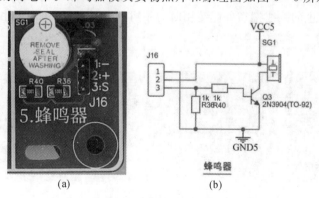

(a)　　　　　　　　(b)

图 5 - 6　蜂鸣器模块实物照片和原理图

附.6 按 键 组

该单元提供有 6 只轻触按键,按键无"自锁"功能,按下即接通,释放即断开。每只按键各串联了 4.7 kΩ 的色环电阻。

该单元电路在按键的公共线和电阻的公共线上没有极性元件,故在连接时可以采用上拉电阻的接法,也可以采用下拉电阻的接法。按键组实物照片和原理图如图 5-7 所示。

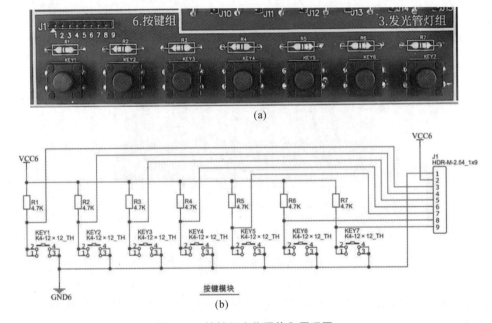

(a)

(b)

图 5-7 按键组实物照片和原理图

附.7 热 释 电

热释电模块采用市面上的售卖产品,型号为 SR501,其核心为一块 BIS1001 的专用信号处理集成电路。热释电模组实物照片如图 5-8 所示。

在该模块电路板背面的侧面,有两只微调电位器,居中的一只用于调节灵敏度,另一只用于调节延迟时间。黄色的跳线帽靠外侧使用时为不可重复触发,靠内侧使用时为可重复触发。图 5-8 所示是不可重复触发的接法。

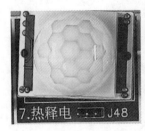

图 5-8 热释电模组实物照片

在使用时,若需要调节两只电位器,要求读者调节前用笔在电位器的橘色可转动部分和外壳画一条线作为标记,防止调乱后无法还原。

该模块顶上半球型的塑料帽专业术语叫"菲涅尔透镜",作用在于增大探测灵敏度,并对杂散波长进行滤波。

附.8　三　色　灯

该单元设计有一只共阳极的三色发光二极管,管芯3个基本色为红、绿、蓝。在各自的阴极引脚上串联有390 Ω的电阻,用作限流,如图5-9所示。

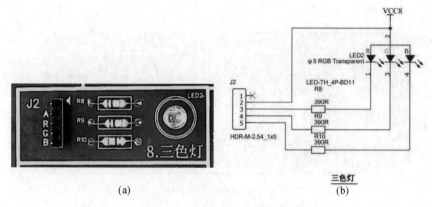

(a)　　　　　　(b)

图5-9　三色灯实物照片和原理图

附.9　电　位　器

该单元配备了一只RV12的薄膜电位器,电位器标称阻值为10 k[①](批次不同,也可能是50 k规格)。

实验连线时需注意,3位插针J30中③脚才是对应的变阻器调节端。使用时当①脚接低电位,②脚接高电位,顺时针调节时③脚的电压会逐渐变大。电位器实物照片和原理如图5-10所示。

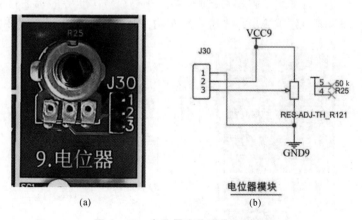

(a)　　　　　　(b)

图5-10　电位器实物照片和原理图

---

①　1 k=1 kΩ。

附.10 摇 杆

该单元采用带轻触按键的十字交叉型摇杆。摇杆 X 方向和 Y 方向的电位器标称阻值为 10 kΩ。

在使用时,J35 的①脚接低电位,②脚接高电位,不一定是 X 方向往右③脚上的电压会增加,Y 方向往上④脚上的电压会增加,有可能是相反的方向。

在设计程序时,摇杆在自由态下零位输出电压不一定是供电电压的一半,需考虑制造误差。摇杆实物照片如图 5 - 11 所示。

图 5 - 11 摇杆实物照片

附.11 光 敏 模 块

本单元的光敏元件为光敏电阻,型号为 GL5528。此类光敏电阻的阻值随光强增大而变低。在实验中,一般采用测电压的方法去反算电阻值,故增加 1 kΩ 偏置电阻。

光敏电阻属于无极性元件,在接线时采用上拉偏置电阻的形式或下拉偏置电阻的形式都可以。采用上拉偏置电阻接法时,按插针 J29 旁标注的接线提示接线,①脚接 GND,②脚接 VCC,③脚为分压输出。若采用下拉偏置电阻接法,不必在意 J29 旁的标注信息,可以①脚接 VCC,②脚接 GND,③脚为分压输出。光敏模块实物照片和原理图如图 5 - 12 所示。

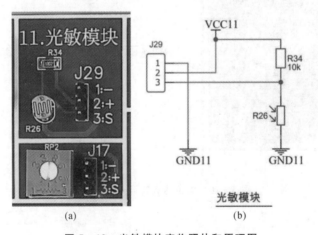

(a)   (b)

图 5 - 12 光敏模块实物照片和原理图

附.12 温度传感器

本单元提供了 TO92 封装的模拟电压输出型温度传感器 LM35,其输出灵敏度为 10 mV/℃。负极接地时,输出电压(mV)除以 10 即为摄氏温度值。

在室温条件下,输出电压值为 0.250 V 左右;若用热风枪进行加热,很容易获得 100 ℃ 的热风,对应输出电压值为 1.000 V 左右。

LM35 在实验仪中使用,不方便直接测量零下温度,相比 DS18B20 此类温度传感器,这是 LM35 的一个短板。LM35 实物照片和原理图如图 5-13 所示。

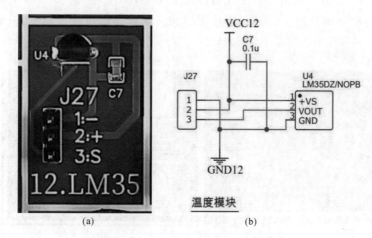

(a)　　　　(b)

图 5-13　LM35 实物照片和原理图

附.13 耳 机

该单元提供有 1 只 3.5 mm 的立体声耳机插座,在左声道和右声道回路里各串联 22 Ω 的保护电阻。常见耳机的直流阻抗为 32 Ω。

以 PWM 方式驱动耳机时的声响相对比较大,在做实验时不要将耳机佩戴在外耳内。耳机部分实物照片和原理图,如图 5-14 所示。

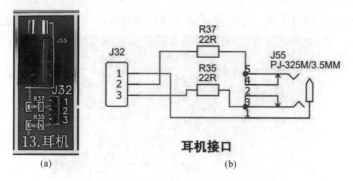

(a)　　　　(b)

图 5-14　耳机部分实物照片和原理图

附.14　超声测距

该单元采用市面上现成的超声测距模块,型号为 SR－04。工作电压为 5 V,有两个数字接口引脚,TRIG 为触发,ECHO 为回声,回声正脉冲信号的宽度表征探测距离。超声波测距模块实物照片如图 5－15 所示。

在使用时需要注意 J20 的连线关系,当模块的两只"眼睛"面对实验者时[见图 5－15(a)],信号从左往右依次为 1－VCC,2－TRIG,3－ECHO,4－GND。当探头的两只"眼睛"冲着实验仪前方[见图 5－15(b)]时,信号从左往右依次为 1－GND,2－ECHO,3－TRIG,4－VCC。在教学实践中,该模块相对稳定、可靠,很少出问题。即便是接线顺序搞反,也未曾出现烧毁失效。

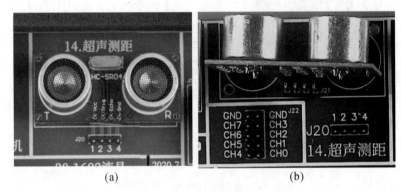

(a)　　　　　　　　(b)

图 5－15　超声波测距模块实物照片

附.15　RTC/24C

该单元采用现场的模块,模块上集成有两只 I^{2}C 接口的器件,一只为 DS1307Z,另一只为 24C02。DS1307Z 为实时日历时钟(Real Time Clock,RTC)芯片,外部有 32.768 kHz 石英晶体,并装有一只 CR1220 锂电池,使系统掉电后保持计时功能。RTC/24C 模块实物照片如图 5－16 所示。

24C02 为 256 字节的电可擦除非易失性存储器,这种存储器常作为系统的电子标签。

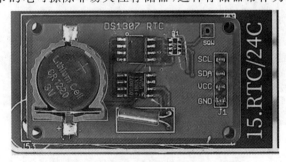

图 5－16　RTC/24C 模块实物照片

附.16　595数码管

　　该单元采用一片串行移位寄存器芯片驱动一只8字形数码管。数码管采用共阳极接法，在数码管的每个笔划端的回路里串联有470 Ω的限流电阻。数码管和595驱动器实物照片和原理图如图5-17所示。

　　该部分电路可以兼容5.0 V和3.3 V两种规格供电电压系统。

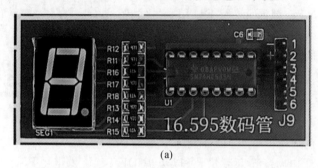

(a)

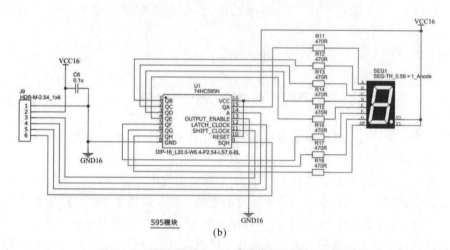

(b)

图5-17　数码管和595驱动器实物照片和原理图

附.17　TF模块

　　该单元采用市面上的模块。模块上配置了一片3.3 V的低压差线性稳压器（Low Dropout Regulator,LDO）和一只74HCT125三态缓冲器。TF模块实物照片如图5-18所示。使用时该模块只能采用5.0 V供电，不兼容3.3 V系统。所配的TF卡存储容量为256 MB。

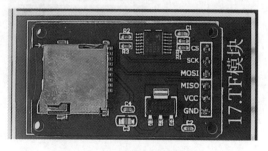

图5-18　TF模块实物照片

附.18　DHT11

该单元提供一只 DHT11 温湿度传感器，该传感器采用 1－Wire 单线数字传输协议。在 VCC 和 GND 之间有 0.1 μF 的滤波电容。DHT11 温湿度模块实物照片如图 5－19 所示。

DHT11 是一款含有已校准数字信号输出的温湿度复合传感器，内部由一个 8 位单片机控制一个电阻式感湿元件和一个 NTC 测温元件。DHT11 虽然也是采用单总线协议，但是该协议与 DS18B20 的单总线协议稍微有些不同，并不兼容。相比于 DS18B20 只能测量温度，DHT11 既能检测温度又能检测湿度。不过 DHT11 的精度和测量范围都要低于 DS18B20，其温度测量范围为 0～50℃，误差为±2℃；湿度的测量范围为 20%～90%RH，误差为±5%RH。

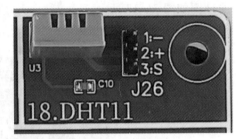

图 5－19　DHT11 温湿度模块实物照片

如果需要更宽范围的温、湿度测量，可以考虑 DHT22。供电电压 5 V；温度范围－40～80 ℃；分辨率 0.1℃，误差±0.5℃；湿度范围：0～100%RH，分辨率 0.1%，RH 误差±2%RH。

DHT22 与 DHT11 二者外形尺寸和引脚兼容。

附.19　红外遥控

该单元配置有一只红外遥控信号接收头，所接收的红外信号需要调制在 40 kHz 的载波上。红外遥控接收头实物照片和原理图（见图 5－20）。

红外接收头的电源和地之间接有 0.1 μF 的陶瓷滤波电容。

教学仪没有配遥控器。生活场景中常见的电视机红外遥控器和空调红外遥控器都可以使用。需要注意的是，遥控器上按下某一个具体按键时，不见得每次发出的码字是相同的，这个和遥控器对该按键定义的功能有关。出现这种情况时，应拓展思维不要一味认为是红外接收探头有问题或者是解码程序有问题。

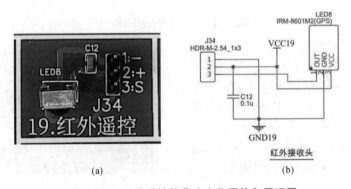

(a)　　　　　　　　　　　　(b)

图 5－20　红外遥控接收头实物照片和原理图

附.20　1602液晶

1602液晶为市面上的货架产品,控制器为HD44780,可显示两行,每行16个西文字符,字符的点阵规格为5列×7行。1602液晶模组实物照片如图5-21所示。

在使用时,标记为J31的插针只引出了8位数据线的高4位,底层接口编程按照4位总线形式设计。

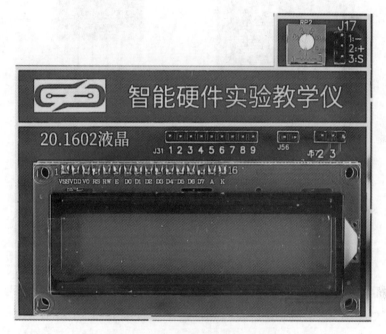

图5-21　1602液晶模组实物照片

J56为背光使能插针,接通时"背光"会点亮。

J57为对比度调节插针,需要和J17按插针顺序逐一连接,实验中调节RP2到合适位置,使字符显示效果清晰。

实验仪在首次使用时,常出现程序下载后1602液晶显示面板不显示的现象,原因为RP2没有经过调节,在一个位置相对居中的位置。教学中出现此现象时学生往往一开始就怀疑连线错误或者程序错误,而忽略了对比度调节电位器的作用。

附.21　OLED

实验仪采用了0.96 in或1.3 in的OLED显示小屏。根据安装批次的不同,屏的尺寸、所显示的颜色故意设计得有差异。OLED模组电路在主板的位置和接口定义如图5-22所示。

驱动器为SED1303,具体可结合GUI程序中的注释深入了解。

0.96 in 和 1.3 in 的屏驱动器型号虽然兼容,但仍略有差异,在使用中需要注意选择相对应的底层驱动。

供电电压:5 V DC。通信接口为 I^2C 总线。

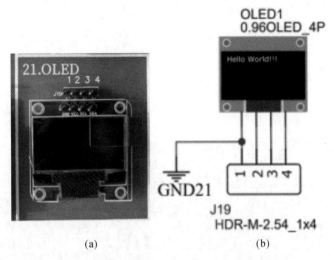

图 5 - 22　OLED 模组电路在主板的位置和接口定义

附.22　RS232

该单元提供一片 RS232 电平转换器,用于将一对 TTL 电平的 RX/TX 信号转换为 RS232 电平的 RX/TX 信号。基础版和进阶版 RS232 电平驱动器和 DB9 接口如图 5 - 23 所示。232 模块原理图如图 5 - 24 所示。

电平转换器芯片型号为 MAX3232,该单元电路的供电兼容 5 V 和 3.3 V。

DB9 插座采用的是针,作连接线时需配 DB9 孔插头。

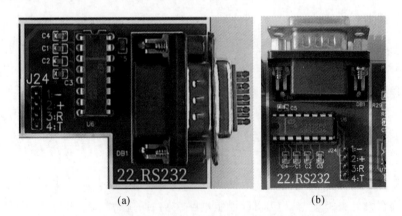

图 5 - 23　基础版和进阶版 RS232 电平驱动器和 DB9 接口

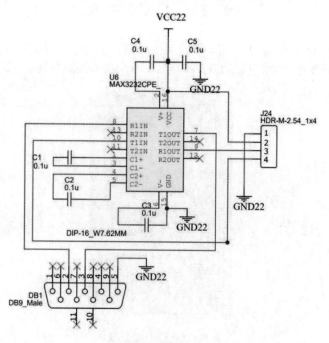

RS232串口模块

图 5 - 24　232 模块原理图

附. 23　RS485

　　该单元提供一片 RS485 电平转换器,用于将一对 TTL 电平的 RX/TX 信号转换为 RS485 电平的 RX/TX 信号。RS485 单元实物照片和原理图如图 5 - 27 所示。

　　该部分电路的电源为 5 V,不支持 3.3 V 供电。485 信号引出采用的是 5.08 mm 间距的孔,连线时,先将总线导线线头拨开大约 10 mm 长,用预绝缘端子压紧处理后塞到螺钉孔内,再用 3 mm 一字螺丝刀拧紧。

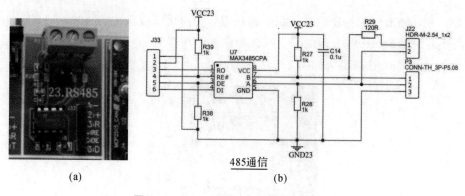

485通信

(a)　　　　　　　　　　　　(b)

图 5 - 25　RS485 单元实物照片和原理图

附.24　CAN 总线

该单元采用市面上的模块产品,模块采用的核心芯片为 MCP2515,MCP2515 外配 8.000 MHz 双脚晶体振子,收发器为 TJA1050。CAN 接口模块如图 5-26 所示。

图 5-26　CAN 接口模块

模块特性如下。
供电:5 V DC 电源供电。
处理器接口:SPI 总线。
协议:支持 CAN V2.0 B 技术规范,通信速率 1 Mb/s。
帧格式:标准帧、拓展帧和远程帧,0~8 字节长的数据字段。
终端匹配:120 Ω 终端电阻,通过跳线帽控制接通或断开终端电阻是否接入。
工作电流:典型值 5 mA,待机电流 1 μA。
工作温度:工业级-40~85℃。

附.25　LoRa 无线数传

该单元采用市面货架模块产品,LoRa 模块型号为四川泽耀科技的 AS32-TTL-100(100 mW),内置芯片为 Semtech 公司的 SX1278,标称发射功率为 20 dBm(100 mW),理论通信距离为 3 000 m。LoRa 接口模块如图 5-27 所示。

图 5-27　LoRa 接口模块

附.26　导航定位模块

导航定位模块型号为 ATK1218 - BD。该模块支持我国北斗和美国 GPS 双模定位系统。导航定位模块如图 5 - 28 所示。模块特性如下。

通信协议:NEMA - 0183。

UART 电平:TTL 电平。

定位精度:2.5 m。

冷启动时间:30 s。

数据更新速率:1 Hz,2 Hz,4 Hz,5 Hz,8 Hz,10 Hz,25 Hz。

模块自带可充电后备电池,可以掉电保持数据。

串口波特率:4 800,9 600,19 200,38 400(默认),57 600,115 200,230 400。

工作温度:工业级-40~85℃。

该模块一是数据更新速率高,一般模块为 1 Hz;二是支持我国的北斗系统。

图 5 - 28　导航定位模块

附.27　DS18B20

DS18B20 是美国 DALLAS 半导体公司(后被美信 MAXIM 收购)推出的第一片支持"一线总线"接口的温度传感器。它具有低功耗、微型化、高性能、抗干扰能力强、易配微处理器等优点。在器件内部直接将温度转化成数字信号,便于处理器做接口适配。测量的温度范围为-55~125℃,这个温度范围是军品半导体器件的工作范围;测温误差为 0.5℃。可编程分辨率为 9~12 位,对应的分辨温度能力分别为 0.5℃,0.25℃,0.125℃和 0.0625℃。相较热电偶传感器而言可实现高精度测温。DS18B20 数字温度传感器模块实物照片和电路原理图如图 5 - 29 所示。

该传感器每一只芯片内部有唯一的 ID 号,可以通过 1 - Wire 总线技术组成测温网络,可节约微处理器 IO。当网络上的传感器数量较少时,还可以通过该 IO 通信的伴生功能供电,这样能进一步简化连接关系。

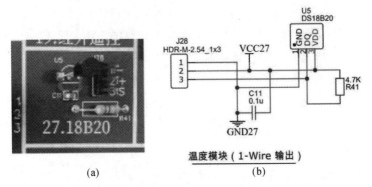

(a)   (b)

图 5 - 29　DS18B20 数字温度传感器模块实物照片和电路原理图

附.28　逻辑分析仪

基础版实验仪配置了板载逻辑分析仪,支持 8 个采样通道。装配在主板的背面,通过插针插座将信号连接到插针 J22 上,J22 旁的丝印标注了对应的通道号。逻辑分析仪实物和教学仪上的连接点如图 5 - 30 所示。

逻辑分析仪的输入隔离芯片为 74ALVC245,在 8 个输入端串接有 150 Ω 的限流保护电阻,可允许 5.0 V 信号输入。

逻辑分析仪从自身的 USB 接口供电,和 UNO 的 USB 接口不关联。

在使用中,如果逻辑分析的黑色 USB 线没有连到主机上,那么它的 8 个采样输入端呈现低阻抗输入。这会拉低被采样信号的电平幅值,在一些特殊情况下甚至会引起电路工作不正常。此时,拆除逻辑分析仪输入连线即可,不要误认为是程序错误或者是电路永久性故障。

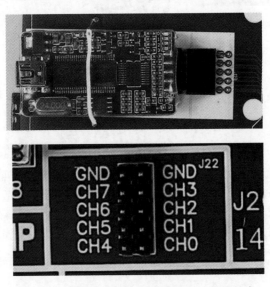

图 5 - 30　逻辑分析仪实物和教学仪上的连接点

附.29　基础版教学仪电路原理图

基础版教学仪电路原理图,见插页Ⅰ。

附.30　进阶版教学仪电路位置图

进阶版教学仪电路位置图,见插页Ⅱ。

附.31　基础版教学仪元件位置分布图

基础版教学仪元件位置分布图,见插页Ⅲ。

附.32　进阶版教学仪元件位置分布图

进阶版教学仪元件位置分布图,见插页Ⅳ。

附.33　UNO 主控板原理图

UNO 主控板原理图,见插页Ⅴ。

附.34　MEGA 主控板原理图

MEGA 主控板原理图(一)(二),见插页Ⅵ和见插页Ⅶ。

附.35　Leonardo 主控板原理图

Leonardo 主控板原理图,见插页Ⅷ。

参 考 文 献

［1］　陈昌洲. Arduino 程序设计基础［M］. 2 版. 北京：北京航空航天大学出版社，2015.

［2］　佚名. Language Reference.［EB/OL］.（2020 - 3 - 7）［2023 - 4 - 22］. https://www.arduino.cc/reference/en/

［3］　刘海成. AVR 单片机原理及测控工程应用：基于 ATmega48/ATmega16［M］. 2 版. 北京：北京航空航天大学出版社，2015.

［4］　佚名. ATmega 48A/PA/88A/PA/168A/PA/328/Pdatasheet.［EB/OL］.（2015 - 11 - 03）［2023 - 04 - 22］. https://ww1. microchip. com/downloads/aemDocuments/documents/MCU08/ProductDocuments/DataSheets/ATmega48A - PA - 88A - PA - 168A - PA - 328 - P - DS - DS40002061B. pdf2.